지킬박사 농업
하이드도 샘낸다

지킬박사 농업
하이드도 샘낸다

저　자 | 김육곤
발행자 | 오혜정
펴낸곳 | 글나무
　　　　(04551) 서울시 은평구 진관2로 12, 912호(메이플카운티2차)
전　화 | 02)2272-6006
등　록 | 1988년 9월 9일(제301-1988-095)

초판 1쇄 · 발행 2023년 2월 4일

ISBN 979-11-87716-75-4 03520

값 18,000원

지킬박사 농업
하이드도 샘낸다

추천의 글

미래 농식품산업, 유럽의 지속가능한 농정에서 한 수 배우자

나는 청년 시절 해남 땅끝마을에서 농민들과 흙에 파묻혀 농사를 지으며 농업·농촌에 대한 한없는 열정과 사랑을 품게 되었다. 그 이후 자조적이고 소비자 지향적인 농장, 공장, 사장을 아우르는 소위 3장 통합경영을 통해 위기에 처한 참다래(키위)를 현재까지도 경쟁력 있는 품목으로 발전시킨 바 있다. 초대 농림수산식품부 장관으로 재직 시에는 우리나라 농수산업을 식품산업과 통합된 정책으로 발전할 수 있는 토대를 마련하였다. 국회 의정활동 동안에는 국회 역사에서 보기 드문 7년 연속 예결위원으로 농업·농촌·식품산업 예산확보에 노력해왔다. 발상전환과 가치창출을 강조한 졸저 『거북선 농업』에서 제시한 것처럼 1차 산업에 한정된 농업의 영역을 식품까지 확장하는데 앞장서 왔다.

앞으로 한국 농림수산업의 지속적인 발전과 농어민의 소득증진을 위해 무엇보다 필요한 농업예산의 확보와 청년농 육성에 대한 종합적인 지원과 정책이 절실하다. 또한 우리나라 농업을 국민이 사랑하는 친환경적이고 지속가능한 산업이 되도록 해야 할 것이다.

인류의 생존에 반드시 필요한 농업은 농축산물을 생산하는 본원적인 기능 이외에 식량안보, 농촌경관과 환경보전, 수자원 확보, 홍수 방지, 지역사회 유지, 전통문화 보전 등 다양한 공익적 기능을 수행하고 있다. 먹거리가 풍성해지고 평화시대가 오래 지속되면 소비자들은 농업의 중요성을 쉽게 잊어버리는데, 최근에 발생한 코로나19와 전쟁이 식량안보와 먹거리의 중요성을 일깨워주었다.

이러한 때에 우리가 참고할 만한 유럽농업과 농정에 대한 책이 나와 기쁘다. 저자는 농협중앙회 유럽사무소장과 미래전략부장으로 근무한 경험을 바탕으로 매우 다양하고 깊이 있는 사례와 정책을 소개하고 있다. 특히 농업이 가지는 공익적 기능과 역(逆) 공익적 기능을 동시에 다루면서 지킬박사 농업과 하이드 농업으로 대비시키며 소개한 것이 흥미롭다. 농협이 새로운 미래 농업·농촌·식품산업의 주도자로 앞장서야 하는 시점에서 이 책이 큰 도움이 될 것으로 기대한다.

제4차 산업혁명시대의 기술혁명과 MZ세대의 소비자를 맞이하여 대한민국의 농업과 농촌은 최대 위기에 처해 있다. 위기는 또 하나의 기회이다. 창의적이고 도전적인 농업 분야의 주역들이 농업으로 돈도 벌고 공익적 가치도 확장시켜 나갈 수 있도록 다 같이 노력해 나가자. 이러한 모든 분들께 이 책이 큰 도움이 될 것으로 확신하며 일독을 권한다.

정 운 천 (국회의원, 전 농식품부장관)

추천의 글

저자는 2001년 3월부터 6년간 농협중앙회 유럽사무소상으로 재직하면서 유럽의 농업·농촌 정책을 연구하여 한국의 농업·농촌에 도움을 주고자 노력해왔다. 20년 넘게 유럽의 농업·농촌현장을 다니면서 공부해온 친구가 또 한 권의 책을 냈다. 2021년 출간한 『농부의 새로운 이름, 국토의 정원사』 후속작이다. 『지킬박사 농업, 하이드도 샘낸다』라는 책 제목부터 벌써 낯설고 우리에게 인식의 전환을 요구하는 듯하다.

어릴 때 읽었던 『지킬 박사와 하이드 씨』 이야기 때문인지 하이드가 나타나면 좋은 일보다 나쁜 모습이 떠오른다. 그런데 하이드가 샘을 내는 일이 무엇인지 의문이 들었다. 저자의 책에서 하이드 농업의 사례가 종종 나온다. 우리에게 가장 중요한 먹거리를 공급해 온 농업이 언제나 지킬 박사처럼 좋은 역할만 하는 것이 아니라 하이드로 변신하는 경우가 있다고 소개했다. 오늘날 많은 나라에서 논란이 되고 있는 공장식 축산, 고투입·고효율 농업 등이 대표적인 하이드 농업의 사례로 등장한다.

책을 읽으면서 하이드가 샘내는 지킬박사 농업의 사례가 뭔지 궁금했다. 유럽의 농촌을 둘러보면서 배가 아픈 경우가 많았다고 설명한 부분을 읽으면서 궁금증이 하나씩 풀리기 시작했다. 오늘날 유럽의 농촌 어디를 가더라도 정원처럼 아름답게 연출되는 이유를 이해하게 되었다. 농부의 새로운 이름을 '국토의 정원사'로 홍보하는 열정이 부러웠다. '당근과 채찍'을 동시에 사용하여 주인공 농부가 제대로 역할을 하게 만든 유럽연합의 단수가 높은 농업정책이 돋보였다.

환경오염과 기후변화로 인한 농업부문의 위기가 날로 심각해지고 있다. 많은 나라가 지속가능한 농업을 실천하기 위해 고민하고 있는데 유럽의 지킬박사 농업 사례를 활용하면 좋겠다. 저자가 강조하는 유럽의 농부가 국토의 정원사 역할을 하게 만드는 정책, 미래세대를 위한 가장 중요한 농업자산인 우량농지 보전 정책, 그리고 가족승계를 통한 자연스럽게 영농후계자를 육성하는 정책은 좋은 사례라고 생각된다. 유럽의 아름다운 농촌풍경을 보면서 10년의 차이를 만든 요인이 무엇인지 사례로 소개하여 쉽게 이해할 수 있었다. 딱 부러지게 10년이라는 기간이 아니라 아름다운 농촌풍경을 보면서 누구나 느낄 수 있는 차이라고 했다. 유럽의 여러 나라 농촌지역에서 볼 수 있는 아름다운 풍경은 국토의 정원사가 작물을 재배하고 가축을 사육하면서 연출한 자연스러운 모습이라는 저자의 주장이 돋보인다. 그래서 멀쩡한 논밭을 갈아엎어 꽃씨를 뿌려 조성한 아름다운 마을과 국토의 정원사가 연출하는 풍경은 비교 대상이 아니라고 주장한다. 농업의 공익적 가치를 왜 잘 해석해야 하는지 알 것 같다.

이 책을 집필한 저자는 늘 농업과 농촌의 현실을 객관적으로 이해하려는 지식인으로 내게는 남다른 애정이 있는 친구이다. 농부의 공익적 역할에 대해 적극적으로 평가하고 관련된 정책을 선도적으로 개발한 유럽연합 현장의 고민과 성과를 잘 파악하고 있다. 『지킬박사 농업, 하이드도 샘낸다』 책자가 지속가능한 농업·농촌 만들기와 농가소득 보전에 도움이 되기를 바란다.

김 홍 상 (한국농촌경제연구원장)

프롤로그

2022년은 인류 역사에서 중요한 한 해가 분명합니다. 왜냐하면 우리가 살고 있는 지구상에 인구가 80억 명을 넘어서는 첫해가 되기 때문입니다. 1975년 40억 명에서 거의 50년 만에 두 배로 증가했습니다. 35년 뒤에는 100억 명에 달할 것으로 전망합니다. 인구가 증가하면 마냥 기뻐할 수만 없습니다. 한정된 지구 자원의 빠른 고갈과 환경 파괴는 물론이고 식량부족 문제가 불가피할 전망입니다. 실제로 인구 폭발로 인한 온실가스 배출량이 빠르게 증가하면서 촉발된 기후변화는 해를 거듭할수록 심각한 양상을 보이고 있습니다. 그동안 발생한 기후변화로 인해 농작물이 제대로 자라지 않아 피해를 입었는데, 앞으로 기후변화가 심해질수록 주요 농산물의 수확량이 크게 줄어들 것으로 예상합니다. 인구는 증가하고 인류의 생존에 반드시 필요한 식량이 부족해지면 어떤 일이 발생할까요? 저개발 국가부터 식량부족으로 인한 굶주림과 영양실조로 사망하는 사람이 늘어날 것으로 전망합니다.

인구수가 늘어날수록 안정된 식량의 확보와 공급이 가장 중요한 과제로 등장하게 됩니다. 20세기 이후 폭발적인 인구 증가에도 불구하고 새로운 농업기술 개발과 신품종 육성, 농식품 교역의 증대 등으로 기아 문제를 일부 완화할 수 있었습니다. 그러나 인류 역사가 증명하듯이 인구가 증가하고 식량이 부족할 때는 늘 전쟁이 일어났습니다. 앞으로 증가하는 식량 수요에 대비하여 농업의 중요성은 더욱 강조될 전망입니다. 따라서 지속가능한 농업을 위한 노력이 절실합니다.

그동안 유럽연합에서는 지속가능한 농업을 실천하기 위해 다양한 정책을 추진해왔습니다. 가장 대표적인 정책이 1962년에 출범한 공동농업정책(CAP)입니다. 7년 주기로 방향성을 제시해 온 이 정책은 그동안 여러 번 개혁을 통해 오늘에 이르고 있습니다. 이 정책이 출범하게 된 이유를 2부에 자세하게 소개했습니다. 인류 역사에서 가장 치열했던 제2차 세계대전으로 파괴된 유럽 내 농업기반 시설을 조속히 복구하고, 역내 농업생산성을 향상시켜 시급한 식량부족 문제를 해결하기 위해 시작한 정책이었습니다. 물론 이 정책은 유럽 내 주요 농산물의 과잉생산을 초래하여 결국 미국과 농산물 무역전쟁을 촉발하는 원인을 제공했습니다. 우리나라 농산물시장을 대폭 개방하게 만든 우루과이라운드(UR) 농산물 협상을 말합니다. 유럽연합과 미국이 자국산 과잉농산물을 처리하기 위해 서로 밀어내기식 수출경쟁을 하면서 시작된 무역전쟁이 UR 협상입니다. 3부에 자세히 언급한 내용입니다만 그동안 유럽과 미국이 자국의 농가를 보호하기 위해 지급한 다양한 보조금 때문에 주요 농산물의 과잉생산을 불러왔습니다. 우리나라 속담처럼 '고래 싸움에 새우 등 터지는 일'이 실제로 일어나게 되었고, 결국에는 우리나라 농산물시장을 대폭 개방하게 되었습니다.

필자는 그동안 20년 넘게 유럽의 농업과 농업정책을 공부해왔습니다. 이론적인 내용보다 현장을 다니면서 농부의 입장에서 지속가능한 농업을 위한 구체적인 실천 사례를 중심으로 연구하고 있습니다. 이번에도 유럽 여러 나라를 다니면서 다양한 품목을 재배하는 농부들을 만났습니다. 이론적인 내용은 유럽연합 농업담당집행위원회의 농업정책 파트너 역할을 해 온 유럽농민단체협의회(COPA)를 통해 수집했습니다. 농업의 다원적 기능에 대한 논의 동향은 물론이고 최근 진행 중인 공동농업정책의 핵심 개혁안에 대해서도 의견을 나눈 적이 있습니다.

3년간 진행된 코로나19와 러시아가 우크라이나를 침략하면서 시작된 전쟁으로 인해 공동농업정책 개혁안이 일부 조정되었습니다. 역사적으로 보더라도 질병이나 전쟁으로 인한 먹거리 생산과 공급에 문제가 발생하면 우선적으로 식량을 생산하는 농부를 지원하는 정책을 강화했습니다. 우연한 기회에 인터넷으로 진행하는 COPA 회장단 기자초청 토론회에 참가하여 두 가지 질문을 했습니다. 첫 번째는 질병과 전쟁으로 인한 위기요인을 기회요인으로 잘 활용하는 것 같다고 질문을 던졌습니다. 그동안 공동농업정책의 획기적인 개혁은 물론이고 농민단체협의회까지 대대적인 조직 개편이 필요하다고 주장해 온 환경단체의 목소리를 낮추는 계기가 되었기 때문이라고 했습니다. 두 번째 질문은 먹거리가 풍성해지고 평화시대가 오래 지속되면 소비자들은 농업의 중요성을 쉽게 잊어버리는데, 이번에 발생한 질병과 전쟁이 식량안보와 먹거리의 중요성을 일깨워주었다고 했습니다. 그동안 EU의 공동농업정책으로 거둔 성과에 대해서도 추가로 설명을 했습니다. 답변은 기대와 다른 내용으로 길게 했습니다. "공동농업정책 개혁안은 당초에 추진하기로 방침을 정한 대로 진행될 것이다. 이번에 발생한 질병과 전쟁으로 인해 일부 소비자들이 농업의 중요성에 대한 인식이 바뀐 것으로 이해하지만 비료와 농약 등 원자재 가격 상승으로 농부들의 피해가 크다. 따라서 유럽연합 정부 차원에서 지속적인 농업생산을 위해 농가에 대한 지원이 더 필요하다"는 점을 강조했습니다. 앞으로 납세자에게 농업의 다원적 기능을 제대로 알리고, 유럽농업의 지속가능한 발전을 위해 농민단체협의회가 앞장서 노력하겠다고 했습니다.

농업은 식량 및 섬유(food & fiber)를 생산하는 본원적인 역할 이외에 식량안보, 환경 및 경관 보전, 농촌지역의 유지, 생물다양성 및 전통문화의 보전 등 다양한 기능을 수행하고 있습니다. 농업의 다원적 기능(multifunctionality)은 유럽연합이 농산물 교역협상에서 반드시 고려되어야 하는 점을 강조하기 위해 개발한 용어입니다. 이 용어는 우루과이라운드(UR) 협상이 한창일 때 등장한 농업의 비교역적 관심(NTC: Non Trade Concern) 용어와 함께 농산물시장의 급격한 개방을 반대하는 논거로 사용되어 왔습니다. 그런데 이 용어는 반드시 긍정적인 의미만 포함하는 것이 아니라 부정적인 측면도 가지고 있습니다. '하이드가 샘내는 지킬박사 농업'의 용어가 떠오르게 된 것도 그동안 유럽에서 새로운 용어를 확산시키는 과정을 지켜보면서 느낀 점이 많았기 때문입니다. 하이드 농업의 사례는 1부에 자세하게 소개했는데 축산부문에 많습니다. 필자는 유럽연합에서 강조하는 지킬박사 농업의 대표적인 사례를 『농부의 새로운 이름, 국토의 정원사』라는 책으로 발간하여 소개한 바 있습니다. 유럽의 농촌은 어디를 가도 정원처럼 아름답게 잘 가꾸어져 있다는 느낌을 받았습니다. 그러나 오늘날 정원처럼 잘 가꾸어진 유럽의 농촌모습은 결코 하루아침에 만들어진 것이 아닙니다. 그동안 수차례 크고 작은 전쟁의 소용돌이 속에서 농업기반이 수시로 파괴되고 피폐해졌습니다. 그런 역경에도 불구하고 농부들의 땀과 노력으로 유럽 농촌은 깨끗하고 아름답게 가꾸어져 왔습니다. 그래서 지속가능한 농업을 위해 그동안 유럽연합에서 강조해 온 지킬박사 농업의 첫 번째 사례로 국토의 정원사 역할을 해온 유럽의 농부를 선택했습니다. 이밖에 유럽연합이 강조해온 지킬박사 농업 사례로 우량농지 보전, 국도의 정원사를 움직이게 만든 농업예산, 가족승계를 통한 영농후계인력 양성, 동물복지의 새로운 용어인 가축이 행복한 사육환경, 사회적 농업 등으로 정리하였습니다.

본문은 크게 3가지 주제로 구분하여 정리하였습니다. 제1부에서는 먼저 '지킬박사 농업'과 '하이드 농업'의 용어를 어디에서 착안하게 되었는지 설명하였습니다. 그래서 지킬박사 농업의 출발점이 된 농업의 다원적 기능을 되돌아보았습니다. 『농부의 새로운 이름, 국토의 정원사』에서 소개한 내용을 독자들이 이해하기 쉽게 풀어서 설명했습니다. 그리고 하이드 농업의 대표적인 사례를 소개했습니다. 마지막으로 농업의 다원적 기능에서 공익적 기능을 화폐 단위로 환산한 가치를 농업의 공익가치로 정리하였습니다. 앞으로 이를 널리 홍보하기 위해 이 가치는 지킬박사도 인정한 농업의 공익가치로 구분하였습니다.

제2부는 유럽연합 회원국의 다양한 농업과 특별한 먹거리 사례를 정리하였습니다. 그동안 회원국이 늘어나면서 더욱 다양해진 유럽의 농업현황을 살펴보고 특별한 농업과 먹거리 사례를 소개하였습니다. 벨기에 사례로 소개한 노란색 꽃봉오리 엔다이브는 브뤼셀에서 가까운 지역의 한 농부가 전

쟁을 피하느라 농가를 잠깐 비운 사이에 탄생한 '우연의 산물'입니다. 어쩌면 전쟁은 하이드 농업을 연출하는 가장 대표적인 사례라고 할 수 있습니다. 그리고 프랑스, 독일, 영국, 폴란드, 네덜란드의 독특한 농업 사례를 소개했습니다. 그동안 농촌풍경을 아름답게 가꾸기 위해 노력해 온 국토 면적이 비교적 작은 슬로베니아와 발틱3국의 사례는 좀 더 독특합니다. 2004년 유럽연합의 회원국으로 가입한 이후 '당근과 채찍' 정책으로 잘 알려진 공동농업정책의 울타리 내에서 다양한 지원과 교육에도 불구하고 왜 〈10년의 차이〉가나는지 살펴보았습니다. 기후변화가 실감 나는 스페인 농업의 사례는 앞으로 유럽의 농업지형이 어느 정도 바뀔지 아무도 예상할 수 없다는 것을 잘 보여주는 사례입니다. 기후변화를 늦추지 못할 경우 앞으로 50년 뒤에는 포도주산지가 북유럽으로 이동한다는 전망은 벌써 나온 이야기입니다. 원예작물과 올리브 주산지인 스페인의 경우 기후변화로 수많은 올리브 농장이 폐농을 하게 되고 딸기와 멜론의 주산지가 벨기에로 이동하게 된다고 합니다.

제3부에서는 유럽이 실천하는 지킬박사 농업 사례를 소개하였습니다. 먼저 유럽연합의 지킬박사 농업정책으로 농부의 새로운 이름을 국토의 정원사로 선택한 이유를 소개하였습니다. 그리고 국토의 정원사의 중요한 파트너로 등장하는 가축의 역할을 소개했습니다. 둘째로 미래세대를 위해 가장 중요한 농업자산인 우량농지를 보전하는 정책을 회원국별로 구분하여 소개하였습니다. 셋째로 농부에게 직접지불 비중을 늘리는 유럽연합의 농업예산 운영사례를 소개했습니다. 그동안 WTO 기준에 맞춰 보조금을 감축하면서 농부에게 실익이 되는 방향으로 운영한 내용을 자세하게 소개하였습니다. 그동안 유럽연합에서는 국제통상 마찰을 줄이면서 안정된 농가소득을 보장

하고, 소비자들에게 안전하고 우수한 품질의 농산물을 지속적으로 공급하는 방향으로 허용보조금 지급정책을 전환해왔습니다. 반면에 여전히 허용보조금의 60%를 행정서비스 비용으로 집행하고 직불금으로 30~40%를 운영하는 우리나라의 허용보조금 지급방식을 개선하는데 참고할 방안을 제시하였습니다. 넷째로 영농후계자 육성 문제는 세계적인 과제인데 자녀에게 농장을 승계하여 우량농지를 보전하면서 자연스럽게 영농후계자를 양성하는 유럽의 사례를 소개했습니다. 다섯째로 국내에서 논란이 많은 동물복지의 정확한 개념을 정리하였습니다. 유럽인의 주식인 고기를 생산하는 가축을 사육하는 환경에 맞춘 용어로 변경하여 '가축이 행복한 사육환경'으로 사용할 것을 제안하면서 공장식 축산농장과 구분되게 정리하였습니다.

본 책자가 발간되기까지 많은 분들의 도움을 받았습니다. 먼저 한국농업 발전을 위해 애쓰시며 필자가 이 책을 쓰는 데 조언을 아끼지 않으신 평소 존경하는 정운천 국회의원님과 김홍상 원장님께 감사드립니다. 또한 미래 농식품 산업의 발전을 위해 유럽의 지속가능한 농정 사례를 소개할 수 있게 조언해 준 김성민 한국농식품융합연구원 원장님과 독자들이 지킬박사 농업을 이해하기 쉽게 용어정리에 도움을 준 이재호 농협경제연구소 소장님께 감사드립니다. 유럽연합이 실천하는 지킬박사 농업 7가지 사례를 모두 체험할 수 있게 현장답사에 도움을 준 HTV 농장주 피터와 앤 부부에게 깊은 감사를 드립니다. 그리고 책자로 나오기까지 유럽 농촌현장 방문을 시작으로 처음부터 끝까지 교정과 감수를 위해 수고를 아끼지 않은 사랑하는 아내 권요안나와 좋은 책을 만들어준 글나무 오혜정 대표님께 감사를 드립니다.

2022년 2월 러시아가 곡창지대인 우크라이나를 침략하면서 시작된 전쟁이 1년 가까이 지속되고 있습니다. 요즘은 한쪽에서 전쟁을 하면서 다른 한쪽에서는 농사를 지을 수 있지만 과거에는 전쟁이 터지면 피해가 이중삼중으로 커졌습니다. 군대에 징집되어 전쟁에 동원되는 병사는 대부분 농부였습니다. 전쟁 중에는 농사를 지을 인력이 모자랐고, 전쟁이 끝나면 농업시설을 복구하는 데 오랜 시일이 걸렸습니다. 그래서 전쟁으로 인한 농업부문의 피해는 늘 컸습니다. 직접 피해는 물론이고 파괴된 농업 시설을 복구하는데 전쟁 기간의 10배가 걸릴 정도로 길었기 때문입니다.

러시아와 우크라이나 전쟁으로 거의 모든 곡물가격이 폭등하는데 쌀값은 오히려 떨어지자 일부 사람들은 의무적인 **수입물량**(MMA) 때문이라고 목소리를 높였습니다. 영향이 있겠지만 더 큰 원인은 지난 50년간 1인당 쌀 소비량 통계가 잘 설명해줍니다. 육류 소비량은 10배 늘었는데 쌀 소비량은 절반 이하로 줄었습니다. 같은 기간 우량농지 중에 논 면적은 40%가 줄었습니다. 영농후계자는 어떻습니까? 농업예산과 허용보조금은 어떻게 집행되고 있습니까? 하이드가 샘내는 유럽의 지킬박사 농업이 다소나마 도움을 주는 참고서가 되기를 기대합니다.

2023년 1월
계묘년 새해를 맞이하여
요한 김육곤

Contents

Contents

제1부

지킬박사 농업과 하이드 농업

1장

농업의 다원적 기능 - 지킬박사 농업 출발점

1.1. 농업·농촌의 다원적 기능

요안나 씨! 유럽에서 지낼 때 농업과 농촌의 다양한 기능과 역할에 대한 이야기를 자주 들었을 텐데요. 몇 년 전에 우리나라에서도 **농업과 농촌의 다원적 기능**에 대한 논의가 활발한 때가 있었어요. 농업과 농촌이 지닌 다원적 기능 중에서 특별히 공익적 가치를 헌법에 반영시키려는 노력을 했거든요. 지금은 농업과 농촌이 지닌 다양한 기능에 대한 긍정적인 논의는 물론이고 공익적 가치에 대해서도 전 세계적으로 인정을 받고 있는데요. 그러면 오늘날에도 중요한 의미를 지닌 이 화두(話頭)를 누가 언제 어디에서 던졌을까요?

요한 씨가 처음부터 어려운 질문을 하는데요. 유럽에서 시작되었다는 이야기는 몇 번 들었지만 실제로 일반 소비자가 이 화두를 이해하는 데 어려움이 많거든요. 좀 더 자세한 설명이 필요해요.

그렇지요. 한달음에 너무 진도를 뺐는데요. 1995년 **세계무역기구**(WTO) 체제가 출범한 이후로 미국을 비롯한 농산물 수출국들은 EU의 역내 농산물시장을 개방하도록 압력을 강화했어요. 그런데 30년 넘게 지속된 **공동농업정책**(CAP) 덕분에 유럽연합 회원국의 농산물 생산량이 크게 늘어나면서 EU 또한 **수출보조금**을 지급하면서 밀어내기 수출을 강행하고 있었거든요. 어쩌면

이 용어가 등장하게 된 이유가 농산물 수출국과 유럽연합이 벌인 농산물 교역을 둘러싼 농업통상전쟁 때문이었거든요. 이 책을 쓰면서 요안나 씨와 어쩔 수 없이 전쟁 이야기를 하게 되네요.

이 용어가 탄생하게 된 사연을 좀 더 자세히 설명할게요. 1990년대 중반에 들어서면서 유럽연합에서 그동안 논의해 온 농업의 다원적 기능에 농업뿐만 아니라 농촌을 포함시켜 폭넓은 개념으로 확대했어요.[*] 유럽의 전문가들이 농산물 교역협상에서 반드시 고려되어야 하는 점을 강조하기 위해 개발한 용어라고 이해하면 되겠는데요. 농업의 본원적인 기능이 식량 및 섬유(food & fiber)를 생산하는 역할인데 실제로 농업과 농촌은 본원적 기능 이외의 폭넓은 기능을 가지고 있다고 주장한 것이지요. 물론 이 용어는 우루과이라운드(UR) 협상이 한창일 때 등장한 **농업의 비교역적 관심**(NTC: Non Trade Concern) 용어와 함께 농산물시장의 급격한 개방을 반대하는 논거로 사용되어 왔어요. 유럽연합이 먼저 사용하면서 전 세계로 퍼지게 된 농업과 농촌이 지닌 **다원적 기능**(multifunctionality)이라는 용어가 탄생하게 된 비밀이 좀 이해되죠. 그러나 농업 · 농촌의 다원적 기능은 반드시 긍정적인 의미만 포함하는 것이 아니라 부정적인 측면도 가지고 있어요. 그래서 자주 논란이 되고 있어요. 뒤에서 자세히 살펴보기로 하죠.

하이드가 샘내는 지킬박사 농업의 용어가 우연히 떠오르게 된 것도 어쩌

---

* 일부 전문가들은 UN이 개최한 1992년 리우 지구정상회의(Rio Earth Summit)를 계기로 농업이 지닌 다원적 기능의 중요성이 국제사회에 알려지기 시작했다고 주장한다. 이 회의 이후 식량생산이라는 농업의 본래 기능과 함께 농업이 발휘하는 환경 · 사회 · 문화적 기능과 가치에 대한 논의가 본격적으로 시작되었기 때문이다.

면 그동안 유럽에서 새로운 용어를 확산시키는 과정을 지켜보면서 느낀 점이 많았기 때문인데요. 그래서 농업의 다원적 기능에서 긍정적인 외부효과를 발휘하는 기능을 지킬박사 농업으로, 숨기고 싶은 부정적인 측면을 하이드 농업으로 용어를 정리하고 넘어갈게요. 그래야 독자들이 쉽게 이해할 수 있겠지요. 이어서 농업의 다원적 기능과 공익적 기능, 그리고 다원적 가치와 공익적 가치에 대해 살펴볼게요. 그동안 인용하는 전문가마다 조금씩 설명이 달라 혼란을 주었던 이 용어를 필자는 아래와 같이 정리하여 사용할 것을 제안했어요. 아래 박스에 소개하는 내용은 졸저 『농부의 새로운 이름, 국토의 정원사』 책에서 언급한 내용이지만 다시 인용하려고 해요.

먼저 다원적 기능 앞에 반드시 농업·농촌이 함께 와야 한다. 줄여서 농업의 다원적 기능으로 쓸 수도 있지만 다원적 기능에 농촌이 반드시 포함돼야 한다. 둘째로 공익적 기능은 다원적 기능 중에서 긍정적 외부효과(externality)를 지닌 제한된 기능으로 봐야 한다. 외부효과라는 개념 또한 경제학 용어라 일반인이 이해하기 어렵지만 그래도 범위를 좁혀 해석하는 것이 좋겠다. 따라서 헌법에 반영해야 할 농업가치는 공익적 기능으로 발생하는 가치로 한정되어야 한다. 그리고 지금까지 농업·농촌의 다원적 기능에 대한 경제적 가치를 화폐 단위로 환산하여 추정한 것을 다원적 가치라고 불렀다. 이론이 많지만 농업·농촌의 다원적 기능을 수치화한 것에 나름 의미가 있다. 다원적 가치는 다원적 기능 중에서 부정적인 외부효과까지 포함되는 개념이다. 따라서 마지막으로 다원적 가치보다 공익적 가치로 용어를 통일하여 사용할 것을 제안한다.

1.2. 새롭게 등장한 농업·농촌의 다원적 기능

요안나 씨! 몇 년 전에 우리나라에서 농업·농촌의 다원적 기능이라는 용어가 다시 활발하게 사용된 적이 있었는데요. 그 이유가 뭘까요?

글쎄요. 농업의 공익적 가치를 헌법에 반영시킨다고 서명운동 벌이고 할때 언론에 자주 회자되었는데요. 비전문가는 이 용어를 왜 다시 사용하게 되었는지 이유를 잘 모르겠는데요. 아무래도 전문가인 요한 씨가 자세히 설명하면 독자들이 이해하는 데 도움이 되겠어요.

그렇지요. 무엇보다 국내 먹거리 산업과 관련된 농업부문의 환경변화와 더불어 농산물 교역비중이 늘어난 시대상황이 반영되었다고 생각되는데요. UR 협상 타결 이후 WTO 체제가 출범하면서 농산물 수출국에게 우리나라 농산물시장의 대문을 활짝 열 수밖에 없었거든요. 그래서 전문가들은 우리나라 농업을 지속가능한 산업으로 유지하고 발전시키기 위한 이론적인 근거를 다방면에서 찾으려고 노력해왔는데요. 이 때문에 유럽연합이 사용하면서 전 세계로 확산된 농업·농촌의 다원적 기능(multifunctionality)이라는 용어 또한 국내 전문가들이 가장 선호하는 이론으로 등장하게 되었지요.

좀 더 자세하게 설명할게요. 이 용어가 활발하게 사용된 첫째 이유로 전문가들은 농업·농촌의 다원적 기능이 **공공재**(public goods, p.49 용어 정의 참고) 성격을 지니기 때문이라고 설명해요. 이 때문에 정부를 비롯한 공공부문에서는 식량안보, 여가와 휴가 등 농업·농촌이 지닌 다원적 기능의 **긍정적 외부효과**를 홍보할 수 있었어요. 반면에 환경부하, 농촌지역 난개발, 축산분뇨, AI, 가축질병 등 농업·농촌의 **부정적 외부효과**를 줄이기 위한 방안에 대해 고심하지 않을 수 없었지요.

둘째는 이 용어를 사용하면 공공부문에서 농가소득 불안정으로 어려운 농부를 지원하기 위한 우선순위를 정하기 쉽기 때문이에요. 반면에 납세자인 국민들은 농업·농촌이 지닌 다원적 기능의 긍정적 외부효과보다 부정적 외부효과에 더욱 민감하게 반응해요. 따라서 생산자인 농부가 반드시 지켜야 하는 **상호준수의무**에 대한 목소리가 높아질 전망이에요.

셋째는 중앙정부와 지방정부가 농부에게 다양한 지원을 하기 위해 어떤 정책이 가장 효과적일지 고민하는 것을 줄일 수 있었기 때문이라고 하네요. 국토의 정원사 역할을 담당하는 농부에게 직불제 보조금을 확대한 유럽연합처럼 우리나라 농정의 큰 틀을 〈공익형 직불제〉로 재편할 수 있게 만든 이유와 밀접한 관련이 있다고 하네요.

넷째로 다원적 기능의 개념을 중기와 장기 목표에 맞춰 따로 설정해야 하기 때문이라고 하는데요. 앞으로 중앙정부 농정은 공익형 직불제 중심의 〈약한 다원적 기능〉을 담당하고, 지방정부는 농촌 공간에서 이뤄지는 농촌지역 개발을 비롯한 다양한 활동을 망라할 수 있는 〈강한 다원적 기능〉을 담당해야 한다네요. 아무래도 전문가들이 제시하는 이론적인 내용을 설명해서 독자들이 쉽게 이해하기는 만만치 않을 것 같은데요.

요안나도 그래요. 일부 내용은 이해가 되는데 셋째와 넷째는 너무 전문적인 분야라 뭔 이야기인지 정확히는 이해가 안 되거든요. 그동안 국내외에서 다양한 논의가 있었다고 하는데요. 일반 독자들이 이해하기 쉽게 풀어서 설명해주면 좋겠어요.

어려운 숙제를 냈는데 노력은 해볼게요. 어떤 내용을 설명할 때마다 쉽게 설명하는 것이 더 어렵지요. 마치 경험 많은 교수와 초보 강사가 진행하는 강의를 쉽게 구분하는 것처럼 말이에요. 농업이 지닌 다양한 기능 중 비시장적(non-market), 비교역적(non-trade concern), 다원적 기능이라는 용어부터 설명할게요. 농업은 타 산업과 달리 식량생산이라는 본원적 기능 외에도 아주 다양한 기능과 역할을 하는데요. 자주 등장하는 용어가 식량안보, 환경보전, 농촌사회 유지 및 국토 균형 발전, 전통사회와 문화 보전, 생물다양성 유지, 토양보전 및 수자원 함양 등인데요.

그동안 대부분의 국가에서 농업이 식량 공급이라는 본원적 기능 이외에 앞에서 언급한 다양한 형태의 비시장적 가치를 지니고 공익적 기능을 수행하고 있는 점을 인정해왔어요. 그런데 다음 몇 가지 이유 때문에 그동안 농업의 다원적 기능이 크게 주목을 받지 못했어요.

첫째로 농산물에 대한 국경보호조치가 가능했기 때문인데요. 국제적으로 농산물 무역자유화가 본격적으로 논의된 우루과이라운드(UR) 농업협상 이전까지 농업은 비교우위원리에 바탕을 둔 자유무역의 대상에서 제외되어 왔어요. 이에 따라 대부분의 국가에서 농업과 농촌사회 유지에 필수적인 주요 농산물은 국경보호조치로 수입을 제한할 수 있었어요.

둘째로 농업의 다원적·공익적 기능의 범위에 대해 공통적으로 적용할 합의점을 도출하지 못했기 때문인데요. 이는 국가별로 경제 발전 단계에서 큰 차이가 나고, 역사적 맥락에 따라 농업에 대한 기본 인식이 달라 농업의 다원적·공익적 기능에 대한 해석 또한 달랐기 때문이에요.

셋째로 농업이 창출하는 다양한 **비시장적 가치**들을 제대로 평가할 수 있는 경제적 분석 틀에 대한 연구가 크게 진전되지 못했기 때문이에요. 이로 인해 농업생산 활동이 국민에게 식량 공급이라는 고유의 기능 이외에 부수적으로 다양한 비시장적 공익 가치를 창출하는 기능을 제대로 평가하지 못한 측면이 있었어요.

요안나 씨! 그러면 언제부터 농업이 식량안보와 함께 다양하게 발휘하는 기능의 중요성을 인정하게 되었을까요? 아무래도 이번 질문도 정답을 바로 공개해야 되겠는데요. 우리나라는 1995년 WTO 체제 출범 이후 농산물 무역자유화 추세가 가속화되면서 EU, 노르웨이, 일본, 스위스 등 농산물 수입국들과 함께 농업이 창출하는 다양한 비시장적 가치의 중요성을 강조해왔어요. 이들 국가들은 농산물 수출국들이 강조하는 비교우위론을 바탕으로 농산물 무역자유화가 확대되면 농산물 수입국의 농업생산 활동은 위축이 불가피하여 결과적으로 농업생산 활동과정에서 부수적으로 창출되는 다양한 비시장적 공익적 기능과 가치가 축소된다는 논리로 대응했어요.

물론 농산물 수출국은 경제학 교과서에 나오는 것처럼 시장에서는 경쟁원리가 경제활동의 기본원칙이라고 강조해왔어요. 그러나 농산물 수입국은 다른 산업과 달리 농업이 창출하는 다원적·공익적 기능은 경쟁논리에만 맡길 수 없다고 항변했어요. 왜냐하면 농업이 다원적·공익적 기능을 제대로 발휘할 수준의 생산기반을 유지하지 못하게 되면, 향후 이러한 기능과 가치를 되찾기 위해서는 국가와 사회가 경제적으로 더 많은 비용을 추가적으로 지불해야 하기 때문이죠.

이런 이론적인 근거를 바탕으로 EU, 스위스, 노르웨이, 일본 등 주요 선진국들은 1990년대 중반 이후 농업생산 활동이 부수적으로 창출하는 다원적 기능과 공익적 가치를 강조해왔어요. 또한 농업과 농촌에 대한 지원을 확대하기 위해 이를 헌법과 농식품 기본법에 반영하여 국민적 공감대 형성을 위해 노력했어요. 가장 대표적인 사례가 스위스인데요. 스위스는 1996년에 대다수 국민들의 지지 속에 **다원적 기능 농업**(multifunctional agriculture)이라는 개념을 처음으로 자국 연방헌법 제104조 농업조항에 명문화했거든요. 이를 통해 스위스는 세계에서 드물게 농업과 농촌 지원을 강화하기 위한 헌법적 근거를 마련했어요.

우리나라는 1990년대 중반 이후부터 농업과 농촌의 다원적 기능과 공익적 가치에 대한 논의와 연구가 진행되었어요. 특히 EU, 스위스, 노르웨이, 일본 등 선진국들과 함께 이러한 방향으로 농업정책의 전환을 요구하는 목소리를 높여왔어요. 선진국들은 농업·농촌의 다원적 기능을 유지하고 강화하는 농정의 수행으로 창출된 공익적 성과를 납세자인 국민들에게 적극 홍보해왔어요. 이를 근거로 농업과 농촌부문 예산을 지속적으로 확보하고, 궁극적으로 공익적 기능을 강조하는 농정이 농가의 소득증진은 물론이고 경영안정에 동시에 기여하도록 노력해왔어요.

1.3. 국제기구별 농업·농촌의 다원적 기능 정의

  농업의 다원적 기능과 관련한 국제사회의 논의는 OECD, FAO, WTO 등 주요 국제기구를 중심으로 활발히 진행되어 왔는데요. 농업의 다원적 기능에 대해 가장 포괄적이고 심도 있는 논의는 OECD 농업위원회에서 주로 다뤄져 왔어요. 특히 1998년 3월 개최된 OECD 농업각료회의에서 농업이 수행하는 농업생산 이외의 다양한 형태의 추가적인 공익기능을 '농업의 다원적 기능'(Multifunctionality in agriculture)이라 정의했어요. 그 이후 다원적 기능의 성격과 정책적 함의에 관한 분석을 실시하는 등 이 문제와 관련하여 가장 종합적이고 심도 있는 논의를 진행해 왔어요.

  그동안 국제연합(UN) 식량농업기구(FAO)에서도 다양한 논의가 있었어요. 1995년 캐나다 퀘벡에서 개최된 UN 식량농업기구(FAO) 창설 50주년 기념 농업각료회의에서 채택된 퀘벡선언문(Quebec Declaration)에 '농업의 다원적 기능(the multiple functions of agriculture)'이란 용어가 처음 등장한 이후 이에 대한 논의가 본격적으로 진행되었어요. 농업·농촌의 기능과 역할이 다양한 것처럼 국제기구별로 농업의 다원적 기능 정의에도 다양한 내용이 포함되었어요. 농업 관련 대표적인 국제기구인 국제식량농업기구(FAO), 세계무역기구(WTO), 경제협력개발기구(OECD)에서 조금씩 다르게 정의를 내리고 있는데요. FAO에서는 다원적 기능을 5개 기능별로 총 13개의 범주로 나누고 가장 세분하여 정의를 내리고 있어요. 반면에 WTO에서는 크게 세 가지로 나누어 환경보전, 식량안보, 농촌개발에 초점을 두고 있는데 WTO에서 강조하는 식량안보는 우리가 일반적으로 받아들이는 내용과 차이가 많이 있어요.

OECD에서도 12가지 범주로 나누어 농업 · 농촌의 다원적 기능을 소개하고 있어요. 특이한 점은 동물복지를 포함시킨 점인데 이는 OECD 회원국 중 육류를 주식으로 하는 유럽국가들이 많이 참여하여 운영되는 특징이 반영된 것으로 보이는데요. 국제기구에서 정의한 농업 · 농촌의 다원적 기능에 대한 자세한 내용은 아래 박스와 다음 쪽 표에 정리하여 소개할게요.

국제기구별 「농업 · 농촌의 다원적 기능」에 대한 정의

- 식량안보, 농촌개발, 환경보전 등 농업이 가지는 경제외적인 비교역적 기능(WTO, 2002)

- 농업부문이 식량 및 섬유를 제공하는 본원적 기능에 더해 환경보전, 경관 형성, 지역사회 지속가능성 유지 등에 기여하는 역할(OECD, 1998)

- 농업과 토지 이용 과정에서 발생하는 여러 가지 환경 · 사회 · 경제적 기능 (FAO, 2007)

국제기구	농업·농촌의 다원적 기능 범주	
WTO (세계무역기구)	① 환경보전 ② 식량안보 ③ 농촌개발	
OECD (경제협력 개발기구)	① 경관 ② 생태계 다양성 ③ 토양의 질 ④ 수질 ⑤ 대기의 질 ⑥ 물 이용 ⑦ 경지 보전 ⑧ 온실 효과 ⑨ 농촌활력 증진 ⑩ 식량안보 ⑪ 문화유산 ⑫ 동물복지	
FAO (국제연합식량 농업기구)	경제적 기능	① 공동체의 균형 발전과 성장 ② 경제 위기 완화
	사회적 기능	③ 도시화 완화 ④ 농촌공동체 활력 ⑤ 피난처 기능
	문화적 기능	⑥ 전통문화 계승 ⑦ 경관 제공
	환경적 기능	⑧ 홍수 방지 ⑨ 수자원 함양 ⑩ 토양 보전 ⑪ 생물다양성
	식량 안보	⑫ 국내 식량 공급 ⑬ 국가 전략적 요청

농업·농촌의 다원적 기능을 잘 보여주는 덴마크의 농촌풍경

2장

하이드 농업

2.1. 농업의 다원적 기능 속성

　요안나 씨! 앞에서 농업·농촌의 다원적 기능에는 긍정적인 부분만 있는
것이 아니라 부정적인 면을 동시에 가지고 있다고 했는데요. 그동안 OECD
와 농산물 수입국을 중심으로 긍정적인 측면의 속성을 주로 연구했는데요.
아무래도 이들이 긍정적인 부분을 집중적으로 연구한 것은 농산물 수출국
들과 통상전쟁에서 유리한 고지를 점령하기 위한 방안으로 활용하기 위한
속셈 때문이라고 생각되네요. 지킬박사 농업으로 대응해야 논리적으로 밀리
지 않았을 테니까요. 지금까지 논의된 긍정적인 측면의 농업·농촌의 다원
적 기능 속성 중에서 전문적인 내용은 뒤에서 자세히 설명할게요. 언급하기
싫지만 그래도 타산지석으로 삼기 위해 다원적 기능의 부정적 측면인 하이
드 농업 사례를 몇 가지 소개하려고 해요.

　좋지요. 너무 이론적인 설명은 독자들이 이해하기 어려워요. 솔직히 지금
까지 국제기구에서 농업·농촌의 다원적 기능에 대해 정의한 내용 또한 국
제기구별로 다르게 설명하고 있어서 이해가 잘 안되거든요. 어쩌면 농업의
역할과 기능이 나라마다 다르고 복잡한 특성이 있어서 그렇겠지요. 회원국
이 제기하는 다양한 목소리를 대변하는 국제기구조차 서로 다른 정의를 내

리는 것을 보면 얼마나 복잡한지 알 것 같은데요.

그러면 먼저 그동안 국제기구를 중심으로 논의된 농업·농촌의 다원적 기능의 긍정적인 측면을 설명할게요. 농부의 새로운 이름으로 소개한 **국토의 정원사** 역할을 강조할 때마다 되풀이한 내용인데요. 농업의 다원적 기능, 특히 공익적 기능은 농업생산 활동과정에 추가로 창출되는 **외부효과** 또는 공공재 성격을 갖는 **결합생산물 형태**로 나타나는 기능이라는 점인데요. 농업생산 활동과 관계없이 멀쩡한 농지를 갈아엎어 꽃을 심고 인공조형물을 만들어 연출한 농촌풍경은 농업의 공익적 기능과 다른 차원으로 해석해야 된다는 뜻인데요. 유럽연합이 국토의 정원사에게 왜 직불금으로 보조금을 주는지 이유를 제대로 설명할 수 있기 때문이죠.

좀 더 자세한 설명이 필요하겠는데요. 쉬운 설명이 더 어렵지요. 예를 들어 벼농사는 농업생산 활동과정에서 식량이라는 시장에서 거래가능한 시장재화를 생산하는데요. 동시에 식량안보, 환경 및 경관 보전, 농촌지역의 유지, 생물다양성 및 전통문화의 보전 등 다양하고 **긍정적인 외부효과**를 지닌 비시장적인 **재화**를 부수적으로 생산해요. 그런데 이 비시장적 재화는 긍정적인 외부효과를 지니지만 거래가 이뤄지지 않기 때문에 대가 없이 모두에게 무료로 제공되는데요. 벼농사를 짓는 농부는 긍정적인 외부효과를 발휘하는 비시장재를 창출하지만 아무런 보상을 받지 못하거든요. 따라서 이와 같은 **시장실패**를 보정하기 위해서는 반드시 정부가 개입하여 정책적인 지원이 필요하다는 것이지요.

요안나 씨! 이제는 이해가 좀 되나요? 진도를 더 나가야 하는데요. 농업의 공익적 기능은 공산품이나 일반 농산물처럼 가격이 매겨지는 시장재화와 달리 아무 대가를 받지 못하고 누구에게나 혜택을 주는 공공재 성격을 갖게 되죠. 따라서 시장원리에 의존할 수 없을 뿐만 아니라 타 산업이 대신할 수도 없기 때문에 국가와 사회가 이를 유지하기 위해 정책적인 지원과 노력이 필요하다는 주장이 설득력을 얻게 된 것이죠.

그리고 농업과 농촌사회의 유지로 인해 부수적으로 창출되는 식량안보, 경관 보전, 전통문화 계승, 생물다양성 유지 등 농업의 공익적 기능은 일반 재화와 달리 **경합성과 배제성**이 없는 공공재적 특성을 지니고 있어요. 하지만 이런 공공재적 성격의 산출물은 누구나 옆에 있기를 바라지만 자발적으로 대가를 지불하지 않는 특성이 있어요. 따라서 이런 공공재의 시장실패를 보정하기 위해 정부의 개입과 정책적인 지원이 당연한 것이죠.

다원적 기능의 속성에 대해서는 그동안 OECD에서 논의한 내용을 중심으로 공급과 수요 측면으로 구분하여 졸저 『농업가치를 아십니까』에 자세하게 소개했어요.*

---

* 김육곤, 『농업가치를 아십니까』(글나무, 2018, pp.30-40) '다원적 기능의 경제적 의미와 이론적 근거'에 농업의 다원적 기능 속성을 자세히 소개했다.

〈하이드 농업 사례〉

대표적인 하이드 농업의 사례를 보여주는 사진

맨 위 사진은 기후변화와 산림 벌채로 인한 황폐화 모습을 보여준다. 폐비닐 수거도 중요하지만 적게 사용하면 하이드 농업을 줄일 수 있다. 많은 가축이 한꺼번에 풀을 뜯고 난 뒤에 목초지는 망가지게 된다. 오늘날 공장식 축사에서 나는 냄새와 가축분뇨는 하이드 농업의 대명사가 되었다.

자료 : Understanding Modern Agriculture: Externalities in agriculture (fbaileynorwood.blogspot.com)
The Potential Negative Effects Of Agriculture On The Environment, & The Sustainable Use Of Resources October 11, 2022
Agriculture provides many benefits to society, and is one of the key industries in society

2.2. 하이드 농업 사례

    요안나 씨! 지금까지 농업·농촌의 다원적 기능에 대한 이론적인 내용을 살펴보았는데요. 긍정적인 부분이 많지만 최근에는 환경단체를 중심으로 농업의 부정적인 면을 들추는 사례가 언론에 종종 소개되거든요. 그래서 환경단체를 비롯한 비농업 사회단체가 그동안 제기해온 농업·농촌의 다원적 기능에 대한 부정적인 사례를 살펴보려고 해요.

    앞에서 잠시 언급한 내용이지만 농업이 일용할 양식을 공급하는 중요한 역할 이외에도 눈을 즐겁게 만드는 아름다운 농촌풍경을 무료로 제공하는 등 공익적 기능을 하는 점에서 누구나 공감을 하는데요. 그런데 인구가 지속적으로 증가하면서 전 세계적으로 더 많은 먹거리를 생산해야 해요. 특히 2022년에는 세계 인구가 80억 명을 돌파하게 되었어요. 50년 만에 두 배로 늘어난 숫자라고 하네요. 앞으로 인구는 더 증가하여 2100년에는 100억 명을 넘을 것으로 전망해요.

    인구가 더 증가하면 먹거리 문제를 걱정하지 않을 수 없겠지요. 그동안 부족한 식량문제를 해결하기 위해 전 세계에서 많은 노력을 해왔는데요. 그래도 오늘날 세계 인구의 10%는 충분한 영양을 섭취하지 못해 굶주림으로 고

통받고 있다고 하네요. 전문가들은 소득수준이 높아질수록 육류 소비가 늘어나기 때문에 앞으로 가축을 사육하기 위한 곡물 소비가 더 증가하게 될 것으로 전망해요. 육류 소비가 증가할수록 굶주리는 인구가 더 늘어나는 나쁜 상황을 초래하게 되지요.

요한 씨 설명을 들으니 걱정이 앞서네요. 세계 인구가 증가하는 문제와 하이드 농업은 어떤 연관성이 있을까요? 소득수준이 높아질수록 육류 소비가 증가한다고 했는데요. 육류 소비가 늘어나면 당연히 가축사육 두수를 늘려야 하고요. 가축사육 두수를 늘리는 가장 획기적인 사육기술이 뭔지 알면 하이드 농업과 축산의 연관성을 이해할 수 있겠네요. 그동안 여러 나라에서 유럽의 가축사육 방식과 다르게 닭이나 돼지, 소 등 가축을 공장식으로 사육하여 생산성이 크게 증가했다는 이야기는 들은 것 같아요. 또한 이런 사육기술로 인한 가축분뇨 처리와 악취 문제로 민원이 자주 발생한다는 소식을 언론을 통해 들었어요. 유럽에서는 광활한 목초지에 손가락으로 셀 수 있을 정도로 적은 숫자의 가축이 한가롭게 풀을 뜯는 모습이 목가적인 풍경을 연출하여 농업의 공익적 기능을 이해할 수 있었는데요. 유럽의 방목형 축산과 최근 여러 나라에서 문제가 되는 공장식 축산을 비교하면 어느 쪽이 하이드 농업인지 설명이 되겠네요.

이제는 요안나 씨가 최근 세계적으로 논란이 많은 축산부문의 하이드 농업을 정확히 지적할 수 있을 정도로 농업의 다원적 기능에 대해서는 전문가 수준이 되었는데요. 80억 명을 돌파한 세계 인구에게 매일 필요한 칼로리를 제대로 공급하려면 하이드 농업 사례는 더 늘어날 것으로 예상돼요. 지킬박사 농업이 중요한데도 불구하고 하이드 농업 사례가 늘어나는 이유는 결국 사람의 문제라고 생각이 되는데요. 지구상에 숫자가 너무 많거든요.

요안나 씨! 하이드 농업의 대표적인 사례를 축산부문에서 살펴봤는데요. 이 외에도 하이드 농업 사례로 제기되는 내용이 많거든요. 몇 가지 사례를 더 살펴볼까요? 해마다 봄이 되면 본격적인 농사를 시작하기 전에 전국적으로 대대적인 캠페인을 벌여 언론에 자주 등장하는 사례부터 소개할게요. 어쩌면 우리나라에서 볼 수 있는 독특한 하이드 농업 사례인 폐비닐 문제인데요. 비닐을 이용한 농사는 사계절이 뚜렷하고 농지면적이 좁은 나라에서 5천만 명이 넘는 소비자에게 다양한 먹거리를 공급할 수 있게 만든 혁명적인 농업기술인데요. 문제는 비닐을 사용하여 재배한 농작물을 수확한 뒤에 제대로 처리하지 않는 점이에요. 가능하면 비닐을 적게 사용하고, 사용 후에는 뒤처리를 깔끔하게 하도록 제도 개선이 필요하다고 생각해요. 그동안 비닐은 많은 인구에게 필요한 먹거리 문제 해결에 큰 공을 세웠지만 사용 후 뒤처리가 늘 문제로 등장했어요. 깨끗하고 아름다운 농촌풍경과 다른 모습을 연출하게 만드는 주인공이 아니라 언제든지 하이드로 변신이 가능하여 농촌풍경을 해치는 악역을 자주 맡아 왔거든요.

다행히 중앙정부와 지방자치단체에서 영농폐기물 수거처리반 사업을 추진하여 폐비닐을 수거하여 재활용을 촉진하고 있어요. 연간 30만 톤 이상 배출되는 폐비닐의 수거율이 크게 높아졌다고 하네요. 폐비닐 회수율을 높이기 위해 환경관리공단에서 당근 정책으로 수거보상금을 지급했기 때문이라고 하네요. 공익형 직불제가 정착하게 되면 유럽과 비슷한 '당근과 채찍' 정책이 시행될 것으로 전망돼요. 유럽연합은 공동농업정책으로 직불금을 수령하는 농가에게 환경보전을 위해 지켜야 할 의무사항(cross-compliance)을 강화한 것처럼 우리나라에서도 직불금을 받는 농가의 준수사항으로 환경보호기준을 가장 엄하게 적용하고 있어요.(아래 도표 참고)

이 외에도 하이드 농업의 사례는 많아요. 다른 나라에서는 수질오염과 공기오염의 원인을 작물을 재배하기 위해 오랜 기간 살포한 농약과 비료 때문이라고 주장해요. 그리고 오랜 농사로 인한 토양 침식, 농업용으로 사용하기 위해 밀림까지 파헤치는 산림 훼손, 심지어 가축의 트림이나 방귀로 인한 기후변화 촉진, 생물다양성 훼손 등 사례가 있어요. 우리나라 사례보다 해외에서 제기하는 다양한 하이드 농업 사례는 다른 책으로 소개하려고 해요.

농가 준수사항 : 5개 분야 17개 사항

분 야	준수사항	기대효과
환경보호	화학비료 사용기준 준수	물과 땅의 건강 회복
	비료 적정 보관 · 관리	
	가축분뇨 퇴비 · 액비화 및 살포기준 준수	
	공공수역 농약 · 가축분뇨 배출 금지	
	하천수 이용기준 준수	
	지하수 이용기준 준수	
생태계 보전	농지의 형상 및 기능 유지	농업 생태계 지속가능성 제고
	생태교란 생물의 반입 · 사육 · 재배 금지	
	방제 대상 병해충 발생 시 신고	
마을공동체 활성화	마을공동체 공동활동 실시	농촌 공동체 활성화
	영농폐기물의 적정처리	
먹거리 안전	농약 안전사용 및 잔류허용기준 준수	안전 · 안심 먹거리 공급
	기타 유해물질 잔류허용기준 준수	
	농산물 출하제한 명령 준수	
영농활동 준수	영농기록 작성 및 보관	경영체 역량 강화
	농업 · 농촌 공익증진 교육 이수	
	경영체 등록 · 변경 신고	

EU 기본직불의 상호준수의무사항[*]

분야	대상	요건	요구사항
환경, 기후변화, 양질의 토양 유지	수자원	SMR1	농업자원으로부터 질산염에 의한 수질오염 보호
		GAEC1	수로를 따라 완충대 설치
		GAEC2	관개용수 사용이 허가 대상일 경우 허가 절차 준수
		GAEC3	지하수의 오염 방지: 오염물질 지하수로 직접 배출 금지 및 토양을 통한 지하수의 간접 오염 방지 조치
	토양과 탄소저장	GAEC4	최소 토양 피복
		GAEC5	토양 침식 방지를 위해 토질 특성을 반영한 토지 관리
		GAEC6	식물의 건강 이유를 제외하고 경작지를 태우는 행위 금지 및 토양 유기물 수준 유지
	생물 다양성	SMR2	야생조류 보전에 관한 규정 준수
		SMR3	자연 서식지와 야생 동식물 보호에 관한 규정 준수
	경관유지	GAEC7	생울타리, 연못, 도랑, 줄지어 나무 심기를 통한 경관 조성과 조류 번식 또는 사육기간 동안 생울타리 및 나무 자르기 금지
공중보건, 가축 건강 및 식물 건강	식품안전	SMR4	식품안전에 대한 절차 규정 준수
		SMR5	호르몬 등 규정한 특정 물질이 축적되지 않도록 규정 준수
	가축 식별 및 등록	SMR6	돼지 식별 및 등록에 관한 규정 준수
		SMR7	소 식별 및 등록에 관한 규정 준수와 쇠고기 제품에 대한 식품표시기준 규정 준수
		SMR8	양과 염소 식별 및 등록에 관한 규정 준수
	가축질병	SMR9	광우병 예방, 통제 및 방역에 관한 규정 준수
	식물보호 제품	SMR10	식물 보호 제품의 시장 출시 및 폐기에 관한 규정 준수
동물복지	동물복지	SMR11	송아지 보호에 관한 최소 기준 규정 준수
		SMR12	돼지 보호에 관한 최소 기준 규정 준수
		SMR13	농업목적을 위해 키우는 동물 보호에 관한 규정 준수

---

[*] 김육곤, 『농부의 새로운 이름, 국토의 정원사』(글나무, 2021, pp.41-45) '농가의 준수사항' 내용을 재인용하여 정리했다.

3장

지킬박사도 인정한 농업의 공익적 가치

3.1. 농업의 공익적 가치*

요안나 씨! 지금까지 지킬박사 농업의 중요성을 강조하기 위해 하이드 농업 사례까지 소개했는데요. 몇 년 전에 있었던 농업의 공익가치를 헌법에 반영하기 위한 서명운동에 적극적으로 참가한 것으로 기억해요. 실제로 길거리에서 서명을 많이 받은 것으로 아는데 일반 국민들은 농업의 공익가치에 대해 어떻게 이해를 하던가요?

서명에 동참해주신 분들이 다양한 반응을 보였어요. 대부분은 특별한 거부감이나 싫다는 내색 없이 서명 용지에 사인을 하셨는데 가끔 난감했던 경우가 있었어요. 농업이 정말 어떤 공익적인 가치를 제공하는지 예를 들어 설명을 해보라고 반문하신 분들을 만날 때는 짧은 소견으로 설명하느라 애를 먹었거든요. ㅎㅎ 누구 때문에 어쩔 수 없이 억지춘향식으로 서명운동에 동참했는데 모르는 내용을 설명하느라 진땀이 났거든요.

그런 일이 있었군요. 일반인에게 농업의 다원적 기능이 어떻고, 정말 어떤

---

* 김육곤, 『농부의 새로운 이름, 국토의 정원사』(글나무, 2021, pp.29-31) '농업의 공익 가치' 내용을 재인용하여 정리했다.

공익적 가치를 가지고 있는지 예를 들어 제대로 설명하기 쉽지 않았겠는데
요. 그러면 지금부터 농업·농촌의 다원적 기능 중 공익적 가치를 지니는 것
은 도대체 무엇인지 알아볼까요? 그리고 공익적 가치를 화폐 단위로 환산할
수는 있는지, 어떤 방식으로 환산하는지 알아볼까요? 아직까지 많은 사람들
이 의아해하는 부분이거든요.

지금까지 많은 전문가들이 농업이 발휘하는 식량안보, 농촌경관과 환경
보전, 수자원 확보, 홍수 방지, 지역사회 유지, 전통문화 계승 등 공익적 기능
을 화폐 단위로 환산하기 위해 노력해왔어요. 아쉽게도 일본의 일부 전문가
들이 농업의 공익적 가치를 화폐 단위로 환산하는 작업을 1990년 중반에 처
음 시도했어요. 우리나라에서도 일본에서 사용한 모델을 활용하여 몇 개 기
관에서 농업·농촌의 공익적 가치를 화폐 단위로 환산하여 발표했는데요.
2004년 농촌진흥청에서 국내에서 처음으로 그동안 연구한 결과를 토대로
농업·농촌의 공익적 가치가 약 83조 원 수준으로 추정된다고 발표했어요.

그 이후 정부가 학계에 용역 의뢰하여 발표한 추정치는 임업을 포함할 경
우 166조 원에서 244조 원에 달하는 것으로 발표되었어요. 2012년 발표된
〈농업·농촌의 가치 평가〉 보고서에는 농업의 공익적 가치는 86조 2,907억
원, 임업 75조 6,913억 원, 어업(갯벌) 3조 7,130억 원으로 농림어업 전체의 공
익적 가치는 총 165조 6,950억 원(2009년 기준 불변가치)에 달하는 것으로 평가
했어요.

농업의 공익적 가치를 세부적으로 보면 환경보전 79조 6,178억 원, 문화경
관 3조 6,357억 원, 식량안보 2조 550억 원, 농촌활력화 9,822억 원으로 추정
했어요. 환경보전 가치를 구성요소별로 보면, 논은 장마철 강수량을 논둑에

저장하는 기능을 하는데, 이를 댐 건설비와 유지비로 환산하여 추산했는데요. 논농사 45조 8,605억 원, 밭농사 7조 4,693억 원을 합쳐 53조 3,299억 원의 '홍수조절 가치'가 있는 것으로 추산했어요. 농경지에 공급되는 물이 지하수 자원이 되는 '지하수함양 가치'는 1조 8,847억 원으로 추산했어요.

농작물 재배지는 비재배지에 비해 온도 변화가 적고 혹한 및 혹서 방지 효과가 있는데 이를 '기후순화 가치'로 계산하면 14조 6,461억 원으로 상당히 높게 나왔어요. 물론 혹서기에 농작물이 증발산작용으로 주변의 온도를 낮추는 효과를 에어컨을 가동하여 온도를 낮출 때 소비하는 연료비 가격을 산정하여 추정한 가치라 높게 나왔어요.

작물이 광합성하면서 이산화탄소를 흡수하고 산소를 배출하는 '대기정화 가치'는 5조 162억 원으로 추산했어요. 그리고 집중강우로부터 토양유실을 막는 '토양유실 저감 가치'는 1조 5,938억 원으로 추정했어요. 이외 공익적 가치를 추정한 항목으로 가축분뇨를 분해하는 기능, 수질 정화 기능 등이 있어요.

문화·경관 가치로 농업은 도시민들에게 휴식공간과 함께 어린이들의 정서 함양 등 자연적·문화적·심미적 기능을 제공하는 '휴양처 제공'의 기능을 하는데, 이 가치는 1조 4,188억 원으로 추정했어요. 또 농업은 녹색경관을 형성하면서 오랜 역사 속에 축적된 독자적인 자연, 문화, 사회 환경으로 '경관 가치'를 갖고 있으며, 이는 2조 2,170억 원으로 평가했어요.

농업의 공익적 가치를 수치화한다면 '86조 2,907억 원' 임업·어업까지 합치면 166조 원

또한 보고서에는 농업의 산업적 가치가 총 85조 8,116억 원에 달하는 것으로 발표되었어요. 이 가치는 농업을 농림수산물 생산업, 투입재산업, 식품가공업, 외식산업, 관련유통업, 비식용가공산업, 어메니티산업 등을 합친 농생명산업으로 확장하여 조사한 수치라고 하네요. 농업의 공익적 가치와 농업의 생명산업적 가치를 합치면 농생명산업의 총가치는 251조 5,066억 원에 달하는 것으로 추정했어요. 이는 연간 농업생산액 45조 원의 5배가 넘는 엄청난 수치를 보여주네요.

그동안 여러 나라에서 농업의 공익적 가치를 화폐 단위로 환산하는 노력을 해왔어요. 일부 국가에서는 농업의 공익적 가치는 화폐 단위로 환산할 수 없는 가치가 더 크기 때문에 굳이 이렇게 추산된 수치로 발표할 필요가 있는지 의문표(?)를 그리기도 했는데요. 논란의 소지가 많은 것이 사실이지만 그래도 농업의 공익적 가치를 화폐 단위로 추산한 것은 의미가 크다고 생각되네요.

공공재(public goods)

모든 사람들이 공동으로 이용할 수 있는 재화 또는 서비스를 말하는데, 공공재는 이용자가 대가를 치르지 않더라도 소비 혜택에서 배제할 수 없는 성격(**비배제성**)을 가진다. 반면에 시장에서 거래되는 재화나 서비스를 이용하려면 반드시 대가를 지불해야 한다. 또한 일반 재화나 서비스는 사람들이 이것을 소비하면 다른 사람이 소비할 기회가 줄어들게 되어 이용자 간 경합관계에 놓이게 된다. 반면에 공공재는 사람들이 소비를 위해 서로 경합할 필요가 없는 **비경합성**의 속성을 지니고 있다.

시장실패(market failure)

일반적으로 시장에서는 **보이지 않는 손**(invisible hand)이 자원을 효율적으로 배분하는 것으로 간주한다. 그렇지만 시장 정보의 불완전성, 외부효과, 공공재 등의 이유로 자원이 효율적으로 배분되지 못하게 된다. 즉 사적시장(private market)의 메커니즘이 어떤 이유로 자율적으로 자원을 적정하게 분배하지 못하는 것을 **시장실패**(market failure)라고 한다. 친환경으로 재배한 쌀은 긍정적인 외부효과에도 불구하고 시장에서 높은 가격으로 평가받지 못하는 경우와 같다.

농업의 외부효과(externality) / 긍정적 외부효과와 부정적 외부효과

외부효과는 어떤 경제 활동으로 당사자가 아닌 다른 사람에게 의도하지 않은 혜택(편익)이나 손해(비용)를 발생시키는 것을 말한다. 외부효과는 효과의 성격에 따라 크게 긍정적 외부효과인 '외부경제(external economy)'와 부정적 외부효과인 '외부불경제(external diseconomy)'로 나누어진다. 또 발생 과정에 따라 '소비의 외부효과'와 '생산의 외부효과'로 분류하기도 한다. 농업부문의 대표적인 외부불경제 사례는 가축분뇨, 수질 오염, 폐비닐 등으로 인한 환경오염 등을 들 수 있다. 농업의 외부경제 사례로는 논농사와 홍수조절 효과, 정원처럼 아름다운 농촌풍경, 과수원과 양봉업 등을 수 있다.

제2부

유럽연합의 다양한 농업

4장

회원국 확대로 더 다양해진 농업

4.1. 유럽연합(EU) 개황

요안나 씨! 현재 유럽연합 회원국이 몇 개국인가요? 최근 영국이 브렉시트(Brexit)인가 뭔가로 회원국을 탈퇴했어요. 20년 넘게 유럽연합 본부가 있는 벨기에서 지내면서 많은 변화를 보았는데요. 회원국이 늘어나면서 조용하고 안전하던 브뤼셀 시내가 이전보다 시끄럽고 복잡해진 것 같아요.

글쎄요. 회원국이 몇 개국인지 잘 모르지만 브뤼셀 시내가 이전보다 복잡해진 것은 분명해요. 요즘은 시내에서 운전할 때 다른 차들이 내는 빵빵거리는 소리를 자주 들을 수 있어요. 그뿐만 아니라 신호등을 무시하고 난폭 운전하는 차들이 많이 늘었어요. 그래서 횡단보도를 건널 때도 이전보다 신경을 더 써야 해요. 운전자가 보행자 우선원칙을 잘 지켜 10년 전만 해도 굳이 좌우를 살필 필요 없이 횡단보도를 편안하게 건널 수 있었는데 요즘은 깜짝 놀라는 경우가 많거든요. 그러고 보니 2004년 5월부터 중동부 유럽 등 10개국이 유럽연합 회원국으로 가입하면서 브뤼셀 시내가 더 복잡해진 것 같아요. 흐흐

그렇네요. 유럽연합 회원국 숫자가 늘어날수록 브뤼셀 시내는 더 복잡하고 시끌시끌해지겠는데요. 20년 넘게 브뤼셀을 오가면서 유럽농업을 공부

하고 연구해왔는데요. 지금 되돌아보니 20년 전 그때가 지내기 가장 좋았던 것 같아요. 2001년 3월 브뤼셀에 첫발을 들였을 때 유럽연합 회원국은 15개 국이었거든요. 그다음 해 2002년부터 유로화가 통용되면서 벨기에 프랑을 프랑스 프랑이나 독일 마르크, 네덜란드 길드 등으로 환전하는 수고를 덜어 줘서 인근 회원국을 다니기에 아주 편리했던 기억이 생생하고요.

요한 씨 따라 2001년 상반기부터 벨기에서 지내게 되었는데요. 생각해보 니 그때가 브뤼셀에서 생활하기 제일 좋았어요. 낯선 곳에서 생활하느라 어 려움이 많았지만 그래도 모든 것이 새롭게 와 닿았어요. 더구나 무엇보다 좋 았던 것은 한창 젊을 때라 겁 없이 살 수 있을 정도로 언제나 용감무쌍하게 지낸 인생의 황금기였지요. 2004년 5월 중동부 등의 유럽에서 10개국이 추 가로 EU 회원국으로 가입하게 되어 이전보다 편안하게 여행할 수 있는 국가 가 늘어난 것도 좋았고요. 그래도 아직까지 다녀온 나라보다 발을 딛지 못한 나라가 더 많아요. 헝가리, 체코, 슬로바키아, 에스토니아는 다녀왔는데요. 시간이 허락하는 대로 다른 나라에도 가보고 싶네요. 언제 여행할 수 있을지 엄청 기대가 되네요.

앞으로 시간이 많으니까 천천히 다녀오면 되겠네요. 회원국이 늘어나면 가 봐야 할 나라 숫자도 더 늘어나겠지요. 물론 영국처럼 유럽연합에서 탈퇴 하는 나라가 증가하면 방문할 나라가 줄어들 수도 있겠지요. 앞에서 2004년 5월 중동부 등 10개국이 추가로 가입하면서 회원국이 크게 늘어났다고 이 야기했는데요. 그 이후로 2007년 불가리아와 루마니아가 EU 회원국이 되었 어요. 두 나라가 신규 회원국으로 가입하고 6년이 지난 2013년 크로아티아가 회원국으로 합류하면서 전체 회원국 숫자가 28개국으로 늘었어요.* 지금도 세르비아를 비롯한 몇 개국과 가입협상이 진행 중이어서 앞으로 회원국 숫자는 더 늘어날 전망이죠. 아직까지 가보지 못한 나라가 많다고 했는데요. 요안나 씨는 어느 나라부터 다녀오고 싶나요?

음~~~ 일단 손가락부터 꼽아야 하는데요. 요즘 우리나라 사람들이 많이 다녀와서 잘 알려진 크로아티아에 제일 먼저 가보고 싶네요.[1] 그리고 2004년 이후 추가로 가입한 회원국 중, 땅이 가장 넓고 유럽에서 사과를 가장 많이 생산하는 폴란드에도 다녀오고 싶어요. 발틱3국 중 아직 가 보지 못한 라트비아와 리투아니아도 좋고요. 스위스 못지않게 농촌지역을 잘 가꾼 나라로 알려진 슬로베니아는 어떨까요?

흥흥 다녀오고 싶은 나라가 많네요. 차근차근 다녀오면 되겠는데요. 다녀온 이야기는 책에 자세하게 소개하기로 해요.

요안나 씨! 질문이 하나 있어요. 유럽연합 회원국이 28개국으로 늘었다가 영국이 탈퇴하면서 줄어드는 과정을 간략하게 살펴보았는데요. 유럽연합이 어떻게 탄생하게 되었는지, 탄생 과정에 어떤 비밀이 숨겨져 있는지 잠시 살펴봐야 하지 않을까요?

좋지요. 이제는 요한 씨가 유럽연합의 역사 공부까지 하게 만드네요. 회원국이 늘었다가 줄었다가 하는 것을 보니까 앞으로 변화가 많을 것 같은데요.

---

* 유럽연합의 회원국 숫자를 28개국 또는 27개국으로 소개하여 혼동을 줄 소지가 많은 점 미리 독자 여러분께 양해를 구한다. 영국은 유럽연합 회원국에서 탈퇴를 했지만 추후 재가입 가능성이 높기 때문에 기존의 회원국처럼 소개하는 사례가 많은 점을 밝힌다.

그동안 지나간 유럽 역사를 살펴보면 통합과 분열, 전쟁과 평화가 되풀이되거든요. 앞으로 유럽연합이 현재와 비슷한 상태로 쭉 그대로 유지될 수 있을까요? 탄생과 죽음이 인생사에만 적용되는 것이 아닌 것처럼 유럽연합이라고 예외가 될 수 없을 텐데요. 유럽연합은 어떻게 해서 탄생하게 되었나요?

지금부터 유럽연합이 탄생하고 회원국을 확대한 과정을 좀 더 소개할게요.** 지금부터 유럽연합의 탄생 비밀을 알아볼까요? 모든 생명체의 탄생에는 아주 작은 비밀이 숨어 있는 것처럼 새로운 조직이나 기구가 탄생할 때는 분명한 이유가 있거든요. 유럽연합이 탄생하게 된 가장 큰 이유는 어찌 보면 전쟁 때문이었어요. 놀라지 마세요. 앞으로 전쟁 이야기가 자주 나올 거니까요. 그동안 유럽에서는 크고 작은 전쟁이 끊이지 않았어요. 지금까지 인류가 치렀던 전쟁 중 가장 치열했던 전쟁이 제2차 세계대전이었는데요. 그 전쟁의 주 무대가 바로 유럽이었지요. 그 전쟁으로 사상자가 6천만 명이나 발생했다고 하니까 인류 역사에서 최악의 전쟁이 분명하죠.[2]

요한 씨! 유럽연합의 탄생 비밀을 소개한다면서 왜 주제를 뜬금없이 전쟁 이야기로 바꾸나요? 가뜩이나 러시아가 우크라이나를 침략하여 반년 넘게 전쟁이 한창인데요. 군대에 다녀온 남자는 다를 수 있겠지만 대부분 사람들은 전쟁 이야기만 나오면 무섭고 긴장하게 되거든요.

** 필자의 졸저 『농업가치를 아십니까』(글나무, 2018. pp.131-141) 수록된 내용 중에 일부 항목을 수정하고 보완하여 재인용했다.

미안하네요. 사실이 그렇다는 것인데요. 제2차 세계대전 이후 유럽은 항구적인 평화를 위해 노력했어요. 이를 위해 제일 먼저 전쟁물자로 가장 중요한 철강과 석탄을 공동으로 관리하기로 했어요. 그래서 전쟁이 끝나고 6년이 지난 1951년 서유럽 6개국(벨기에, 네덜란드, 룩셈부르크, 서독, 이탈리아, 프랑스) 대표가 파리에서 만나 유럽석탄철강공동체(ECSC)를 결성했어요. 이 기구와 1957년 설립한 유럽경제공동체(EEC), 유럽원자력 공동체(Euratom)가 통합하여 1967년 유럽공동체(EC)로 발전하면서 오늘날 유럽연합이 본격적으로 출발하게 된 것이지요. 그 이후 유럽에서는 항구적인 평화를 정착하기 위해 EU 내에 필요한 물자의 자유로운 이동을 보장하는 시장통합을 시작했어요. 그다음으로 유럽 내 통합단계를 하나씩 높이기로 했는데요. 궁극적으로 정치·경제·사회 등의 분야까지 통합하는 '하나의 유럽'을 만들기 위해 노력해왔어요. 그동안 유럽연합이 추진해온 회원국 통합과정의 역사와 중요사항은 주석에서 추가로 소개할게요.[3]

그동안 역내 통합을 성공적으로 추진한 유럽연합은 많은 성과를 거둔 것으로 평가받고 있어요. 최근 브렉시트로 역내 인구수가 이전보다 13% 줄고 교역 규모 또한 약간 위축되었지만 그래도 지구상에서 가장 큰 경제동맹으로 자리를 지키고 있거든요. 인구 4억 5천만 명, 교역 규모 약 4조 1천억 유로(수출 2조 1,750억 유로, 수입 1조 9,351억 유로, 2020년 12월 말 기준)로 성장했어요. 유럽연합(EU)은 관세동맹이나 자유무역연합 수준에 불과한 북미자유무역협정(NAFTA)[4]이나 아시아태평양경제협력체(APEC)보다 경제 규모가 더 큰 편인데, 앞으로 교역 규모 또한 더 늘어날 것으로 전망하고 있어요.

요안나 씨! 질문이 하나 있어요. 유럽연합의 회원국으로 가입하려면 어떤 절차가 필요할까요? 가입후보국에 포함되어 현재 가입협상을 진행하고 있는 튀르키예가 만약에 EU 회원국으로 가입하면 언젠가는 대한민국이 EU 회원국으로 가입할 수 있지 않을까요?

글쎄요. 대한민국이 EU 회원국이 될 가능성이 전혀 없지 않지만 그래도 쉽지 않겠죠. '예외 없는 법칙이 없다'고 하지만 유럽연합의 회원국으로 가입하려면 우선 코펜하겐 기준을 충족해야 하고, 그리고 EU가 정한 상당히 까다로운 절차를 거쳐야 하거든요. 물론 그동안 회원국 확대를 살펴보면 예외가 있어요.***

지금도 가입후보국과 협상이 진행되고 있는데요. 최근 EU 회원국으로 가입하는 절차가 더 까다로워졌다고 하네요. 마스트리흐트 조약에 따라 유럽연합의 회원국 확대는 가 회원국의 동의뿐만 아니라 유럽 의회의 승인을 받아야 하는 등 가입조건을 강화했기 때문이에요.

*** 코펜하겐 기준이 예외로 적용된 가장 최근 사례는 키프로스가 EU 회원국에 가입한 일이다. 이 기준의 두 번째 항목인 '지리적 기준' 예외로 인정된 사례이다.

4.2. 유럽연합 농업과 농업정책

　요한 씨! 독자들이 유럽의 농업을 이해하려면 좀 더 쉽게 공동농업정책을 비롯한 중요 농업정책과 농업현황을 소개하면 좋겠는데요.

　그렇네요. 그러면 농업현황부터 살펴볼까요? 처음 유럽에 도착했을 때 유럽연합은 비교적 잘사는 서유럽 15개국으로 구성되어 있었어요. 농업여건 또한 세계 어느 나라보다 나은 편이었는데요. 지금은 회원국이 거의 두 배로 늘어나 다양한 형태의 농업을 선보이게 되었어요. 28개 회원국에서 기후와 토양에 가장 적합한 농산물을 중심으로 생산하는데, 품목이 더 다양해졌을 뿐만 아니라 주요 농산물의 생산량이 큰 폭으로 증가하게 되었어요. 이에 따라 일부 품목은 이전보다 더 확대된 시장에서 가격경쟁이 치열해지면서 생산한 농산물을 제때 제값을 받고 판매하는 데 어려움을 겪는 농부들이 증가했다고 하네요.

　회원국이 확대되면서 인구수는 약 20% 증가했는데, 전체 영토면적은 이전보다 23% 늘어난 4억 제곱킬로미터에 달했어요. 이에 따라 농업부문 기본 통계자료가 대폭 바뀌는 계기가 되었고요. 무엇보다 농업의 가장 핵심 자산인 경지면적이 이전의 1억 8,326만 ha에서 2억 3,800만 ha로 30% 이상 증가했어요. 그런데 농가 수는 이전 613만 호보다 2.5배 이상 증가한 1,513만 호로 늘었어요. 이 때문에 농가당 평균 경지면적은 30ha 수준에서 20ha 이내로 크게 줄었는데요. 이는 기존 농가 수보다 12개 추가회원국 농가 수가 47% 더 많았기 때문이에요. 특히 루마니아와 폴란드 농가 수가 각각 449만 호와 248만 호에 달해 이 두 나라의 농가 수만 더해도 기존의 15개국 전체 농가 수를 합친 것보다 많았거든요. 그리고 경지 규모별 농가 수 분포를 살펴보면 5ha 미만과 50ha 이상 농가 비중에서 큰 차이를 보였어요. 5ha 미만 농가 비중은 기존 15개국 평균이 55%인데 2004년 이후 합류한 신규 회원국은 훨씬 높은 85%에 달했어요. 반면에 50ha 이상 대농의 비중은 기준 15개국 평균이 10%인데 신규 회원국은 1%에 불과하여 28개 회원국 평균 수치를 5%로 낮추는 역할을 했어요.

유럽연합(EU) 28개국 농부들이 경작하는 농경지의 상황은 지역에 따라 매우 다양한 형태를 보여주는데요. 농부들은 토질이 비옥한 중부 유럽지역부터 상대적으로 토질이 척박한 그리스, 크로아티아, 이탈리아 남부 지방까지 다양한 여건의 농토를 경작하고 있어요. 동서남북으로 길게 확장된 농토에서 농부들이 열대 과일류부터 한대지역 농산물까지 토질에 적합한 다양한 농산물을 생산하고 있어요. 유럽연합 회원국의 전체 경지면적은 238백만 ha로 아주 넓은 편인데 2020년 농업의 부가가치 생산액은 1,784억 유로를 기록했어요.[*6] 이는 EU 전체 GDP의 1.3%에 해당하는 금액기준으로 보면 아주

---

* 유럽연합 농업부문의 부가가치생산액은 연도별로 약간 차이가 난다. 2021년 11월 Infographic에서 소개된 통계자료를 인용했다. (EU agriculture statistics: subsidies, jobs, production - infographic: Nov 2021).

낮은 수치인데요. 이 때문에 비농업부문에서 공동농업예산을 줄여야 한다고 목소리를 낼 때마다 인용하여 논란이 되고 있어요.

농가별 영농 규모를 살펴보면 영국, 덴마크, 아일랜드 등 북부 유럽은 대농의 비중이 높은 반면에 이탈리아, 스페인, 포르투갈, 루마니아, 불가리아 등 남부 유럽은 소농이 절대적으로 많아요. 그리고 프랑스, 독일, 폴란드를 비롯한 신규 가입국 중 중동부 유럽국가는 대농과 소농이 혼합된 영농형태를 가지고 있어요. 농가호수는 지속적으로 감소하고 있지만 전체 농가 수는 1천만 호가 넘어요. 소농이 많은 남부유럽의 이탈리아와 스페인은 농가 수가 100만 호가 넘어요. 프랑스는 최근 50만 호 이하로 줄었고, 독일 또한 30만 호 수준으로 농가호수가 줄었어요.

농업부문의 고용비율은 전체 고용에서 5.6%를 차지하고 있어요. 독일은 2% 내외로 낮은 수준인 데 반해 프랑스와 스페인은 각각 3.5%, 4.5% 수준으로 비교적 높게 유지하고 있어요. 호당 평균 경지면적을 살펴보면 덴마크 60ha, 프랑스 56ha, 독일 60ha, 벨기에 30ha 수준으로 중서부 유럽국가의 호당 평균 경지면적이 넓어요. 반면에 이탈리아, 스페인, 포르투갈, 그리스 등 남부 유럽국가는 호당 10ha 내외로 소농이 많아요.

유럽연합에서도 영세소농의 비중이 절대적으로 높아요. 여전히 경지면적 5ha 미만의 농가 수가 전체의 2/3를 차지하고 있어요. 이들 농가의 연간 평균 판매금액은 4,000유로(약 500만 원) 수준에 불과한데요. 이 금액은 경영비를 차감하지 않은 실질 판매액 기준이라 농업소득은 이보다 낮아요. 유럽연합 소농의 연간 농가소득이 우리나라와 비슷한 수준임을 알 수 있어요. 전세계에 소농의 비중이 절대적으로 높은 점을 볼 때 소농이 겪는 어려움은 어느 나라에서도 예외가 아닌 듯하여 쓸쓸한 기분이 들어요. 유럽연합의 전체 경지면적 238백만 ha 중에 소농이 차지하는 면적은 약 5%에 불과해요. 반면에 호당 평균 경지면적이 100ha가 넘는 대농이 전체 경지면적의 약 절반을 차지하고 있어요.

최근 유럽연합 회원국에서도 농가의 고령화 문제가 심각한 실정인데요. 농장주의 평균 연령이 55세인데, 이는 65세 은퇴연령을 초과하여 영농을 계속하는 농가의 비중이 전체의 1/3을 차지하기 때문이에요. 35세 미만 후계농의 비중은 6% 수준에 불과하여 미래 먹거리를 책임질 영농후계자 확보에 어려움을 겪고 있어요. 농업부문에 종사하는 35세 미만 인구의 비중(31.5%)이 다른 산업에 종사하는 비중(43%)보다 두 자리 수 이상 낮아 장기적으로 유럽농업의 쇠퇴를 우려하는 목소리가 높아요.

전체 경제에서 농업부문이 차지하는 비중이 점차 감소하고 있으나 정치적·사회적 중요성은 아직까지 상당한 수준을 차지하고 있어요. 앞에서 소개한 바와 같이 국내총생산(GDP) 기준으로 보면 1.3%를 차지하여 낮은 편인데요. EU 전체 농식품 관련 산업이 GDP에서 차지하는 규모는 6% 이상으로 높은 수준을 보여주고 있어요. 뿐만 아니라 이 산업에 종사하는 고용인력은 4,400만 명으로 업종별 고용비율에서 가장 높은 비중을 차지하여 농업 관련 산업은 여전히 중요한 산업으로 인정받고 있어요.

4.3. 유럽연합 공동농업정책

　유럽연합의 농업을 제대로 이해하려면 공동농업정책(CAP)을 빠뜨릴 수 없어요. 왜냐하면 이 정책이 오늘날 깨끗하고 아름다운 유럽의 농촌풍경을 만들게 한 것은 물론이고 다양하고 풍성한 먹거리를 제공하는 기반이 되었기 때문인데요. 출범한 지 60년이 지난 유럽연합의 공동농업정책은 오늘날까지 EU의 가장 핵심 정책의 하나로 중요한 역할을 하고 있어요. 1962년부터 시작된 공동농업정책은 유럽연합이 출범하게 된 실마리를 제공했어요. 뿐만 아니라 제2차 세계대전으로 파괴된 유럽 내 농업기반 시설을 조속히 복구하고, 역내 농업생산성을 향상시켜 시급한 식량부족 문제를 해결하게 만든 중요한 역할을 했어요.

　한편으로 공동농업정책은 유럽 내 주요 농산물의 과잉생산을 초래하여 결국에는 미국과 농산물 무역전쟁을 촉발하는 원인을 제공했어요. 한때 일부 전문가를 중심으로 우리나라 농산물시장을 대폭 개방하게 만든 우루과이라운드(UR) 농산물 협상의 출발점을 국내농업의 문제점에서 찾으려고 한 적이 있었는데요. 그런데 유럽연합 공동농업정책의 역사를 자세히 살펴보면 그 원인을 쉽게 파악할 수 있어요. 필자는 유럽연합과 미국이 자국산 과잉농산물을 처리하기 위해 서로 밀어내기식 수출경쟁을 하면서 시작된 무역전쟁이 UR협상이라고 강조해왔어요. 그동안 유럽과 미국이 자국의 농가를 보호하기 위해 지급한 다양한 보조금 때문에 주요 농산물의 과잉생산을 불러왔다고 주장했어요. 우리나라 속담처럼 '고래 싸움에 새우 등 터지는 일'이 실제로 일어나게 되었고, 결국에는 우리나라 농산물시장을 대폭 개방하게 되었지요.

유럽연합의 농업담당집행위원회가 운영하는 인터넷 홈페이지에 소개된 공동농업정책(CAP)의 주요 내용은 아래와 같이 정리했어요.

공동농업정책은 5억 명에 달하는 유럽인의 먹거리를 생산하는 농부를 지원하기 위한 정책이다. 이 정책의 핵심 목적은 '11백만 명에 달하는 농부의 높은 생활수준을 보장하면서 5억 명의 유럽 소비자들이 감내할 수 있는 가격으로 안전한 식품을 지속적으로 그리고 안정적으로 공급하기 위함'이라고 되어 있다. 뿐만 아니라 유럽연합의 농업 개황과 전체 산업에서 차지하는 비중, 연간 예산, 그리고 3대 핵심 정책인 직접지불제, 시장개입조치, 지역개발정책 등을 자세히 소개하고 있다.

앞에서 소개한 내용과 중복되는 부분이 자주 등장할 것이다. 원본과 사본처럼 읽어도 좋을 것이다. 자료의 출처가 같은 인터넷 주소에서 소개된 내용을 활용했기 때문이다. 농업담당 행정부에서는 유럽연합의 농업과 농식품관련 산업이 EU 전체 경제에 기여하는 비중이 크다는 점을 특별히 강조한다. 11백만 명의 농부가 농장을 경영하는데 이들이 22백만 명에 달하는 종사자를 고용하여 일자리를 제공하는 점을 강조한다.

유럽에서도 일자리가 제일 중요하기 때문이다. 식품가공, 식품 관련 도소매업과 서비스업 등을 포함한 식품 관련 산업에서 종사하는 인력이 44백만 명에 달하여 유럽연합의 전체 산업에서 산업별 취업자 수가 가장 높은 산업으로 홍보한다. 이 통계를 잘 해석하면 앞으로 우리나라 농업을 홍보할 때에도 잘 활용할 수 있을 것 같아 소개한다.

한 나라의 농업이 성장하고 발전하면 농업 관련 연관산업에서 늘어나는 일자리 숫자는 두 배로 증가한다는 점이다. 유럽연합의 농업경영자 숫자는 약 1,000만 명인데 농장에서 고용하는 인력은 약 2,000만 명이 넘는다. 그리고 식품가공, 식품 관련 도소매업과 서비스업을 포함한 농식품 관련 산업에는 약 4,000만 명이 고용된다고 통계자료가 잘 설명해준다. 최근 농업을 둘러싼 여건이 매우 어려운 상황임에도 불구하고 이뤄낸 성과라 홍보하기 좋은 자료라고 생각된다.

그래도 유럽연합의 농업부문은 제대로 구축된 시스템으로 수시로 지원을 받을 수 있기 때문에 어려움을 잘 극복하고 지속적으로 성장할 것으로 생각한다. 농업부문이 전체 GDP에서 차지하는 비중보다 농식품 관련 산업의 GDP 비중이 5배 더 높은 점을 자주 홍보하고 있다. 또한 지난 20년간 농식품산업의 수출금액은 매년 평균 8% 증가했다. 2010년 100억 유로, 2012년 200억 유로, 2020년 470억 유로 무역수지 흑자를 기록하는 품목이라 EU 입장에서 수출효자품목이다.[*7]

유럽연합의 공동농업정책은 그동안 우리나라에서 추진한 농업정책에도 직간접적으로 영향을 주었어요. 가장 대표적인 사례가 직접지불제 도입, 농촌정책 강화 등을 들 수 있어요. EU의 공동농업정책은 7년 주기로 새로운 방향성을 제시하고 중간평가를 실시하여 문제점을 개선하면서 제도를 개혁해

---

* EU농식품 교역통계는 아래 인터넷 주소에서 소개하는 자료를 활용했다. 자세한 내용은 주석에 소개한 내용을 참고하기 바란다. https://ec.europa.eu/eurostat/web/products-eurostat-news/-/ddn-20220325-1

왔어요. 2007년부터 2013년까지 EU 공동농업정책의 가장 큰 특징은 '농촌정책'을 강화하는 것이었어요. 최근 기후변화와 생물다양성 훼손, 농업용수와 토질 관리 등의 문제가 농업부문의 중요 현안으로 등장하여 자연자원의 지속가능한 관리를 요구하는 목소리가 높아지고 있어요. 이에 따라 유럽연합 농업담당집행위는 공동농업정책을 시대변화에 맞게 개선하기 위해 노력하고 있어요. 2014년 이후 7년 주기로 시행한 유럽연합의 공동농업정책 주요 내용은 아래와 같이 정리했어요.

2014-2020년 EU의 공동농업정책은 공익성, 환경성, 형평성을 목표로 추진되었다. 이에 따라 직접지불제 보조금을 수령하기 위한 농가의무사항(Cross-compliance)을 강화했다. 그리고 직불금의 30%는 환경보전의무(Greening) 준수를 조건으로 지급하도록 했다. 이는 농업의 공익적 성격을 너 강조했기 때문이다. 지속적인 예산지원을 조건으로 농업 분야에 환경 측면의 기여도를 높이도록 주문했다. 물론 농가의 불만이 적지 않았다. 의무사항이 강화되었기 때문이다.** 예외 없는 법칙이 없듯이 영세소농이나 기존에 친환경 재배를 하는 농가에게 예외를 인정했다.

그동안 공동농업정책의 직불금 예산 분배에 논란이 많았다. 형평성 문제가 제기되었기 때문이다. 대농과 소농간 직불금 수령액 차이로 인한 논란뿐만 아니라 회원국이 확대되면서 서유럽 회원국과 신규 회원국 간 직불금 수령액도 차이가 컸

** 환경보전 의무가 강화되면서 농가들이 직불금을 수령하기 위해서 크게 3가지의 의무를 이행해야 한다. 1) 자신의 농지에서 여러가지 작물을 동시에 경작하여 단일 작물 재배에 따른 농지의 황폐화 예방(crop diversification), 2) 농지의 한쪽을 떼어내서 농작물을 생산하지 않고 영구 초지 조성(maintaining permanent grass-land), 3) 자기 농지에 생태보호지역 설정(ecological focus area).

기 때문에 논란이 많았다.*** 아무래도 기존의 프랑스, 독일, 덴마크, 영국 등 서유럽 국가의 대농들이 새로 가입한 회원국 농가보다 적게는 두 배에서 많게는 열 배 이상 더 받을 수밖에 없는 구조적인 문제점이 있었다. 경지면적 기준으로 직불금을 지급한 관행을 빠른 시일내에 바꾸기 어려웠을 것이다.

2018년 제출된 2021-2027년 공동농업정책 개혁안은 그다음 해 유럽형 그린딜 논의가 진행되어 지연되었다. 그 이후 코로나19로 인한 경기침체 발생 등으로 당초안을 일부 수정하여 2023년부터 본격 추진할 전망이다. 집행위원회가 지속가능한 식품 체계로의 전환을 뒷받침하여 그린딜 목표 달성에 핵심 역할을 하기 위해 공동농업정책 개혁안의 구체적인 목표 9가지를 제시했다. 농가소득 지지, 기후변화 대응 및 환경보전, 지속가능하고 복원력을 지닌 식품 시스템 구축 등인데 회원국의 재량권을 강화할 전망이다.

한편 농업담당집행위원회 개혁안은 이사회와 유럽 의회에서 논의하는 과정에 일부 내용이 수정되었어요. 유럽 의회에서 2023-2027년 공동농업정책(CAP)을 통해 추진할 핵심 목표 10가지를 다음과 같이 설정했어요.

***농가 수가 크게 줄어든 프랑스, 독일, 영국 등 서유럽 국가들은 ha당 400유로로 정도 직불금을 수령했다. 반면에 중동부 유럽 신규 회원국은 소농이 대부분을 차지하여 농가 수가 너무 많아서 ha당 100유로에도 못 미치는 직불금을 받는 사례가 많았다. 이 때문에 중동부 유럽 회원국 농가의 불만이 많았다. 공동농업정책 개혁으로 회원국별로 농가에게 지급하는 ha당 직불금의 차이가 줄어들게 되었다.

〈2023-2027 공동농업정책의 핵심 목표 10가지〉

① 공정한 농가소득 보장 (to ensure a fair income for farmers)

　　EU 전체 농가들이 경제적으로 지속가능하도록 농가소득 지원

② 농업경쟁력 강화 (to increase competitiveness)

　　연구기술 개발 및 농업 디지털화를 통해 농장의 경쟁력 강화

③ 식품유통망 농부 지위 개선(to improve position of farmers in the food chain)

　　상호협력과 시장 투명성을 기반으로 식품유통 과정에서 농부의 지위 강화

④ 기후위기 극복에 기여 (climate change action)

　　온실가스 배출 감소, 토양 탄소 격리와 같은 방법을 통해 기후 위기 극복에 기여

⑤ 환경과 천연자원 보호 (environmental care)

　　농업에서 사용하는 화학 물질의 의존도를 줄이고 천연자원을 효율적으로 관리

⑥ 경관 및 생물다양성 보전 (to preserve landscapes and biodiversity)

　　생물 다양성 손실을 막는 데 기여하고 서식지와 경관을 보존

⑦ 세대 교체 지원 (to support generational renewal)

　　젊은 농부, 새로운 농부를 육성하고 농촌지역의 지속가능한 비즈니스 개발 지원

⑧ 농촌지역 활성화, 일자리, 성별 평등 (vibrant rural areas)

　　여성의 농업 참여 확대로 고용, 농촌지역의 사회 통합과 지역 개발 촉진

⑨ 안전하고 영양가 있는 식품 공급 (to protect food and health quality)

　　지속가능한 방식으로 생산된 고품질의 안전하고 영양가 있는 식품을 공급

⑩ 지식 공유 및 혁신 추구 (fostering knowledge and innovation)

　　디지털 인프라를 확충하여 농부들이 지식을 교류하고 활용하도록 지원

4.4. 회원국 확대와 영농형태 변화

요안나 씨! 유럽연합의 회원국이 늘어나면서 전통적인 영농형태에도 많은 변화가 생겼거든요. 그동안 EU의 일반적인 농업방식은 '저투입, 노동집약적 생산'이라는 전통적인 영농방식이 유지되었어요. 그런데 회원국이 증가하면서 영농방식에도 변화가 불가피해졌어요. 그래서 질문인데요. 영농방식이 어떻게 변화되었을까요?

글쎄요. 이 질문은 전문가의 답변이 필요한데요. 아무래도 비전문가는 이해하기 어려운 용어가 자주 나오거든요.

그렇지요. 대체로 다음과 같은 두 가지 방향으로 전환이 추진되었어요. 첫째는 비교우위가 있는 지역에서는 '생산의 집약화와 생산의 특화'가 진행되었어요. EU 내에서 소비량이 많은 원예작물은 주로 남부 유럽국가를 중심으로 생산이 특화되었어요. 지역별로 보면 스페인 해안지역, 포르투갈 남부지역, 이탈리아 남부지역, 그리스 남부 해안지역 등에서 이 품목의 생산 집약도가 아주 높아요. 이들 지역은 원예작물 재배에 기후조건이 유리하기 때문이에요. 반면에 핀란드 남부와 아일랜드는 낙농업과 곡물의 생산 집약도가 높아요. 그리고 양돈산업은 생산과 가공시설이 발달한 덴마크, 벨기에 북부

플랑드르(Flandres) 지역, 네덜란드 동남부 림부르크(Limburg) 지역, 이탈리아 포밸리(Po valley), 그리고 유럽에서 사육두수가 가장 많은 스페인의 까달루냐(Catalunya) 지역에 집중되어 있어요.

둘째는 작물 재배여건이 좋은 않은 '생산조건 불리지역'에서는 생산의 조방화로 극복하는 방식인데요. 이러한 생산방식은 토양이 척박하거나 주거지에서 멀리 떨어진 곳에 농장이 위치하여 관리가 힘든 경우 주로 나타나는데요. 일부 지역 농업경영체는 농가소득이 낮고 영농후계자가 없어 경영을 포기하거나 대규모 목장에 통합되기도 해요. 핀란드와 독일의 산악지역, 오스트리아의 소규모 복합영농지역, 프랑스 남부, 그리스와 스페인의 여러 곳에서 이런 생산방식이 활용되고 있어요.

그런데 생산방식의 집약화와 조방화는 전혀 다른 특징을 지니고 있어요. 최근 유럽의 여러 나라에서 이 두 가지 방식이 동시에 등장하고 있어요. 이는 최근 통계에서 잘 드러나듯이 농업구조가 크게 변화되고 있기 때문이에요. 1995~2015년 농업통계자료를 살펴보면 농경지 면적 농업경영체 수 및 농가 수는 꾸준히 감소했어요. 농경지 면적보다 농가 수와 농가인구의 감소 폭이 더 큰 것은 농가의 경영 규모가 커졌다는 것을 의미해요. 경영의 규모화가 촉진되면서 중간 규모 농가의 비율이 큰 폭으로 줄었어요. 반면에 10ha 미만의 영세소농과 100ha 이상의 대농 비율은 오히려 늘어났어요.

최근 유럽연합 회원국에서 농업경영체 수와 농가인구가 감소하면서 경영 규모의 양극화 현상이 심한데요. 이런 형태의 농업부문 구조적인 변화는 다른 선진국에서도 나타나는 일반적인 현상인데요. 전문가들은 최근 여러 나라에서 비슷한 형태로 농업구조의 변화를 가져온 요인을 크게 세 가지로 보고 있어요.

첫째는 자본의 노동대체와 생산성 향상인데요. 이는 농업의 총요소 생산성(total factor productivity) 증대로 설명할 수 있어요. 다른 조건이 똑같고 생산성이 향상되면 이전보다 적은 수의 농업경영체가 필요하다는 것을 의미해요. 이에 따라 농업경영체 수는 자연스럽게 줄게 되죠.

둘째는 생산이윤이 감소하게 되면 규모의 확대와 새로운 소득 창출이 필요하다는 점인데요. 유럽에서는 1983년 농산물 가격이 정점을 찍은 후 하락하면서 농가소득이 점차 감소했어요. 이에 따라 농업경영체는 규모화와 농외소득을 통한 소득창출이 불가피해졌어요. 소비자의 소비성향 변화 또한 경영 규모의 양극화를 촉진했는데요. 소비자는 가계소득이 올라도 농산물 구입을 위한 비중을 오히려 줄여왔어요. 이에 따라 주요 농산물의 소비와 수요가 정체하거나 감소하게 되었는데요. 결국에는 이들 농산물의 과잉공급을 초래하여 가격 하락을 촉진하는 결과를 가져왔어요.

셋째는 농업정책의 효과와 무역자유화가 농업구조의 변화를 촉진한 것을 들 수 있어요. 유럽연합에서는 직접지불 농업보조금이 대규모 농업경영체에 집중되어 규모의 양극화를 촉진하는 요인으로 작용했어요. 이 점은 오늘날까지 논란이 되고 있는데, 2000년대 초반에는 양극화 현상이 더 심했어요. 전체 직불금의 80%가 수혜 대상 농가의 20%를 차지하는 대농에게 지급된 반면에 전체 농가의 80%에 달하는 중소농이 받은 직불금의 비중은 20%에 불과했거든요. 농업보조금의 대농 편중 지급이 심각한 사회문제로 등장한 것도 이 때문인데요. 직불금과 농업소득만으로 생계유지가 어려운 중규모 농가는 농외소득에 의존하는 소규모 농가로 전환하거나 경쟁력을 높이

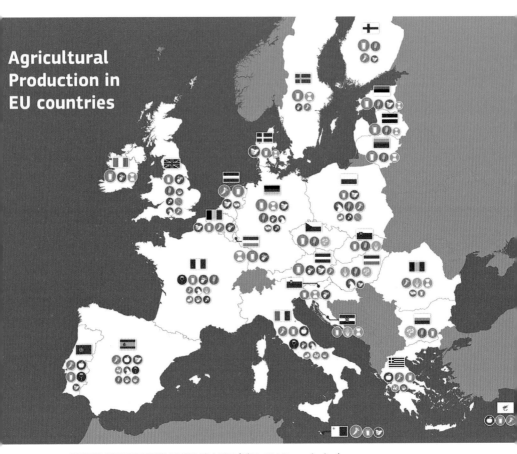

유럽연합 회원국의 다양한 먹거리 생산 지도 (자료: EU Commission)

기 위해 규모화를 추구하게 되었어요. 무역자유화 또한 자원배분의 효율성
과 생산성 증대를 촉발하여 농업경영체의 규모화를 촉진하는 원인으로 작
용한 것으로 보고 있어요.

주

1 요안나 씨가 가 보고 싶은 나라로 크로아티아를 가장 먼저 꼽은 이유가 있었다. 국내에 방영되어 인기를 끌었던 〈꽃보다 할배〉 프로그램의 영향이 컸다고 한다.

2 제2차 세계대전의 사상자 숫자가 6천만 명에 달한다는 사항은 다음 인터넷 주소에서 나온 자료를 참고했다. https://worldwar2.org.uk/world-war-2-facts
https://www.bing.com/search?q=casualties%20of%20the%202nd%20world%20war&form=SWAUA2

3 유럽연합의 통합과 확대 과정은 아래 인터넷 주소에 자세하게 소개되어 있다. https://en.wikipedia.org/wiki/Enlargement_of_the_European_Union

4 2018년 9월 기존의 '나프타(NAFTA)'를 '미국 · 멕시코 · 캐나다협정(USMCA)'으로 대체하기로 합의했다.

5 코펜하겐 기준에 유럽연합의 회원국으로 가입하기 위해 갖춰야 할 경제적 · 정치적 기준이 명시되어 있다. 가입후보국은 비종교적이고 자유와 제도가 조화되는 민주적인 정부구조를 가져야 하고 헌법의 규정을 존중해야 한다. …(이하 생략)

6 유럽연합 주요 통계자료는 유럽 의회가 제공하는 인터넷 주소 자료를 이용했다.
https://www.europarl.europa.eu/news/en/headlines/society/20211118STO17609/eu-agriculture-statistics-subsidies-jobs-production-infographic

7 유럽연합 교역 관련 주요 통계자료는 다음 인터넷 주소 자료를 이용했다.
https://ec.europa.eu/eurostat/web/products-eurostat-news/-/ddn-20220325-1
EU trade in agricultural goods reached €347 billion 25/03/2022
In 2021, the value of trade (imports plus exports) of agricultural goods between the EU and the rest of the world hit €347.0 billion, €20.7 billion more than in 2020. The EU exported €196.9 billion worth of agricultural products and imported €150.0 billion, generating a surplus of €46.9 billion. Between 2002 and 2021, EU trade in agricultural products more than doubled, equivalent to average annual growth of almost 4.8%. In this period, exports (5.4%) grew faster than imports (4.2%).

5장

주요 회원국의 독특한 농업과 먹거리 사례

〈벨기에 농부가 발견한 노란 꽃봉오리 엔다이브〉

5.1. 벨기에 농부가 발견한 노란 꽃봉오리 엔다이브

요안나 씨! 벨기에 채소 중에 가장 독특한 품목이 뭘까요?

음~ 다양한 요리에 등장하는 엔다이브가 아닐까 생각하는데요. 우리 집에서도 자주 요리해서 즐기는 채소인데요. 샐러드로 만들어 먹을 수 있고, 쌈 채소로 그냥 먹어도 되고요. 삶아서 먹기도 하고, 된장국에 배추 대용으로 넣어도 되고요. 쇠고기나 양고기 스테이크와 곁들이면 더 맛이 나지만 요리하는 비용이 만만치 않지요. 다양한 치즈와 햄을 곁들여 유럽인들이 즐기는 시콘그라땅(Chicons au Gratin)으로 만들어 먹어도 되지요. 아마 엔다이브의 독특한 쓴맛이 식욕을 돋게 해서 그런지 식당에서 다양한 요리를 선보이더군요.

그렇군요, 벨지움 치커리(Belgium Chicory) 또는 시콘(Chicon), 그리고 엔다이브(Endive)로 불리는 이 채소는 우리에게 낯선 농산물 품목인데요. 최근 우리나라에 벨기에산 엔다이브가 수출되고 있다고 하네요. 그래서 유럽연합 회원국이 생산하는 독특한 농업과 먹거리 첫 번째 사례로 벨기에 엔다이브를 소개하려고 해요.

이 노란색 꽃봉오리가 뭘까요?

꽃처럼 보이지 않는데요? 그러면 채소인가요?

꽃인지 채소인지 알쏭달쏭 한대요!

우리 집 요리사인 요안나 씨가 좋아하는 벨기에 특산품입니다. 물론 꽃이

아니라 채소입니다. 우리나라 소비자들에게는 낯선 품목인데, 최근에는 벨

기에서 생산된 이 채소를 우리나라에 항공편으로 공급하는 물량이 제법 늘었다고 해요. 그렇지만 여전히 국내에서 소비하는 곳이 호텔 등 가격이 좀 비싼 식당으로 한정되어 언제 어디서나 쉽게 살 수 있는 품목이 아니라고 하네요. 앞으로 국내 소비자들에게도 점차 알려지게 되겠지요. 그렇지만 유통기한이 길어야 30일 정도로 그렇게 길지 않고, 반드시 저온유통이 필요한 품목이라 수입물량을 늘리기 쉽지 않겠어요. 그래도 다양한 요리로 즐길 수 있는 벨기에산 노란색 꽃봉오리, 엔다이브를 우리나라에서도 많은 소비자가 쉽게 구입할 수 있기를 기대해 봅니다.

그러면 오늘날 유럽에서 많은 소비자가 사랑하는 이 채소의 탄생 비밀을 알아볼까요? 요안나 씨! 벨기에 엔다이브가 탄생한 지 올해로 몇 년이나 되었을까요?

글쎄요. 농업의 역사가 인류의 역사와 함께했다고 하니 천 년은 넘겠지요.

헐~ 그런데 200년이 안 된다고 하네요.

그러면 재배역사가 아주 짧은 품목에 속하는데요. 독자들을 위해 벨기에 엔다이브 탄생 비밀을 조금 소개해주세요.

이 채소가 유럽에서 탄생하게 된 비밀이 있다고 하네요. 제약회사가 새로운 신약을 개발하는 과정에서 '우연의 산물(serendipity)'로 대박을 터뜨린 경우가 종종 있지요. 이 채소의 탄생에도 이와 비슷한 이야기가 전해옵니다. 지금은 벨기에가 재배하는 가장 대표적인 채소 중 하나로 많은 소비자의 사랑을 받는 품목인데요. 이 채소가 탄생하게 된 직접적인 원인은 전쟁이었다고 하네요. 어쩌면 이 채소는 지킬박사 농업의 산물이 아니라 전쟁이라는 하

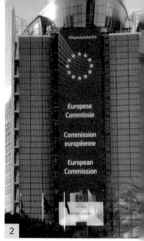

1. 셍깡뜨네르 공원내 독립 50주년 기념 조형물
3. 워털루 전쟁이후 세운 사자상

2. EU 본부
4. 벨기에 왕립 미술관

이드가 연출한 부산물로 탄생했다고 할까요? 물론 이 채소가 탄생한 시점보다 50여 년 뒤에 작가 스티븐슨이 『지킬 박사와 하이드 씨』를 저술했지요.

오늘날 세계 여러 나라의 많은 소비자가 즐기는 벨기에 엔다이브가 '우연의 산물'로 세상에 나왔는데 벨기에 독립전쟁[1]과 아주 밀접한 관련이 있다고 하네요.

요한 씨! 잠시만요! 그러면 유럽 역사에 벨기에라는 나라가 등장하게 된 배경부터 먼저 살펴봐야 하지 않을까요?

그것 좋은 생각인데요. 벨기에는 1830년 네덜란드 왕국에서 독립한 나라예요. 1800년대 초반기 유럽을 혼란의 도가니로 내몰았던 나폴레옹이 일으킨 전쟁과 밀접한 관련이 있고요. 1813년 라이프치히(Leipzig) 전투에서 퇴각한 나폴레옹 군대는 그다음 해 전쟁은 물론이고 1815년 6월 18일 오늘날 벨기에 남쪽 워털루에서 벌어진 전쟁까지 연속하여 패배하게 되었어요. 나폴레옹이 일으킨 여러 차례 전쟁의 여파로 벨기에가 탄생하게 된 셈이지요. 그래서 패전국이었던 프랑스 국토의 북쪽 일부 면적을 할양해서 네덜란드 왕국으로 붙였지요. 1814년 4월 시작한 **빈조약**(Congress of Vienna)[2]에서 나폴레옹 몰락 이후에 새로운 유럽의 지도가 결정되었다고 해요. 그 조약에 의해 벨기에는 네덜란드 왕국에 포함되었어요. 그러나 네덜란드 왕국과 다른 종교인 가톨릭을 믿는 벨기에 지역 주민들이 합심하여 힘들지 않게 독립하게 되었다고 하네요. 그래서 벨기에가 네덜란드 왕국에서 독립한 전쟁을 명예혁명으로 소개하는 경우가 많아요.

이제부터는 벨기에 독립전쟁과 벨기에 엔다이브 탄생의 비밀을 자세히 소개할게요.

요안나 씨! 전쟁이 발생하면 대부분 사람은 어떻게 하나요?

음~ 우선 안전한 곳으로 재빨리 피난을 가겠지요. 어쨌든 살아남아야 하니까요.

그렇지요. 일단은 위험한 곳에서 벗어나 살고 봐야겠죠. 어쩔 수 없이 피난을 갈 때는 어떻게 해야 하나요?

중요한 물건 몇 개는 반드시 챙기고 떠나야겠죠. 그리고 나머지 물건은 살던 집에 그대로 두고 나와야겠죠. 물론 창고에 잘 보관하고 나와야 나중에 다시 사용할 수 있죠.

벨기에 엔다이브는 어떤 농부가 피난을 떠나면서 그 해 수확한 농산물 중 창고에 보관해 둔 뿌리채소에서 나왔거든요. 거창한 비밀이 아닐 수 있어요. 이 농부가 벨기에 독립전쟁으로 아주 혼란스러웠던 3개월 동안 잠시 집을 비운 사이에 아무도 모르게 어떤 일이 일어났어요. 세상이 좀 잠잠해져 집으로 돌아온 농부는 창고에 보관했던 뿌리채소에서 그 당시 전혀 보지 못한 완전히 새로운 모양의 먹거리가 탄생한 것을 발견했지요. 이 봐라! 뿌리에서 흰색 잎이 돋아났네(Voila! Witloof)! 이 농부가 새로운 잎을 처음 보았을 때는 노란색보다 흰색에 가깝게 보였나 보네요.

이 농부가 뿌리채소에서 새로운 잎채소를 발견한 이후 상품화를 위해 10년 넘게 그 당시 유명한 식물학자와 공동으로 노력했다고 하네요. 이런 노력 덕분에 오늘날에는 수많은 유럽 소비자가 즐겨 찾는 채소로 등장하여 대박을 터뜨리게 되었다고 하네요.

엔다이브가 이 세상에 태어날 때는 하이드로 변신한 전쟁의 부산물로 나왔다고 했는데요. 그러나 지금은 남반구 오스트레일리아에서도 재배될 정도로 재배지역이 많이 늘었다고 하네요. 앞으로 전 세계에 널리 재배되어 더 많은 소비자의 사랑을 듬뿍 받는 품목이 될 것으로 믿어요.

엔다이브 재배 과정

요한 씨가 자세하게 설명해주니까 벨기에 엔다이브 탄생 비밀이 아주 흥미롭네요. 그런데 엔다이브는 누구나 쉽게 재배할 수 있는 채소인가요? 재배가 쉽지 않을 것 같다는 생각이 드는데요. 엔다이브 재배라면 벨기에 농부가 원조인데요. 그동안 품종개량은 물론이고 새로운 재배 기술을 도입하여 전체적인 재배 과정을 많이 개선했다고 들었는데요. 독자들이 쉽게 이해할 수 있게 벨기에 농부들이 최근에 도입한 새로운 재배 기술은 어떤 것이 있는지, 그리고 실제로 어떻게 재배하는지 자세히 소개해주면 좋겠는데요.

벨기에 농부들이 본격적으로 엔다이브 재배를 시작한 지 채 200년 안 된다고 했죠. 그런데 아주 짧은 기간 재배 기술에 많은 변화가 있었다고 하네요. 1970년대 중반부터 엔다이브를 암실에서 재배하는 기술이 도입되면서 생산량이 대폭 증가하게 되었다고 해요.

재배가 쉽지 않을 것 같다고 질문했는데요. 실제로 엔다이브를 재배하는 농가의 입장에서도 반응이 달라요. 여러 가지 이유가 있는데 우선 재배 기간이 생각보다 길다는 점이에요. 먼저 노지에서 뿌리를 생산해야 하거든요. 그 다음에 뿌리를 암실에서 재배하여 새싹이 돋아나오게 해야 하는데요. 그러면 1년 만에 원하는 제품이 생산되는 것이 아니라는 뜻이지요. 암실에서 재배하는 새로운 기술이 도입되기 이전에는 2년에 걸친 노력을 들여야 노란색 꽃봉오리가 탄생하게 되거든요. 물론 최근에는 연중생산 가능한 시스템을 갖추고 매일 일정 물량의 엔다이브를 수확할 수 있으니까 꼭 2년이 걸린다고 할 수는 없지만 어쨌든 재배 기간이 긴 점은 사실이거든요.

두 번째는 기본적인 시설투자비가 만만치 않다는 점인데요. 뿌리를 생산한 이후에 암실에서 최종 제품을 생산하려면 추가로 투자가 필요하거든요. 최근에는 규모화된 암실 재배시설뿐만 아니라 포장작업을 위한 자동화시설 구축에 투자비가 많이 든다고 하네요.

마지막으로 인건비 부담이 크다고 하네요. '규모의 경제'를 실현할 수 있을 정도 크기의 농장을 경영하려면 많은 인력이 필요하다고 하네요. 그러면 당연히 인건비 부담이 만만치 않겠지요. 인건비를 줄이기 위해 다양한 노력을 하는데요. 어쩔 수 없이 상대적으로 임금이 싼 중동부 유럽 출신 근로자를 고용해야 하고, 계절별로 발생하는 일시적인 인력부족 문제는 임시 근로자를 추가로 고용하여 해결한다고 하네요.

엔다이브 재배 과정은 두 단계로 나눈다고 했지요. 먼저 뿌리를 생산하기 위해 씨를 뿌려야겠죠. 씨를 심을 때에도 경작지에 그냥 파종하면 원하는 크기의 뿌리를 생산하기 어렵다고 하네요. 이 때문에 반드시 이랑을 만들어야 해요. 봄(벨기에에서는 주로 4월 말이나 5월 초)에 넓은 면적의 경작지에 이랑을 만들어 그 위에 씨를 파종하면 4~5개월 후에 원하는 크기의 뿌리를 수확할 수 있어요.

요안나 씨! 그러면 당근 모양의 뿌리를 언제 수확하는 것이 가장 좋을까요?

글쎄요~ 우리나라 가을 무 수확하는 시기와 비슷할 것 같은데요. 엔다이브 뿌리의 수확 적기가 언제인가요?

수확할 시기는 뿌리의 굵기를 보고 결정한다고 하네요. 대부분 벨기에 농부는 엔다이브 뿌리의 굵기가 당근 뿌리보다 좀 더 굵어지면 수확 적기로 판단한다네요. 수확할 때 뿌리가 갈라지지 않고 굵은 것일수록 최고 상품으로

〈엔다이브 재배 과정 : 아래 사진 순서로 진행〉

판정한다네요. 튼실하고 굵은 뿌리가 나중에 더 큰 규격의 실린더 모양 노란색 꽃봉오리를 만들 수 있거든요. 엔다이브 뿌리가 우리나라 무 크기만큼 자라면 더 좋지 않겠냐고 물었더니 현실적으로 그렇게 큰 뿌리를 생산하는 것은 불가능하다는데요. 그래서 모양이 잘 생기고 굵직한 당근보다 좀 더 굵은 크기를 선호한다고 하네요. 뿌리의 생김새와 모양이 당근과 비슷한 탓에 엔다이브를 재배하는 벨기에 농부는 이방인에게 종종 당근이라는 용어를 빌려 설명해요. 벨기에에서 엔다이브 뿌리를 수확하는 적기는 9월 하순부터 10월 하순까지라고 해요.

요안나 씨! 신비한 흰색 또는 노란색 꽃봉오리를 발견하기 이전에는 엔다이브 뿌리를 어떤 용도로 사용하였을까요? 지금과 전혀 다른 용도로 사용되었다고 하는데, 어떤 용도로 사용하였는지 자세한 내용은 뒤에 소개할게요.

요한 씨 설명을 들으니 벨기에 농부가 어떻게 엔다이브 씨를 파종하여 뿌리를 수확하는지 조금은 이해가 되네요. 그러면 뿌리를 수확한 이후에는 어떤 작업을 진행하나요?

지금부터 뿌리를 수확한 그다음 주요 단계를 소개할게요. 먼저 뿌리 아랫부분을 잘라내고 윗부분의 잎을 제거해요. 그다음에는 뿌리에 묻은 흙을 떨어내고 깨끗한 물로 씻어요. 그리고 커다란 컨테이너에 담아 창고로 옮겨요. 그다음에는 컨테이너에 담긴 엔다이브 뿌리를 영하에 가까운 저온상태로 일정 기간(짧게는 몇 주에서 길게는 몇 달 동안) 보관하여 새잎이 나오게 하는 과정을 거쳐야 해요. 이것을 **춘화처리**(Vernalization)[3]라고 하는데 우리가 겨울철에도 맛있는 딸기를 먹기 위해 여름철에 심는 딸기 모종을 저온 처리하는 방식과 비슷하죠.

요즘 규모가 큰 벨기에 엔다이브 재배농가에서는 연중생산이 가능한 시스템을 운영하고 있어요. 저온창고에 보관 중인 뿌리를 매일 일정 물량 꺼내어 사각형 모양의 박스(대부분 규격이 1m x1.2m 크기)에 **빼곡하게** 채워요. 이 작업에는 숙련된 전문가의 역할이 필요해요. 비슷한 크기의 뿌리를 같은 박스에 **빼곡하게** 세우는 것이 중요하거든요. 암실에서 보관하는 중 병에 걸렸거나 상한 뿌리는 물론이고, 경작지에서 자라는 과정 중 병균에 감염된 뿌리까지 걸러낼 수 있어야 하거든요. 그다음에는 뿌리가 **빼곡하게** 세워진 박스를 암실로 옮기는 과정인데요. 한 박스에 평균 500개 내외의 뿌리가 **빼곡하게** 채워진다고 하네요. 그다음부터는 3~4주간 암실에서 새잎을 키우는 과정을 진행하죠. 마침내 노란색 꽃봉오리가 나오기 시작하네요.

요안나 씨! 그러면 암실에서 엔다이브를 언제 꺼내어 수확하면 좋을까요? 이 질문에는 분명 함정이 있어요. 당연히 아무 때나 꺼내면 망한다는 복선이 깔려 있지요. 어떤 농산물도 수확할 시기를 잘 선택해야 좋은 가격으로 판매할 수 있거든요. 요즘 벨기에와 네덜란드 유리온실은 거의 식물공장 수준으로 운영할 수 있어요. 토마토와 파프리카를 재배하는 유리온실에서는 수확시기를 일주일 정도 앞당기거나 늦출 수 있어요. 시장에서 형성되는 가격정보를 실시간에 알 수 있으므로 홍수출하를 방지해야 적정가격을 유지할 수 있지요. 이를 위해 주로 유리온실 내부온도를 잘 조절하여 수확시기를 조정해요. 토마토는 품종에 따라 수확시기를 다르게 하는 경우가 많아요. 대량의 토마토를 생산하여 한꺼번에 도매시장에 출하하는 농장에서는 완전히 익기 전에 수확해야 제값을 받을 수 있지만 완숙 토마토를 직거래로 판매하는 농장은 토마토 수확시기를 최대한 늦춰야겠지요.

그러면 엔다이브는 언제 수확하면 좋을지 이해가 되나요? 외국으로 수출하는 엔다이브는 새잎이 완전히 자라기 전보다 조금 일찍 수확해서 포장해야 한다네요. 유통기간이 상대적으로 짧은 엔다이브를 좀 더 신선하게 오랫동안 보관하는 방법이라고 해요. 일찍 수확하면 농부에게 어떤 영향을 줄까요? 단기적으로 수확량이 줄어 손해를 볼 수도 있지만, 판매처를 다양하게 확보할 수 있으므로 연간 생산하는 물량과 판매량의 균형을 맞추는 일이 무엇보다 중요하지요.

지난번에 방문한 농장에서는 엔다이브 출하작업이 한창 진행되고 있었는데요. 컨베이어벨트에 앉아 쉴 새 없이 손을 놀리는 작업자들의 모습이 다양하더군요. 그런데 모두 행복한 표정이 아니더라고요. 마치 자동차 조립공장 라인에서 작업하는 근로자처럼 대부분은 묵묵히 맡은 일에 열중하고 있는데 오직 한 분은 기분이 좋더라고요. 누굴까요? 우리를 안내한 농장주는 황금빛 엔다이브를 출하용 상자에 담으면서 기쁜 표정을 감추지 않더군요. 오랜 기간 반복한 포장직업에 숙달된 손놀림은 젊은 작업자보다 더 빠르고 섬세하게 움직이더군요. 우리나라와 일본에 수출하는 포장상자는 내수용으로 공급하는 박스와 완전히 다르더군요. 엔다이브 수출물량을 늘리기 위해 항공수송과 장기간 저장이 가능하게 만든 포장상자까지 보여주면서 홍보하는 이들의 철저한 준비성과 헌신적인 노력에 감탄했지요.

엔다이브 요리와 가공식품

요안나 씨! 도대체 엔다이브를 활용한 요리가 몇 가지나 될까요?

글쎄요~~~ 우리 집에서 선보인 요리는 손에 꼽을 정도인데 아마 유명한 식당의 셰프(Chef)에게 물어보면 엄청 다양한 요리를 선보일 것 같은데요.

시콘그라땅(Chicons au Gratin)은 벨기에 10대 요리 품목에서 3위로 소개될 정도로 벨기에인들의 엔다이브 사랑은 대단한 모양이네요. 인터넷에 소개된 엔다이브를 이용한 요리 사진을 보면 궁합이 맞지 않는 채소와 육류가 없네요. 아무래도 약간의 뻥(허풍)이 들어간 느낌이 들지만 요리 이름 또한 너무나 다양해요. 앞으로 인터넷에 소개된 엔다이브 요리를 하나씩 시식하려면 기간이 좀 걸릴 듯하네요. 종류가 얼마나 다양한지 우선순위를 정해 매주 다른 요리를 맛보려고 해도 1년은 넘게 걸리겠는데요. 아무래도 엔다이브를 삶거나 쪄서 요리를 하면 쓴맛이 더 강하니까 과일, 채소, 크라벳트 새우가 잔뜩

〈엔다이브를 이용한 다양한 요리와 뿌리로 만든 커피 제품〉

들어간 다양한 샐러드 요리부터 시식하면 맛있겠는데요. ㅎㅎ 그다음에는 햄, 치즈와 궁합을 맞춘 다양한 그라땅 요리를 맛보자고 하겠는데요.

엔다이브 뿌리를 이용한 가공식품 소개를 빠뜨리면 안 되겠죠. 앞서 잠시 소개했지만 200년 전에도 이 뿌리는 다양하게 활용되었다고 해요. 이 뿌리가 원래 쓴맛이 강하여 다른 용도로 활용하기 쉽지 않았다고 하는데요. 가축의 사료용으로 가장 많이 사용되기도 했지만 쓴맛이 강해서 가축 또한 엔다이브 뿌리를 그렇게 좋아하지 않았다고 해요. 그래서 벨기에 목장주들은 꾀를 내어 사료에 혼합할 때마다 가축의 입맛을 돋게 하는 역할을 할 수 있을 정도의 적은 양을 넣어서 먹였다고 하네요.

그러면 이 밖에 어떤 용도로 활용하였을까요? 우리나라에서 뿌리채소를 말랭이로 만들어 먹었듯이 벨기에 사람 중 일부는 쓴맛이 강한 이 뿌리를 말려서 말랭이로 먹거나 가루로 만들어 커피 대용으로 마셨다고 하네요. 그 당시에 유럽인들이 즐겨 마셨던 홍차와 커피는 가격이 아주 비싼 품목이라 서민이 마시기에 부담이 되었다고 하는데요. 그래서 커피의 쓴맛과 엔다이브 뿌리의 쓴맛이 비슷해서 가난한 서민을 중심으로 말린 뿌리를 가루로 만들어 커피 대용으로 마셨다고 하네요. 왠지 입맛이 조금 씁쓸하게 와 닿지 않나요? ㅋㅋ 엔다이브 뿌리가 결국에는 벨기에 가난한 사람들의 커피 대용품으로 이용되었다고 하니 더욱 그렇지요. 그런데 최근 원두 가격의 폭등 때문인지 나이 드신 분들의 옛 향수 때문인지 말린 엔다이브 뿌리 가루를 혼합한 커피 제품이 까르푸를 비롯한 대형 식품매장 커피 코너에서 판매되고 있어요. 판매하는 대부분 제품에 커피원두를 40% 혼합하여 출시된 덕분인지 시음해보니 일반적인 커피 맛과 큰 차이를 느낄 수 없을 정도로 괜찮았다고 느꼈어요. 물론 원두커피의 독특한 쓴맛과 목으로 넘어갈 때 느끼는 깔끔한 맛과 미세한 차이가 나더군요. 반면에 판매가격은 일반 커피 제품 가격의 절반 이하로 아주 싸서 앞으로 품질을 조금만 더 개선하면 일반 커피와 경쟁이 치열해질 것 같은데요. 노란색 꽃봉오리 모양 엔다이브 채소 소비가 늘어나면 엔다이브 뿌리 커피의 소비가 덩달아 늘어날 듯하네요.

　요안나 씨! 2022년 여름에는 기후변화로 지구가 몸살을 앓았다고 하지요. 우리나라에서는 잦은 비와 태풍으로 인해 큰 피해를 보았는데요. 반대로 유럽에서는 가뭄으로 인한 피해가 컸다고 하죠. 유난히 가뭄으로 피해가 컸던 2022년 여름철에는 유럽의 광활한 초원과 넓은 농경지에 푸른색을 찾을 수가 없었어요. 그동안 유럽을 방문했을 때마다 어디를 가더라도 정원처럼 아름답게 가꾸어진 농촌풍경을 볼 수 있었지요. 그런데 2022년 여름철 유럽의 농촌은 전혀 다른 황량한 모습의 하이드 농업이 연출되고 있었지요. 가축이 한가롭게 풀을 뜯는 목초지는 물론이고 광활하게 펼쳐진 농경지에서 국토의 정원사가 재배하는 농작물이 연출하는 녹색으로 가득 찬 유럽의 아름다운 농촌풍경을 찾을 수가 없었거든요.

　최근 각종 뉴스에 자주 등장하는 기후변화의 참상을 유럽 농촌에서 직접 목격할 수 있었어요. 목초지는 황토색 마른 풀밭으로 바뀌어 가축의 먹거리가 부족할 정도로 기후변화의 심각성을 느낄 수 있었지요. 어릴 때 집에서 소를 한두 마리 키웠는데 가끔 소가 우는 소리를 들었지요. 배가 고프면 갓난아이가 시도 때도 없이 울듯이 가축 또한 배가 고프면 처절하게 슬픈 곡조로 노래를 한다는 것을 알게 되었지요. 그런데 어릴 때 그 슬픈 노래의 추억을 되살려 준 가축 떼를 이번에 유럽에서 보았어요. 여러 마리 소가 떼를 지어 마른 풀밭을 거닐며 먹거리를 찾아 대이동을 하는 중에 나왔지요. 섬뜩한 느낌이 들었어요. 가까이서 들으니 더 슬프게 들렸거든요. 가축들이 이렇게 슬픈 노래를 해야만 하는 현실이 안타깝게 와 닿았어요.

〈엔다이브와 사탕무 구분 방법〉

엔다이브와 사탕무 뿌리의 굵기 차이: 차이가 많이 나죠

2022년 여름 유럽을 강타한 가뭄으로 가축은 물론이고 농경지에서 재배된 농작물도 엄청난 피해를 입었어요. 5월 말부터 본격적으로 가뭄이 시작되었는데 7월과 8월에는 거의 비가 내리지 않았어요. 한창 자라야 할 감자, 옥수수, 밀 등 농작물의 피해가 컸다고 하네요. 가뭄으로 잎이 말라 감자가 제대로 달리지 않고 크기가 너무 작아 수확을 포기한 농가가 늘어났고, 옥수수와 밀은 알맹이보다 쭉정이가 더 많이 달렸다고 하네요. 관개시설이 갖춰진 과수원에서는 그래도 피해가 덜했지만 넓은 면적에 재배된 채소류 또한 큰 피해를 입었다고 하네요. 비는 9월에 접어들어 내리기 시작했어요. 광활한 농경지에 녹색의 잎이 조금씩 드러나기 시작했지요.

요안나 씨! 이번 여름철 황토색 들판에 녹색을 보여준 채소가 뭘까요?

글쎄요. 잎을 보면 사탕무처럼 보이는데요. 그리고 뿌리 부분을 자세히 보니까 우리나라에서 많이 재배하는 무처럼 생겨 이곳에서 설탕을 만드는 사탕무가 정답이겠는데요. 흐흐 아니면 말고 식으로 대답하는 것은 아니고요.

아마 이번 질문에도 뭔가 함정이 숨어 있는 것 같은데요.

흐흐 이번 질문에 함정은 없어요. 여름철 유럽 농촌지역에서 자주 볼 수 있는 녹색의 뿌리채소가 두 종류 있거든요. 봄에 파종하여 가을철에 수확하는 용도가 완전히 다른 두 가지 뿌리채소가 있어요. 그런데 이 두 종류 채소는 일반인이 언뜻 보면 구분하기 어려워요. 특히 파종 후에 어린잎이 돋아나서 뿌리가 본격적으로 굵어지기 전까지 멀리서 잎의 모양과 생김새만 봐서는 구분하기 힘들지요. 뿌리는 수확할 시기가 되면 확실하게 다르지만 한창 자랄 때까지는 차이를 거의 구분하지 못하거든요. 그런데 요안나 씨가 그동안 유럽 여러 나라에서 재배하는 사탕무를 자주 봤기 때문인지 바로 알아보네요.

그러면 이번 질문의 확실한 정답은 아니더라도 1/2은 맞춘 거네요. 흐흐 사탕무 외의 다른 품목이 있다고 했는데요. 일반 사람들이 사탕무와 구분하기 까다로운 뿌리채소 하나는 뭘까요? 요한 씨가 좀 더 자세하게 소개해주세요.

엔다이브가 정답인데요. 벨기에서 사탕무와 엔다이브를 파종하는 시기와 수확하는 시기가 비슷해요. 가뭄으로 피해가 많았던 2022년 여름철 황량한 모습을 연출할 수밖에 없었던 유럽의 농촌풍경을 달리 보이게 만든 주인공이 엔다이브와 사탕무였어요. 이들이 심한 가뭄을 극복하면서 잘 자랐기 때문에 황토색으로 물든 광활한 농경지에 녹색을 선물할 수 있었지요. 뿌리를 수확하기 위해 재배하지만 사탕무와 엔다이브의 재배 방법에는 많은 차이가 있어요. 앞에서 소개했지만 엔다이브는 잘생긴 뿌리를 생산해야 하기 때문에 이랑을 만들어 재배하지만 사탕무는 거친 땅에서도 잘 자란다고 하네요. 2000년 중반 보조금 감축으로 사탕무 재배 농부들이 브뤼셀에서 시위를 한 적이 있었는데요. 최근에는 사탕무 수확작업까지 기계화되어 재배면적이 줄어들지 않는 품종에 속한다고 하네요. 사탕무는 수확할 때 설탕 함량이 많고 크기가 굵은 것을 최상품으로 취급해요. 수확한 사탕무에는 대체로 20% 내외 설탕 성분을 함유하고 있어요. 이 밖에 가장 많은 75%를 수분이, 나머지는 섬유질(pulp)이 5%를 차지한다네요. 18세기 중반 프러시아에서 처음 재배되기 시작한 사탕무가 유럽에서 본격적으로 재배된 시기는 19세기 초반부터라고 하네요. 나폴레옹 전쟁시기에는 영국이 내린 대륙봉쇄령으로 중남미 지역에서 생산된 설탕 수입이 중단되자 프랑스를 비롯한 유럽 여러 나라에서 사탕무 재배면적이 크게 늘었다고 해요. 사탕무 생산량이 가장

위 사진의 4개 품목 채소를 바로 구분할 수 있으면 누구나 농업 전문가?!

많은 국가는 러시아인데, 그다음으로 생산량이 많은 나라가 미국, 독일, 프랑스, 튀르키예 순이라고 하네요.

주

1 벨기에 독립전쟁
1648년 베스트팔렌조약으로 네덜란드가 독립할 당시에도 오늘날 벨기에 땅은 오스트리아 합스부르크령과 리에주(Liege) 주교령으로 신성로마 제국으로 남아 있었다. 나폴레옹이 1794년 오스트리아 합스부르크령과 리에주 주교령을 점령해 프랑스 영토에 편입시켰다. 1815년 나폴레옹 전쟁 이후 오늘날 벨기에 지역은 네덜란드에 병합되었지만 문화, 종교, 언어, 경제적인 차이로 갈등이 심했다. 1830년 8월 25일 오페라 공연을 계기로 벨기에 독립전쟁이 시작되었다. 1839년 4월 19일 체결한 런던 조약으로 벨기에 독립이 국제적으로 인정받았다.
출처: 아틀라스뉴스(http://www.atlasnews.co.kr)

2 빈 조약
빈 조약은 나폴레옹 전쟁의 결과를 수습하기 위해 오스트리아의 주도로 영국, 프로이센, 러시아 등이 모여 한 회의이다. 1814년 9월 1일에서 1815년 6월 9일까지 열린 이 회의는 나폴레옹 전쟁의 혼란을 수습하고, 유럽의 상태를 전쟁 이전으로 돌리는 것이 목표였다. 유럽의 기존 체제를 위협할 일을 예방하고 프랑스가 다시 강국이 되지 못하게 견제하는 회의였는데 승전국 분열과 프랑스 외무상의 활약으로 이러한 목표는 달성되지 못했다.
출처: https://ko.wikipedia.org/wiki/%EB%B9%88_%ED%9A%8C%EC%9D%98

3 춘화처리
개화를 촉진하거나 씨의 생산을 늘리기 위해 식물이나 씨를 저온처리 하는 것을 말한다. 가을보리를 봄에 심으면 이삭이 패지 않는데, 발아 직전 보리를 미리 0~4℃에서 수십일간 보관한 후에 심으면 이삭이 정상적으로 나온다. 반대로 탈춘화 처리는 식물이나 씨를 원래의 꽃이 피지 않은 상태로 되돌리는 것으로 높은 온도에 잠시 둠으로써 이루어진다. 썩는 것을 막기 위해 거의 0℃에서 보관된 양파는 그 자체가 춘화 처리된 것으로서 심자마자 곧 꽃이 핀다.
출처: https://www.scienceall.com

5장

주요 회원국의 독특한 농업과 먹거리 사례

〈광활한 국토를 아름답게 가꾼 프랑스 농업〉

5.2. 광활한 국토를 아름답게 가꾼 프랑스 농업

요안나 씨! 광활한 프랑스 농촌풍경을 20년 전에 처음 보았다고 했죠. 그것도 고속열차를 타고 이동하면서 차창을 통해 보았다고 했는데요. 그 이후로 프랑스를 자주 다녀왔죠. 그때마다 농촌지역을 둘러볼 기회가 많았을 텐데요. 그래서 그동안 몇 번은 여쭤봤을 질문인데요. 프랑스 농촌을 둘러보면서 가장 먼저 떠오르는 단어가 뭐라고 했던가요?

음~ 아마 요한 씨가 질문할 때마다 비슷한 답을 한 것 같은데요. 무엇보다 '배가 아프다'라는 답변을 늘 했어요. ㅎㅎ 우리 속담에 자주 등장하는 '사촌이 땅을 사면 배가 아프다'와 전혀 다른 뜻으로 답했지만요. 눈을 어느 방향으로 돌려도 끝이 보이지 않는 프랑스 농촌지역의 아주 광활한 땅을 볼 때마다 배가 아플 정도로 부러웠거든요.

그렇지요. 프랑스의 넓은 농지면적은 요안나도 늘 부러워하는데요. 농사에 가장 중요한 자산이 땅이니까요. 농업을 공부하고 연구하는 사람들은 어느 나라 농업현황을 살펴볼 때 몇 가지를 꼭 챙기는데요. 대부분은 그 나라의 경지면적 규모가 어느 정도인지 먼저 살펴보거든요. 요즘은 땅이 없어도 일부 농사가 가능한 시대이지만 그래도 농업에서 농경지는 가장 중요한 자산이지요. 로마제국 시대에는 오늘날의 프랑스 지역을 갈리아 지역으로 불렀다고 하죠. 그 당시 갈리아 지역은 유럽의 곡창지대로 제국의 식량안보와 직결되는 전략적인 요충지 역할을 했거든요. 그래서 로마 시대 율리우스 카이사르가 집정관으로 지낼 때 갈리아 총독을 지낸 적이 있어요.

흐흐 갑자기 로마사 이야기가 등장하는 것을 보니 또 전쟁 이야기 시작하려는 분위기 연출인가요? 요한 씨가 프랑스 농촌을 보고 첫 번째로 떠오르는 단어가 뭔지 질문한 의도는 다른 데 있는 것 같은데요. 아마 이번에도 뭔가 함정이 있어요. 솔직히 프랑스 농촌지역을 다녀오면서 느낀 점이 한두 가지가 아닌데요. 부러운 점이 너무 많았거든요. 땅 넓다고 배 아팠던 느낌은 몇 번 다녀오면서 쉽게 잊혔는데요. 광활한 들판 가운데 지방 영주가 사용한 낡은 성을 개조하여 만든 넓은 숙박시설에서 머물렀던 추억과 다양한 형태의 농가주택 숙박 체험 또한 기억에 오래 남았던 것이 아니고요. 프랑스 농촌에서는 우리나라 농촌지역에서 아주 흔하게 볼 수 있는 아파트와 비닐하우스는 찾아도 잘 보이지 않았어요. 반면에 정원처럼 잘 가꾼 농촌풍경은 어디를 가도 볼 수 있었지요. 그래서 지금도 요한 씨와 프랑스 농촌지역을 다녀온 이야기를 할 때마다 정원처럼 잘 가꾼 농촌풍경이 눈에 선하게 떠올라 부럽지요.

그렇지요. 요안나 씨가 이번에는 눈치가 참 빠르네요. 그래서 그런지 질문의 핵심을 정확하게 맞췄네요. 광활한 프랑스 농촌지역의 풍경은 지역에 따라 다르고 계절이 바뀌면 또 다른 풍경을 연출하는데요. 그런데 언제 어디를 가더라도 정원처럼 아름답게 잘 가꾸어진 농촌풍경을 누가 연출할까요?

글쎄요. 요한 씨 질문에는 늘 함정이 있어서 이번에는 답을 안 할래요. 분명한 점은 그냥 자연의 힘으로 만들어진 '신의 선물'이 아니라는 느낌이 들었어요. 요한 씨가 자주 설명하는 것처럼 프랑스의 광활한 농경지는 신의 손이 아닌 그동안 '국토의 정원사' 역할을 해온 프랑스 농부들이 연출한 것 같은데요. 그런데 엄청난 면적의 프랑스 농경지를 국토의 정원처럼 가꾸려면 아주 많은 국토의 정원사가 필요하지 않을까요?

그렇지요. 오늘날 프랑스는 로마 시대부터 갈리아 지역으로 불리며 먹거리를 공급해 온 유럽의 최대 곡창지대 역할을 했어요. 지금도 프랑스 국토면적의 절반을 농경지로 이용할 수 있어요.[1] 유럽연합 전체 경지면적에서 차지하는 비중이 가장 높아요. 최근 경지면적이 매년 조금씩 감소하고 있지만 3,000만 ha 내외를 유지하여 EU 전체 경지면적의 15% 수준을 차지하고 있어요.[*] 요안나 씨 생각에는 이 넓은 면적의 프랑스 농경지를 관리하려면 얼마나 많은 국토의 정원사가 필요할까요?

이번에는 요한 씨 질문에 유럽식으로 답을 한번 할게요. 이 분야 전문가가 아니라서 잘 모르겠네요. 흐흐 경지면적이 프랑스의 1/20에 불과한 우리나라에 농부 숫자가 100만 명이 넘는다고 하는데요. 프랑스 국토를 정원처럼 아름답게 가꾸려면 국토의 정원사가 아주 많이 필요할 것 같다는 생각이 드는데요. 프랑스 경지면적이 3,000만 ha에 달한다고 했으니 광활한 농경지를 제대로 관리하려면 아마 농부의 숫자가 우리나라보다 적어도 20배는 더 많

---

[*] 프랑스 국토면적은 547,557km²로 그 중에 경지면적이 52.1%, 산림면적이 31.5%를 차지하여 절반이 넘는 국토면적을 농업용으로 이용한다. 통계상으로 최근 경지면적이 줄고 있으나 엄격한 농지보전정책을 시행하고 있다. 농경지를 다른 용도로 전용하는 것보다 산림으로 전환하여 농지자산을 보전한다. 지난 50년(1971-2020) 농경지는 12.5% 감소했다. 이는 연평균 농지 감소율이 0.25%로 아주 낮다는 것을 보여준다.

아야 하겠죠.

　이번에는 정답이 아니에요. 숫자가 오차범위를 너무 벗어났어요. 언제였던지 기억이 가물한데요. 프랑스 남부지방을 방문하면서 며칠 머물렀던 농가의 식당 건물 벽에 걸린 흑백사진 한 장을 혹시 기억하나요? 1940년대 후반기 프랑스 농기에서 작업히는 모습이 담긴 사진이었는데요. 두 마리의 소가 끄는 달구지에 농부들이 건초를 싣는 모습이었거든요. 달구지 주변에서 일하는 농부의 가족과 일꾼을 합치면 4~5명은 되는 것 같았거든요.[**] 그 당시에는 유럽뿐만 아니라 우리나라에서도 대부분 농사일을 사람이 직접 손으로 해야 했지요. 요즘은 기계가 힘든 농사일을 대신하기 때문에 적은 숫자의 농부가 관리할 수 있는 경지면적이 엄청 증가했어요. 특히 2000년 이후로 프랑스에서는 국토의 정원사 숫자가 많이 줄었어요. 여러 가지 이유가 있어요. 자세한 이야기는 뒤에서 하나씩 설명할게요. 지금은 우리나라 농부 숫자의 절반이 안 되는 프랑스 국토의 정원사가 20배 더 넓은 경지면적을 관리하고 있어요. 어쩌면 매우 놀라운 정보라고 할 수 있겠지만 사실이거든요.

　그러면 아주 적은 숫자의 농부들이 그 넓은 땅을 경작하고 관리한다는 말인가요? 이건 말이 안 되는데요. 경지면적이 3,000만 ha인데 농부의 숫자는 50만 명에 불과하면 농가당 경지면적이 자그마치 60ha나 되는데요. 우리나라 농부의 평균 경지면적이 1.5ha라고 하니까 40배는 더 많네요.

　단순히 숫자로 비교하면 그렇지요. 모든 통계자료에는 해석이 필요한 부

[**] 필자의 졸저 『농업가지를 아십니까』(글나무, 2018, pp.121-128) '아름다운 농업·농촌사진으로 보는 유럽의 농업가치' 마지막 부분에 소개한 사진이다. 1970년대 초반까지 우리나라 농촌에서도 쉽게 볼 수 있었던 장면이라 인상에 남아있는 사진이다.

분이 많거든요. 특히 평균으로 발표되는 수치는 현실과 맞지 않는 경우가 많아요. 그래서 통계를 잘못 인용하면 종종 오해를 불러일으키게 되죠. 프랑스 농부의 평균 경지면적이 우리나라 농부의 평균 경지면적보다 40배가 많은 60ha나 된다는 점은 더욱 그렇고요.

요한 씨! 좀 더 자세한 설명이 필요한데요. 통계자료에서 평균이 가져오는 오해가 뭔지 프랑스 경지면적을 예로 들어 좀 더 설명해줄래요? 평균 60ha 농지를 경작하는 프랑스 농부들은 엄청난 부자가 아닌가요? 프랑스 땅값이 한국보다 싸다는 것은 알고 있지만 그래도 프랑스 농부들은 땅부자가 아닌가요? 그런데 왜 프랑스 농부들이 유럽에서 데모를 가장 많이 하나요? 프랑스 농부들이 고속도로를 점거하고 시위를 하는 장면을 텔레비전에서 자주 보거든요. 그리고 경지면적이 가장 넓으니까 유럽연합의 직불금 혜택 또한 가장 많을 것이고요. 실제로 매년 유럽연합이 회원국에게 배분하는 직불금을 프랑스가 가장 많이 받아 간다고 브렉시트 이전까지 영국의 불만이 많았다고 들었거든요.

흐흐 우리 속담에 '서당 개 삼 년이면 풍월을 읊는다'고 했는데 요안나 씨가 이제는 유럽농업 관련해서 전문가 수준이 되었는데요. 유럽연합이 배분하는 직불금을 프랑스가 가장 많이 받고 그동안 영국이 국가별 보조금 배분에 불만이 가장 많았다는 사실까지 알고 있으니까요. 유럽연합의 직불금은 공동농업정책에서 정한 기준에 따라 회원국의 경지면적, 농가 수 등을 감안하여 배분하는데요. 아무래도 경지면적이 차지하는 비중이 높아요. 그래서 프랑스가 가장 많이 받을 수밖에 없는 구조로 운영되고 있어요.[2]

평균 경지면적이 60ha로 넓고 비옥한 땅에서 농사를 짓는 프랑스 농부들이 심지어 유럽연합의 직불금 보조금까지 받으면서 자주 시위를 벌이는 이유는 농가소득이 불안정하기 때문이에요. 농가소득 불안정으로 인한 사회문제는 최근 세계 여러 나라에서 발생하고 있는데요. 그래도 유럽연합 회원국 농부는 유럽연합의 직불금을 비롯한 회원국 자체적으로 운영하는 공공연금 등으로 사회안전망이 잘 갖춰진 덕분에 다른 나라 농부보다 나은 편이지요.

요한 씨 설명을 들으니 프랑스 농부들이 수시로 고속도로를 점거하고 시위하는 이유가 가장 많은 직불금 보조금을 받으면서도 농가소득이 불안정하기 때문이라고 들리는데요. 이해가 되게 좀 더 설명해주세요.

흐흐 궁금한 것이 또 생겼나요? 이유를 크게 세 가지로 나눠 설명할게요. 첫째는 통계의 평균이 지닌 해석의 오해부터 시작할게요. 프랑스 농부의 평균 경지면적이 60ha라면 유럽에서도 규모가 제법 큰 편에 속하는데요. 그런데 프랑스에서도 소농과 대농이 소유하는 경지면적에 차이가 많아요. 경지면적이 적은 소농은 연간 직불금으로 받는 금액이 적을 수밖에 없거든요. 실제로 경지면적을 100ha 넘게 소유한 농부는 18%인 10만 명에 불과하지만 이들 농부가 전체 경지면적의 60%를 갖고 있어요. 결국 소수의 대농이 연간 프랑스에 배분되는 직불금 예산 94억 유로 절반을 가져가거든요. 반면에 평균 경지면적이 30ha 미만인 농가의 숫자는 전체 농가의 절반 이상을 차지하는데 이들이 소유한 경지면적은 전체 경지면적의 8%에 불과해요. 결국 이들에게 배분되는 직불금이 적을 수밖에 없게 되죠.

둘째는 트랙터를 몰고 길거리 시위를 주도하는 프랑스 농부들은 대부분 평균 경지면적이 50ha 미만인데요. 이들이 전체 농가에서 차지하는 비중은 63%로 아주 높아요. 절반에도 못 미치는 보조금을 이들 농가에게 경지 규모

트랙터를 몰고 길거리 시위를 주도하는 프랑스 농부들은 대부분 평균 경지면적이 50ha 미만이다. 그런데 이들이 프랑스 전체 농가에서 차지하는 비중은 63%로 아주 높다.

에 따라 배분하게 되면 금액이 너무 적거든요. 실제로 대부분 프랑스 농부들이 유럽연합의 직불금으로 받는 금액이 원화로 연간 500만 원 수준에 불과할 정도로 적어요. 이 때문에 연간 보조금 수령액이 적은 이들 농가를 중심으로 유럽연합의 공동농업정책에 항의하고 더 많은 보조금을 요구하는 프랑스식 연대와 투쟁 모습을 수시로 드러낸 것이지요. 그렇지만 수시로 고속도로를 점거하면서 벌인 이러한 형태의 과격한 시위가 결국에는 부메랑이 되기도 했어요. 그동안 불안정한 농가소득을 보전해주는 당근책으로 각종 보조금을 지급해온 유럽연합 당국의 안일하고 무책임한 공동농업정책에 대해 대대적인 개혁을 요구하는 목소리가 커지게 만든 계기가 된 것도 사실이에요.

셋째는 유럽연합의 회원국이 늘어나면서 역내에서 생산하는 농산물이 다양해지고 일부 품목의 생산량이 크게 증가했다고 했는데요. 프랑스 농부 입장에서 이들 품목이 주로 프랑스산 농산물과 품질 및 가격 측면에서 경쟁이 더 심화된 것으로 보기 때문이에요. 그동안 공동농업정책의 혜택은 물론이고 농업여건이 유리하던 프랑스 농부에게 더 큰 타격이 되었지요.

요한 씨! 지금부터 화제를 바꾸어 최근에 다녀온 프랑스 남서부 브레따뉴 지역의 변화를 좀 소개하면 어떨까요?

그럴까요? 그동안 유럽연합에서 국토면적은 물론이고 경지면적이 가장 넓은 프랑스가 당면한 농업부문의 문제를 원만하게 해결하고, 유럽농업의 미래를 이끌어 나가는 새로운 모습을 기대하면서 농촌현장을 자주 다녀왔는데요. 무엇보다 그동안 프랑스가 다양한 농산물을 생산하면서 정원처럼 깨끗하고 아름답게 가꾸어 온 그 넓은 농경지를 어떻게 관리해 나가는지 지속적으로 관심을 갖고 지켜보려고 하거든요. 앞으로도 요안나 씨와 광활한 프랑스 농촌지역을 자주 둘러봐야 하겠네요. 프랑스 농촌지역을 찾아갈 때마다 어디를 가더라도 깨끗하고 아름답게 가꾸어진 농촌풍경이 부러웠다고 앞에서도 밝혔는데요. 브뤼셀에서 파리까지 TGV 고속열차를 타고 오갈 때마다 보였던 차창 너머로 펼쳐진 프랑스 북부지역의 광활한 평야지대는 말할 것 없고, 산악지형이 많은 프랑스 동부 프랑쉐꽁떼와 론알프스 지역 농촌마을까지 어디를 가더라도 잘 가꾸어진 농촌경관을 볼 수 있었지요. 마치 독일 농촌이 농부의 노력으로 잘 가꾸어진 농촌경관을 연출하는 것처럼 프랑스 농촌마을은 독일 농촌보다 더 다양한 모습으로 깨끗하고 아름다운 풍경을 보여주었는데요.

그동안 요안나 씨에게 자주 강조했던 말이 생각나는데요. '오늘날 프랑스 농촌지역의 아름다운 모습은 결코 하루아침에 이뤄진 것이 아니다. 오랜 세월 농부들의 땀과 노력으로 창조된 경관'이라는 말인데요. 누구는 신이 만든 창조물이라고 항변할지 모르겠지만 지금까지 국토의 정원사가 만든 작품이라고 줄기차게 주장해 온 요한에게 언제나 고개를 끄덕이는 요안나 씨가 늘

고맙네요. 2003년 초여름 북노르망디 지역 몽생미셸을 찾아가는 길에 마주친 아름다운 자태를 지녔던 그 젖소의 모습은 아직도 잊을 수 없는데요. 아쉽게도 노트북을 분실하면서 그때 찍었던 사진이 한 장도 없어요. 그래서 20년 전에 사진을 찍었던 그 장소에 다시 다녀왔지요. 그런데 이번에도 아마추어 사진작가가 찍고 싶은 작품 사진의 주인공은 사람이 아니라 몽생미셸 성당을 배경으로 목초지를 평화롭게 거니는 젖소나 양 떼였어요. 그런데 그 당시 모습과 전혀 다른 모습이 연출되어 안타까운 마음을 떨칠 수가 없었어요. 지난 20년 동안 프랑스 농업 분야에도 변화는 불가피했어요. 축산부문에서 더 큰 변화를 느낄 수 있었지요.

그렇지요. 2박 3일 짧은 일정으로 먼 거리를 정말 힘들게 다녀왔어요. 오가는 도중에 사진을 많이 찍었거든요. 그동안 아름다운 농촌풍경을 유지하면서 일용할 먹거리 생산에 앞장서 온 프랑스 농업을 공부해 온 요한 씨와 공감한 부분이 많았던 것 같아요. 프랑스 농업부문의 변화를 비교하는 사진을 많이 남기려고 운전하는 도중에 좋은 풍경이 들어오면 차를 길가에 세우고 사진기를 엄청 눌렀던 것 같은데요. 오가는 길옆으로 보이는 잘 가꾸어진 프랑스의 농촌풍경은 20년 전과 큰 차이를 느끼지 못했는데요. 브레따뉴 지역에서는 주변 환경에 어울리지 않는 엉뚱한 모습을 보았어요. 기후변화에 능동적으로 대응하고 원자력발전 의존도를 낮추기 위한 정책 때문인지 넓은 브레따뉴 지역에 다양한 형태로 설치된 풍력발전기가 돌아가고 있었거든요. 프랑스의 아름다운 농촌풍경을 망치는 것은 물론이고 전혀 어울리지 않는 풍력발전기 설비를 그렇게 넓은 지역에 설치했는지 이해가 되지 않더군요.

프랑스 브레따뉴 지역의 잘 관리된 농촌풍경

　요한 씨는 프랑스 축산부문에 많은 변화가 보인다고 했지만 요안나는 농촌현장을 보면서도 축산부문이 과거와 어떻게 변했는지 이해가 잘 안되더군요. 목초지를 어슬렁거리며 풀을 뜯는 소, 양, 말 등 가축은 평화롭고 한가로운 모습을 보여주었어요. 무엇보다 넓은 목초지에 사육하는 가축의 수가 손에 꼽을 수 있을 정도로 적었어요. 몇 마리 보이지 않았거든요. 그동안 유럽연합(EU) 정책당국이 목초지에 방목하는 가축 수를 줄여 '축종별 단위면적당 사육밀도'를 더 강화한 때문이 아닌지 궁금했어요.

프랑스 하이드 농업 사례

그동안 프랑스 농업과 농촌의 실상은 늘 지킬박사 농업의 모습으로 부럽게 다가왔어요. 잘 가꾸어진 아름다운 프랑스 농촌마을의 풍경과 함께 광활한 농경지를 무대로 축산과 곡물·과일·채소 농사가 골고루 발달한 프랑스 농업은 늘 부러움을 주었고 심지어 시샘하게 만들었어요. 그런데 최근에 들려오는 프랑스 농촌마을의 변화 소식은 하이드 농업의 모습으로 나타나 새로운 충격을 주었어요. 최근 프랑스에서도 사라질 위기에 처한 농촌마을이 점점 늘어나고 있다는 소식을 자주 들을 수 있어요. 농가소득이 줄어드니 농업을 포기하는 농부가 늘어나고, 고령농가는 은퇴하는데 새로운 후계농이 나타나지 않으니 농촌마을이 사라질 수밖에 없는 슬픈 현실이 여러 곳에서 나타나고 있다고 하네요. 자존심이라면 프랑스가 세계 최고인데요. 앞으로 다른 대안을 찾지 못하면 외국인에게도 마을을 통째로 매각한다는 광고까지 등장했다고 하니 보통 심각한 문제가 아닌 듯하네요. 농촌마을이 사라지면 아름다운 농촌경관은 누가 관리할 것인지 궁금하지 않을 수 없죠. 그렇다고 언제까지 프랑스 정부와 EU 본부가 있는 브뤼셀의 공동농업정책(CAP) 담당자만 쳐다보고 있을 수는 없는 일이라니 안타깝네요.

유럽연합이 오늘날까지 지속적으로 개혁하면서 60년 넘게 유지하고 있는 CAP 정책은 경지면적이 넓고 농가 수가 많은 프랑스가 가장 많은 혜택을 보는 정책이라고 몇 번 설명했는데요. 그런데도 유럽연합 회원국 중에서 프랑스 농부들이 트랙터로 길거리를 점령하거나 생산한 농산물을 폐기하는 시위를 가장 빈번하게 벌이고 있으니 아이러니 하지요.

프랑스의 하이드 농업 사례는 또 있어요. 상상하기 싫은 내용이지만 최근 유럽에서 자살하는 농부가 가장 많은 나라가 프랑스라고 하거든요.[3] 농업생산 여건이 유럽연합 회원국 어느 나라와 비교해도 유리하고, 주요 품목의 국제경쟁력 또한 높은 수준임에도 불구하고 프랑스의 많은 농가들이 수시로 시위에 나서는 이유가 뭘까요? 물론 프랑스에서 생산되는 일부 품목은 브라질, 아르헨티나, 칠레 등 남미국가 또는 캐나다, 미국 등 북미국가에 비해 가격경쟁력이 뒤지는 것이 사실이거든요. 이를 보완하기 위해 프랑스 농부들은 농가소득의 상당 금액을 CAP 예산과 프랑스 정부의 지역개발예산에서 보조금으로 지원받고 있어요. 물론 이러한 보조금은 환경보전, 동물복지, 기후변화 방지 등을 위해 EU가 정한 각종 기준과 규정을 반드시 준수하는 조건으로 받을 수 있고요. 그러나 프랑스 농부의 입장은 많이 다른 것 같아요. 그동안 유럽연합의 지속적인 CAP 개혁과 디불이 경쟁국보다 까다롭고 엄격한 모범영농기준(GAP) 때문에 가격경쟁에서 밀리게 되었다고 주장하거든요. 따라서 통상협상에서 수출국 농가들도 똑같은 모범영농기준을 준수하도록 명시하고, 수입 증가로 인해 파생되는 불안정한 농가소득 보전방안을 함께 마련할 것을 요구하고 있어요.

1979년에는 프랑스 농민 한 명이 생산한 농산물로 소비자 15명을 먹여 살릴 수 있었지만 오늘날에는 60명에게 충분한 식량을 공급할 수 있을 정도로 생산성이 높아졌어요. 그렇지만 프랑스 농부의 실상은 전혀 그렇지 못하다고 볼멘소리를 내거든요. 프랑스 서부 루아르(Maine-et-Loire) 지역에서 젖소를 사육하는 낙농가 필립(Philippe Grégoire) 씨가 2020년 2월 프랑스 농업박람회에 참석하여 언론과 인터뷰한 내용을 들어보면 실상을 이해할 것 같은데요.[4] 그런데 전혀 새로운 이야기가 아니에요. 20년 전 처음 프랑스 농업 박람회에 참석했을 때에도 비슷한 이야기를 들었던 기억이 나거든요. 그 많은 EU의 농업보조금은 어떻게 집행되고 있기에 농업여건이 나은 프랑스 농부들이 이렇게 볼멘소리를 할까요? 사실 프랑스는 EU의 공동농업정책 예산을 가장 많이 받는 나라이죠. 지역개발예산을 제외한 연간 73.5억 유로(약 10조 원)에 달하는 직불금 등 각종 보조금을 받으면 농가호수 50만 호로 따져도 농가당 평균 2,000만 원이 보조금으로 지원되는 것이지요. 문제는 프랑스에도 소농의 비중이 많다는 점이죠. 경지면적에 비례하여 직불제 보조금이 지급되어 전체 농가의 40%를 차지하는 10~50ha 규모의 농사를 짓는 중소농에게 돌아가는 몫이 적을 수밖에 없어요. 이들 농가는 연간 평균 4,320유로(560만 원)에 불과한 적은 금액의 보조금 혜택을 받기 때문에 늘 불만이거든요. 비슷한 상황에 처한 많은 EU 회원국들이 합심하여 해결방안을 요구하고 나서자 EU 농업담당집행위는 농업보조금정책 개혁에 박차를 가하고 있어요. 최근 발표된 공동농업정책 개혁안에 농가당 보조금 최고한도를 연간 20만 유로 수준으로 줄이는 내용이 포함되자 이번에는 대농이 반발하고 나섰네요.[5] 농업부문 과제를 해결하는 일이 왜 힘들고 어려운지 이해할 것 같아요. 그동안 타협과 연대를 통해 굵직한 문제를 해결해 온 유럽에서도 새로운 정책을 추진하려면 늘 이런저런 다양한 목소리가 나올 수밖에 없으니 말이에요. 영국이 EU를 떠나면서 분담금 규모가 줄게 되어 2021년부터 공동농업정책(CAP) 예산이 5% 정도 줄어들게 되었어요. 그런데도 프랑스 정부는 보조금 규모를 줄이는 CAP 개혁에 단호하게 맞서겠다고 프랑스 농부들에게 듣기 좋은 말만 하고 있어요.

그러자 이번에는 그동안 우호적이던 프랑스 소비자들이 최근 농업에 대한 시각이 바뀌어 목소리를 높이고 있어요. 납세자의 입장에서 보면 매년 엄청난 보조금을 지급하는데 걸핏하면 도로를 점거하고 시위를 벌이는 농부들이 마냥 좋게 보이지 않기 때문이죠. 이 밖에 다양한 비판의 목소리가 봇물 터지듯이 나오는데요. 유럽 소비자들이 치즈를 비롯한 낙농제품의 소비성향이 바뀌었는데 프랑스 농부들은 이러한 변화에 제대로 대응하지 못한다고 지적해요. 요즘 우리나라 젊은 세대가 김치를 좋아하지 않듯이 프랑스 젊은 세대도 부모 세대만큼 치즈를 좋아하지 않거든요. 그리고 농부들이 실제로 하루에 얼마나 많은 시간을 투입하여 힘들게 농사를 짓는지에 대해서도 불만을 제기하는 소비자가 늘고 있다고 해요. 일부 행동가는 EU와 프랑스 정부의 각종 보조금 혜택을 받으면서 과거에 시행했던 가격지지 정책의 유혹에서 벗어나지 못하고 있다면서 더 강한 어조로 공격에 나섰는데요. 이들은 많은 프랑스 농부들이 EU의 가격지지 정책으로 품질이나 소비자의 선호와 상관없이 생산에만 치중하여 '버터의 산'과 '포도주의 강'으로 불리던 시대를 잊지 못한다고 비난해요. 그동안 농부는 물론이고 농업계가 변하지 않아 유럽 농업부문에서 최강의 자리를 뽐내던 프랑스 농업이 위기를 맞이하게 되었다는 주장에 호응하는 사람들이 늘고 있다네요. 독일이 소비자 중심의 농업으로 빠르게 전환하여 유럽연합 역내 농식품시장에서 지배력을 강화하여 수출을 크게 늘린 것을 반면교사로 삼아야 한다고 강조해요. 독일은 농업부문의 구조조정을 앞당겨 규모화를 통한 가격경쟁력을 높이고 다른 한편으로 유기농업을 장려하여 다양하고 안전한 먹거리를 생산하여 오히려 프랑스보다 더 많은 농식품을 역내시장과 제3국으로 수출하고 있거든요.

브렉시트와 프랑스 농부의 보조금

일부 전문가는 브렉시트가 프랑스 농업부문에 오히려 기회가 될 수 있다고 주장해요. 그동안 대농 중심으로 지급된 CAP 보조금은 줄어들게 되고 반대로 중소규모 가족농에게 돌아가는 금액이 늘어나게 될 것으로 전망하기 때문이죠. 물론 농가에게 비료와 농약사용을 줄여야 하는 등 의무사항과 모범영농기준이 오히려 강화되겠지요. 그래도 소비자가 원하는 고품질 농산물 생산이 증가하여 경쟁력이 강화될 것으로 기대하거든요. 앞으로 EU는 자연환경보전과 기후변화 예방, 그리고 지속가능한 농업을 위해 단위면적당 투입하는 비료와 농약에 대한 규제를 더 강화할 계획이라고 하네요. 그동안 프

〈프랑스 농부의 농업보조금〉[6]

FRANCE RECEIVES LARGEST EU AGRICULTURAL SUBSIDIES : €9.4 BN IN 2019

자료: facts4eu.org
https://facts4eu.org/news/2020_jun_french_farmers?fbclid=IwAR3D0OAu9pVU8NYsmdXUmGpB_7w8YIB9pktHoM7UslsahKoixFZmP75Stls

랑스 농가마다 농작물 재배를 위해 단위면적당 살포하는 비료와 농약의 양이 달랐기 때문인데요. 심지어 단위면적당 비료와 농약의 적정 투입량보다 50% 이상 투입하는 농가들이 전체 농가의 25%에 달했다고 하네요. 많은 농가들이 투입비용은 고려하지 않고 농사를 대충 지었다는 뜻이지요.

대농보다 농가 수가 많은 중소농이 생산비를 줄이고 고품질 농산물을 생산하려는 노력을 게을리했지만 앞으로 EU 차원에서 영농기준을 강화하게 되어 프랑스 농업부문에 큰 변화가 예상된다고 하네요. 모범영농기준이 강화되면 될수록 아직까지 높은 비중을 차지하는 고령농의 은퇴가 앞당겨질 전망인데요. 문제는 젊은 후계자를 확보하지 못한 농가들이 많다는 점이라고 하네요. 프랑스에서도 농업에 취업하는 청년이 갈수록 줄어들고 있는데, 가장 큰 이유 중 하나가 결혼문제라고 해요. 최근 프랑스 젊은 농부의 25%가 결혼을 못 한 상대로 지낸다고 하는데요. 많은 농촌 청년들이 주변에 연애할 여성을 찾을 수가 없기 때문이라고 하네요. 한때 우리나라에서 추진했던 청년 농부 결혼대책위원회가 이제는 프랑스에서 필요할 것 같은데요.

브렉시트 협상이 한창이던 2019~2020년 노딜 브렉시트가 표면화되면서 프랑스 농산물의 대영국 수출이 큰 폭으로 감소가 예상되어 우려의 목소리가 높았어요. 다행히 농산물 교역 부분은 기존의 단일시장체제를 유지하기 때문에 프랑스산 농산물 수출에는 큰 변화가 없을 것으로 전망하지만 동식물 검역기준이 강화되어 갈수록 비관세장벽은 높아질 수 있어요. 프랑스 농부들은 브렉시트로 인한 공동농업정책(CAP) 예산의 변화에 더 민감한 반응을 보이는데요. 이는 분담금 비중이 3번째로 많은 영국이 탈퇴하자 직불제 보조금으로 돌아오는 CAP 예산 규모가 축소될 것이 분명하기 때문이지요.

은퇴한 부부가 운영하는 브레따뉴 지역의 농가 민박

그동안 CAP 예산에 대해서는 영국 농업계는 물론이고 환경단체에서 불만이
더 많았어요. 프랑스가 영국보다 2.5배 많은 직불제 보조금 예산을 가져갔거
든요. 이들 단체는 1962년 공동농업정책이 시작된 이래로 60년간 프랑스가
이 정책을 좌지우지하면서 그동안 가장 많은 혜택을 입었다고 비난해요. 물
론 경지면적이 가장 넓기 때문이죠. 사실 공동농업정책(CAP) 예산은 EU 전체
예산의 40%를 차지할 정도로 높은 비중을 차지해요. 1980년대 중반까지 농
업경쟁력 강화를 위해 집중 투자할 때는 이 예산이 전체 예산의 60%를 넘어
서는 경우가 많았어요. 2017년 CAP 예산은 전체 예산의 40%(590억 유로/1,482
억 유로)를 차지했는데, 프랑스가 1/6에 달하는 약 100억 유로(약 13조 원)를

가져간 반면에 영국은 39억 유로(약 5조 700억 원)에 불과했어요. 단순하게 양국이 받는 CAP 예산을 전체 농가호수로 나누어 호당 평균금액으로 계산하면 어느 나라 농부가 더 많이 받을 수 있을까요? 전체 경지면적은 프랑스가 1.6배 넓으면서 농가호수 또한 영국보다 2.6배 더 많아요. 그렇기 때문에 프랑스 농가보다 영국 농가들이 좀 더 많이 받을 수 있겠는데요.

200ha 농경지에서 곡물과 사탕무를 재배하면서 젖소를 100두 사육하는 프랑스 축산농가는 브렉시트로 인해 CAP 예산이 줄어들면 보조금이 감소하게 될까 더 걱정인데요. 프랑스에서도 대농에 속하는데 이 농가는 직불제 보조금으로 매년 58,000유로를 받는 반면에 연간 농업소득은 45,000유로로 불과하다고 하네요. 이것을 어떻게 해석해야 할지 프랑스 농업 현실이 암울하다는 느낌을 지울 수 없어요. 영국은 브렉시트가 농업부문을 획기적으로 바꾸는 그린 브렉시트(Green Brexit) 기회로 활용하겠다고 하네요. 50년간 묶여 있었던 EU의 공동농업정책 굴레에서 과감하게 벗어나 새로운 친환경 그린 농업정책을 추진할 계획이고요. 영국 농부에게 지급할 보조금 규모는 EU의 공동농업정책 예산에서 지급받던 39억 유로(30억 파운드) 수준을 그대로 유지하면서 기존의 토지면적을 기준으로 지급하던 보조금 시스템을 완전히 바꾼다고 하네요. 스위스와 비슷하게 농부들이 농촌환경을 관리하는 서비스에 대한 비용을 지불하는 방식의 '공공재를 위한 공공자금 시스템(public money for public goods system)'으로 변경한다네요. 앞으로 영국 농부들은 당연히 생태계 보전을 위해 환경친화적 농지관리 의무를 준수하겠다는 서명을 해야만 보조금을 받을 수 있게 되고요.

주

1 프랑스 국토면적에서 농지가 차지하는 비중이 절반이 넘는다는 통계자료는 다음 인터넷 주소에서 제공하는 자료를 인용했다. WORLD DATA ATLAS FRANCE LAND USE In 2020, agricultural land area for France was 285,538 sq. km. Between 1971 and 2020, agricultural land area of France was declining at a moderating rate to shrink from 326,230 sq. km in 1971 to 285,538 sq. km. in 2020

2 유럽연합의 회원국별 공동농업정책(CAP) 예산의 배정방식은 회원국이 늘어나면 상당히 복잡한 구조를 가지고 있다. 기존의 경지면적과 농부 수, 그동안 배정실적뿐만 아니라 회원국별 균형 잡힌 배분까지 고려하기 때문이다. 최근에는 CAP의 제 1축(pillar1)인 직불제 예산을 늘리고 2축인 지역개발예산을 줄이는 방식으로 개혁하고 있다 자세한 내용은 다음 인터넷 주소를 참고하기 바란다.
http://capreform.eu/member-state-cap-allocations-and-progress-on-the-mff/

3 매년 600명에 달하는 프랑스 농부들이 자살한다는 내용을 소개한 다음 기사자료를 참고하여 작성하였다: Farmers are speaking out about the difficulties of the agricultural industry, as an estimated 600 are killing themselves each year. https://www.thelocal.fr/20160226/french-farming-hit-by-600-suicides-a-year

4 《우리는 다른 사람들을 먹여 살리지만 젖소 농사는 우리를 먹여 살리지 못한다(We feed people but farming doesn't feed us)》 필립 씨의 인터뷰 내용은 20년 전에 필자가 처음 프랑스 농업박람회 참석하여 들었던 이야기와 별 차이가 없어 씁쓸한 기분이 든다.

5 공동농업정책 개혁으로 농가당 직불금 상한액을 점차 낮추는 추세이다. 최근에는 농민단체의 반대에도 불구하고 EU 농정당국에서 상한액을 15만 유로까지 낮추는 방안을 제시하고 있다. 반면에 환경단체는 농정당국이 제시한 상한액의 절반 이하인 65,000유로로 이하로 낮춰야 한다고 주장한다.

6 『농부의 새로운 이름, 국토의 정원사』(글나무, 2021, p.216) 프랑스 사례에 소개된 내용을 재인용했다.

5장

주요 회원국의 독특한 농업과 먹거리 사례

〈와인 수출 세계 8위 독일 농업의 경쟁력〉

5.3. 와인 수출 세계 8위 독일 농업의 경쟁력

요안나 씨! 오늘날 유럽에서 '신의 물방울' 포도주를 생산하는 나라가 몇 개국이나 될까요?

글쎄요. 남부 유럽에서는 대부분의 나라가 포도주를 생산하는 것 같은데요. 기후변화 때문에 50년 이후에는 포도 주산지가 북유럽 쪽으로 이동한다는 소식이 들려오지만 아직까지 포도 주산지는 남부 유럽국가에 많지요. 벨기에 대형마트에서 판매되는 와인 중에는 프랑스산 와인이 가장 많이 보이지요. 그다음으로 스페인, 이탈리아, 포르투갈 와인을 쉽게 찾을 수 있어요. 최근에는 남미국가 칠레나 아르헨티나에서 생산된 다양한 품종의 포도주를 볼 수 있고요. 이밖에 남아프리카공화국, 미국 캘리포니아산 와인을 소비자에게 특별 할인하는 판매행사를 가끔 볼 수 있지요.

그러면 남부 유럽국가 이외에 포도주를 가장 많이 생산하는 나라가 어딜까요? 지금부터 자세하게 소개할 오늘의 주제와 아주 관련이 높은 질문이거든요.

음~ 레드 와인은 아닌 것 같은데요. 화이트 와인이라면 남부 유럽국가 이외에서 생산되는 와인으로 가장 먼저 떠오르는 것이 독일에서 생산하는 리슬링 품종 와인인데요. 부드럽고 깔끔한 맛이 일품이거든요.

그렇지요. 독일에서 생산된 화이트 와인 중에 유럽 소비자에게 인기 있는 품목이 여러 개는 있으니까요. 아마 리슬링 품종으로 담근 포도주가 가장 인기를 끄는 품목이 아닐까 생각되네요. 그래서 한때 독일산 화이트 와인 애호가로 자칭하는 일부 독일인은 리슬링 품종으로 담근 화이트 와인은 생산물량이 자국 내 소비량도 모자라서 다른 나라로 수출할 물량이 없다고 허풍을 떨었던 때가 있었어요. 그런데 최근 독일산 화이트 와인의 수출량이 큰 폭으로 증가하여 이제는 전 세계에서 8번째 와인 수출국으로 등장했어요.[1] 독일은 대부분 국토가 위도상으로 높은 곳에 위치하여 포도나무를 재배하기 힘든 지역인데 그런 자연환경을 극복하고 이룬 성과라 대단하다는 생각이 드는데요. 독일의 연간 와인 판매액은 포도 재배면적이 독일보다 열 배 넓은 스페인의 연간 판매액과 비슷한 수준인 11억 유로에 달한다고 하네요.

요안나 씨! 그러면 독일 사람들이 요즘같이 화이트 와인을 마음껏 즐기면서 많은 물량을 수출까지 할 수 있게 된 지 얼마나 되었을까요? 이번 질문에도 뭔가 함정이 있을 것 같은가요? 물론 쉬운 문제는 아니거든요. 위에서 말한 대로 독일에서 포도나무가 제대로 자랄 수 있는 지역이 제한되어 있으니까요. 그러면 이 방법으로 추정하면 되겠는데요. 그동안 라인강변을 따라 일사불란한 모습으로 깔끔하게 조성된 독일식 포도 농장 주변을 몇 차례 다녀왔기 때문에 포도나무 나이로 추정하면 알 수 있겠지요. 가장 오래된 포도나무 나이를 알면 되겠는데요. 일단 라인강과 모젤강 주변을 따라 조성된 포도밭을 누가 언제부터 어떻게 만들었는지 조사를 시작해야겠죠.

라인강변에 포도밭을 조성한 이야기를 하기 전에 독일의 와인 역사부터

모젤강과 라인강을 따라 조성된 대규모 포도 주산지를 둘러보면 독일이 어떻게 와인수출 세계 8위국이 될 수 있었는지 이해할 수 있다. 대단지로 조성되어 전망이 좋은 뤼데스하임 포도밭에는 보불전쟁의 승리와 통일을 기념하는 조형물까지 설치되어 있다.

간략하게 소개할게요. 그런데 독일에 와인이 처음으로 등장한 시기가 로마 시대라고 하니 생각보다 오랜 역사를 지니고 있어요. 역시 신이 빚은 물방울 은 어느 나라를 불문하고 흥미로운 역사를 간직하고 있는가 봐요. 독일에서 도 와인의 역사를 2,000년 이전까지 거슬러 올라가 로마 시대부터 시작되었 다고 주장하거든요. 중세 이후에는 주로 교회의 성직자를 중심으로 포도를 재배하고 다양한 포도주를 빚었다고 하네요. 마치 벨기에 수도원에서 다양 한 맥주가 탄생한 것처럼 독일에서는 교회 성직자들이 와인을 담그는 전통을 이어왔다고 하네요.

19세기 초에는 프랑스의 나폴레옹이 독일의 포도산업에 획기적인 변화를 가져온 인물로 등장하는데요. 교회가 소유해온 포도 농장을 강제로 프랑스 포도 재배 지주에게 넘겨 독일의 포도 재배 기술과 와인 조제 기술을 프랑스 수준으로 발전시기는 계기가 되었다고 하네요. 20세기 접어들이 잦은 전쟁으로 포도밭을 제대로 관리하지 못하고 나무를 괴사(壞死)시키는 병균이 확산되어 1960년 초반까지 와인산업이 크게 위축되었다고 하네요. 1970년대 접어들어 EU가 시행한 와인의 품질관리기준이 강화되면서 독일산 와인은 저가 와인으로 인식되어 또 한번의 위기를 겪어야 했어요

오늘날 독일 와인은 그동안 제대로 평가받지 못한 저가 와인의 이미지에서 완진히 벗어나 세계 8위 와인 수출국으로 발진했어요. 지금은 주로 독일 남서부 지역에 위치한 13개 주산지에서 100여 품종의 포도나무가 재배되고 있는데요. 100개 품종 중에 리슬링과 피노누아 품종이 가장 많이 재배되고 있고요. 특히 독일산 리슬링 와인은 이 품목의 전 세계 시장점유율이 60%에 달할 정도로 절대적인 비중을 차지하고 있어요. 앞으로 독일 정부와 와인산업 종사자가 합심하여 전 세계 소비자에게 맛있는 독일 와인을 더 많이 수출하기 위해 품질관리를 더 강화할 방침이라고 하네요.

요안나 씨! 독일 농업에서 와인산업이 차지하는 비중이 얼마나 될까요? 최근 연간 와인 판매액이 원화로 연간 1.5조 원에 달할 정도로 무시할 수 없는 품목인데요. 그렇지만 지킬박사 농업으로 보면 와인산업보다 라인강을 따라 조성된 아름다운 포도밭이 중요할 것 같은데요.

그렇지요. 독일의 와인산업 역사를 들어보니 라인강과 모젤강 주변을 따라 조성된 포도밭을 누가 언제부터 어떻게 만들었는지 추측이 되네요. 가장 오래된 포도나무의 나이를 굳이 파악하지 않아도 그렇게 오래되지 않았다고 생각되어요. 요한 씨 설명처럼 그동안 몇 번의 위기를 극복하고 오늘날 모습으로 아름답게 재탄생한 사실이 더 중요하지 않을까요?

그런데요. 요안나 씨는 포도밭을 보면서 어떤 느낌이 들었나요? 포도밭을 볼 때마다 험난한 경사지를 개간하여 포도나무를 심은 독일 농부들의 피와 땀과 열정이 떠오르거든요. 한편으로는 그분들의 노고에 존경심이 일어나요. 오늘날 우리가 라인강변을 따라 독일 농부들의 피와 땀으로 창조된 아름다운 포도밭 풍경을 공짜로 즐기면서 눈을 호강시킬 수 있으니까요. 지금까지 국토의 정원사 역할을 제대로 해온 이분들에게 더 많은 직불금을 지급한다고 어느 누가 볼멘소리를 할 수 있을까요?

'아무도 할 수 없다'에 한 표를 던져야겠죠. 화제를 좀 돌려 지난번 뤼데스하임에 다녀오면서 나눴던 이야기를 정리할까 하는데요. 독일의 농촌지역을 둘러본 이야기를 곁들이면 독일의 지킬박사 농업 사례를 좀 더 소개할 수 있을 것 같은데요. 국내에 '국토의 정원사' 용어를 소개할 때마다 독일 사례를 자주 인용했거든요. 오늘은 독일 재통일 이후 구동독 농촌지역의 변화까지 좀 살펴보면 좋겠는데요.

요한 씨가 독일식 국토의 정원사를 농촌경관관리자로 소개한 적이 있었지요. 지난번 책에서 그렇게 소개를 했어요. 수 세기 동안 독일 농부는 국토면적의 절반을 차지하는 농경지를 아름답게 가꾸면서 먹거리를 생산하는 역할을 동시에 해온 점을 강조했고요. 독일에서는 수 세기 동안 농경지를 깔끔

독일 농촌지역이 깨끗하고 아름다운 모습을 선보일 수 있었던 이유는 농부들이 '농촌경관관리자'로 농촌경관을 잘 가꾸어 왔기 때문이다.

하게 관리해 온 농부의 '농촌경관관리자' 역할을 높이 평가해왔기 때문이죠.

2000년대 초반기에 포츠담 인근 구동독 지역을 방문했을 때 농촌풍경이 좀 다르게 보였어요. 그런데 최근에 둘러보니까 구서독 지역의 아름답게 가꾸어진 농촌모습과 거의 차이를 느낄 수가 없었어요. 오늘날 독일 농촌지역 어느 곳을 가더라도 농부들이 창조한 깨끗하고 아름다운 농촌경관을 쉽게 볼 수 있는데요. 어떤 지역의 농촌경관은 농부들이 목초지에 사육하는 가축의 종류에 따라 다르게 보이죠. 그리고 농경지에 계절별로 어떤 품목을 재배하느냐에 따라 농촌모습이 완전히 다르게 연출되거든요. 그래서 독일은 지역별로 사육하는 가축의 종류와 마릿수, 재배하는 작물의 품목과 면적, 그리

그동안 독일을 비롯한 유럽연합 회원국에서 농부들이 국토를 아름답게 관리해온 역할에 대한 보상으로 다양한 보조금을 지급할 수 있었다.

고 주변의 산림지역과 조화 등을 고려하여 농촌경관을 아름답게 연출한다네요.

요한 씨 설명을 들으니까 언제 어디를 가도 독일의 농촌지역이 깨끗하고 아름다운 모습으로 보였던 이유를 알겠는데요. '농촌경관관리자'인 농부들이 농촌경관을 잘 가꾸어 왔기 때문이네요. 이제서야 독일 농부들이 작물을 재배하고 가축을 키우면서 잘 가꾼 농촌경관(cultivated landscapes)의 개념이 이해되는데요. 그래서 유럽연합과 회원국 정부가 그동안 국토의 정원사 역할을 충실히 해온 농부에게 보상(renumeration)하는 의미에서 다양한 직불금을 주고 있는 것 같네요.

독일 농업의 경쟁력

요한 씨! 독일이 제조업 강국이라 정책당국자나 소비자가 농업부문에 그다지 관심을 갖지 않을 것 같은데요. 일반인이 독일 농업에 대해 오해하는 부분과 독일 농업의 강점을 설명해줄래요?

〈주요 곡물과 축산물 생산성 비교〉[2]

품목 연도	밀 1ha 생산량(kg)	감자 1ha 생산량(kg)	젖소 연간착유량(kg)	산란계 연간 산란수(개)
1950	2,580	24,490	2,480	120
1980	4,890	25,940	4,538	242
2016~18	7,387	42,197	8,059	298

자료 : Understanding Farming : Facts and Figures about Germany Farming

독일은 유럽연합 회원국 중 경제 규모가 가장 크고 실제로 EU를 이끌고 있는 나라인데요. 자동차, 기계, 공구, 화학제품 등 제조업 분야에서 세계 최고 경쟁력을 지닌 나라로 인정받고 있죠. 그러면 농업부문의 경쟁력은 어느 정도일까요? 그동안 잘 드러나지 않았지만 독일의 농업경쟁력은 EU 내에서뿐만 아니라 세계적으로 비교해도 높은 수준을 유지하고 있어요. 독일에서 생산하는 농식품의 1/3을 수출하여 이 분야 수출 세계 3위국일뿐만 아니라 식량안보와 밀접한 농축산물은 100% 이상을 자급하고 있어요. 과일과 채소 등 일부 품목은 부족한 물량을 수입하여 충당해요.

그리고 독일의 농업생산성은 제2차 세계대전 이후 80년간 크게 높아져서 단위면적당 주요 곡물의 수확량은 2~3배 증가했고, 젖소의 착유량은 3.5배,

〈호밀과 호밀빵 가격 변화〉[3]

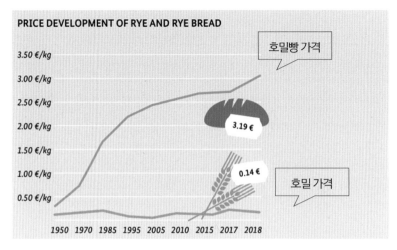

지난 70년 동안 호밀 가격은 거의 변동이 없으나 호밀 빵의 가격은 6배 이상 올랐다.

자료 : Understanding Farming : Facts and Figures about Germany Farming

산란계의 달걀 생산은 2.5배나 증가했어요. 농업생산성이 크게 증가한 덕분에 2차 세계대전 이후 1950년대까지 독일 농부 1명이 국민 10명을 책임졌는데 지금은 142명을 먹여 살리게 되었어요. 유럽연합 회원국 중에서 우유 생산량이 가장 많아서 치즈, 야쿠르트 등 유제품 생산 또한 1~2위를 차지해요.

독일 농경지의 1/3 면적에 밀, 보리, 귀리 등 곡물을 재배하여 자급률 100% 이상 달성하고 있어요. 현재 유럽연합 회원국 중에서 가장 높은 비중을 유지하는 유기농산물 재배면적 비중을 2030년까지 20%로 올릴 예정이에요. 독일인들이 맥주를 많이 마시는 덕분에 홉 생산량은 세계 생산량의 1/3을 차지할 정도로 많아요. 반면에 맥주는 세계 4위 생산국이고요.

독일의 하이드 농업

최근 인구가 많은 도시에 가까운 독일의 농촌지역을 중심으로 수 세기 동안 깨끗하고 아름답게 유지해온 농촌풍경이 점차 쇠퇴해질 위기에 처해 있다고 해요. 여러 가지 요인이 있는데 첫째는 예산 문제인데요. 앞에서 깨끗하고 아름다운 농촌풍경은 농부들의 땀과 노력으로 창조된 결과물이라고 했죠. 앞으로 독일 농촌경관을 관리하여 아름다운 농촌풍경을 지속적으로 유지하기 위해서는 국토의 정원사에게 지금처럼 공동농업정책 예산이나 회원국의 지역개발예산으로 충분한 보상이 필요한데 문제는 예산이지요.

둘째는 다른 용도로 전용하는 농경지 면적이 매년 증가하기 때문이에요. 인구 밀집지역에서는 주거를 위한 택지개발과 도로 확장을 위한 농지 수요뿐만 아니라 공장부지와 상업용 시설을 위한 수요가 증가하고 있어요. 비농업부문에서 농지 수요가 증가함에 따라 최근 독일의 농지 기격이 2009년 대비 전국 평균 가격이 2.3배나 크게 상승했는데요. 지역별로 차이가 많은데 바이에른, 작센주는 2.5배 이상 올랐어요. 그동안 독일은 연방정부 차원에서 농지를 엄격히 관리해왔어요. 연간 최대 전용 가능 면적을 하루 30ha 이내로 관리하고 있어요. 그 정책 덕분에 지난 10년간 농지 전용면적 비율이 1.4%로 아주 낮았어요. 농경지 면적이 국토면적의 20%에 불과한 우리나라가 그동안 우량농지 보존에 소홀한 점은 연간 농지전용 최대 허용면적을 연방정부의 정책 목표로 엄격히 관리하는 독일의 농지보전정책과 큰 차이점을 보이고 있네요. 앞으로 자주 강조할 내용인데요. 하이드 농업으로 변신하지 않고 지킬박사 농업을 제대로 지키려면 가장 우선적으로 해야 할 정책 중 하나가 우량농지를 잘 보전하는 것이거든요.

왜 독일에는 임차농지 비율이 높은지 추가 연구가 필요한데요. 유럽연합 회원국 농가의 자가경지 소유 비율이 평균 60% 수준인데, 독일은 반대로 임차농지 비율이 특히 재통일 이후 60% 이상을 차지하거든요. 아마 구동독 지역의 농경지 대부분은 협동농장이 관리하는 방식으로 운영하던 제도적인 영향이 있겠지만 구서독 지역 농가의 농지 소유 형태 또한 유럽연합 다른 회원국보다 임차농지 비율이 높거든요. 유럽에서도 독일, 프랑스, 영국 등 경지면적이 넓은 나라의 임차농 비중이 높은 편인데요. 유럽 주요국의 농지제도와 임대차 계약의 세부사항에 대해 추가로 조사가 필요하고요. 통독 이후 독일에서 왜 임차농의 비율이 60% 이상으로 높아졌는지 실제로 영농현장에서 이뤄지는 임대차 계약의 세부내용 등에 대해서는 현장조사가 필요하다고 보이는데요.

주

1 독일 와인산업 전반에 관한 내용은 아래 인터넷 사이트에 소개된 내용과 『농부의 새로운 이름, 국토의 정원사』(글나무, 2021, p.160) 독일 사례에 소개된 내용을 참고하여 정리하였다. https://finewinemaster.com/history-of-wine-in-germany/)

2 『농부의 새로운 이름, 국토의 정원사』(글나무, 2021, p.174) 독일 사례에 소개된 내용을 재인용했다.

3 『농부의 새로운 이름, 국토의 정원사』(글나무, 2021, p.175) 독일 사례에 소개된 내용을 재인용했다.

5장

주요 회원국의 독특한 농업과 먹거리 사례

〈브레시트와 폐쇄적인 영국 농촌지역〉

5.4. 브렉시트와 폐쇄적인 영국 농촌지역

요안나 씨! 영국이 결국 유럽연합과 결별했지요. 2016년 6월 23일 실시한 국민투표에서 탈퇴를 찬성하는 쪽이 근소한 표 차이로 이겼는데요.[1] 그 이후 진행된 협상이 만만치 않았어요. 투표 이후 3년 넘는 줄다리기 협상 끝에 2021년 1월 유럽연합의 회원국 자리를 스스로 박차고 나간 첫 번째 사례를 만들었어요. 그래서 영국이 연합 회원국을 탈퇴한 이야기부터 시작해야겠는데요.

유럽 역사를 뒤돌아보면 중요한 무대에는 늘 영국이 등장했어요. 앞장서서 유럽을 통합하고 조정하는 지킬박사 역할뿐만 아니라 하이드 모습으로 변신하여 훼방꾼 역할도 많이 했어요.[*] 이번에 EU 회원국에서 탈퇴를 결정한 과정에서도 영국이 또 한 번 하이드로 변신한 모습을 볼 수 있었거든요.

요즘은 실시간으로 전 세계의 중요한 뉴스와 사건·사고 소식을 들을 수 있는데요. 최근 영국 소식을 종합하면 분위기가 썰렁하네요. EU 탈퇴 여부

---

[*] 필자의 『농부의 새로운 이름, 국토의 정원사』(글나무, 2021, pp.123-125) 'EU를 떠나는 영국'에 비슷한 내용을 소개하였다.

를 묻는 국민투표에서 찬성한 쪽 영국인 중에 후회하는 사람이 점점 늘어난다고 해요. 영국 언론이 주기적으로 실시하여 발표하는 여론조사 결과표에 잘 나타나 있는데요. 잘못된 투표였다고 후회하는 영국인의 숫자가 시간이 갈수록 더 늘어나고 있어요.[2]

그래서 요인나 씨가 자주 강조하는 것처럼 국가의 미래가 걸린 중요한 사항을 국민투표로 결정할 때는 국민 모두가 정신 바짝 차려야 하겠어요. 그동안 정치 후진국에서 자주 볼 수 있었던 인기영합 정책과 유권자를 선동하는 포퓰리즘 정치 사례가 최근에는 전 세계적으로 확산되는 추세인데요. 한동안 세계를 이끌어온 지킬박사 영국정치가 하이드 모습의 후진국형 정치로 변신하게 되었다고 하네요. 일부 정치인들이 선동한 포퓰리즘 때문에 영국에서 벌어진 이번 사태를 왜 많은 전문가들이 영국식 포퓰리즘 탓이라고 지적하는지 알 것 같아요. 유럽연합으로부터 딜퇴 여부를 국민투표로 결정하자고 영국인들을 선동한 몇 명의 정치인들이 벌인 도박판이 결국에는 영국의 미래세대에게 엄청난 피해를 줄 것 같아 안타깝네요.

47년 동안 유럽연합 회원국일 때 영국과 연관된 몇 가지 에피소드를 소개할게요. 먼저 유럽인들의 영국에 대한 평가인데요. 한때는 대영제국으로 불리며 지구상에서 가장 많은 식민지를 통치한 나라이지만 유럽연합 내에서 영국에 대한 평가나 선호도가 엇갈리는데요. 유럽의 훼방꾼 나라로 폄훼하는 표현까지 나올 정도였지요. EU가 28개 회원국으로 커지면서 경제통합을 넘어 정치통합까지 시도했는데요. 주로 영국이 다른 의견을 많이 제기하여 '가지 많은 나무에 바람 잘 날 없다'는 속담처럼 회원국 간의 갈등이 더 심해졌어요.

둘째는 분담금 문제로 자주 삐쳤어요. 그동안 영국은 EU에 분담금을 세 번째로 많이 내면서 돌아오는 혜택이 적다고 늘 불만이었죠. 대처 총리 시절에는 끈질긴 노력으로 분담금의 66%를 돌려받는 협상을 성사시켰어요. 당시 EU 전체 예산에서 공동농업정책(CAP) 예산이 절반 이상을 차지할 정도로 비중이 높았어요. 그런데 농업부문의 구조조정을 가장 먼저 실시하여 농가 호수가 많이 줄었고, 경지면적 또한 프랑스나 독일보다 좁아서 CAP예산으로 환급받는 금액이 적을 수밖에 없었어요.

셋째는 영국은 EU의 경제통합을 통한 역내시장 확대정책에 불만이 많았어요. 시장 확대로 인한 실질적인 혜택이 기대에 미치지 못했기 때문이죠. 2004년 이후 진행된 EU 회원국 확대정책에 오히려 딴 목소리를 많이 냈어요. 심지어 다른 회원국의 강력한 반대에도 불구하고 튀르키예를 회원국으로 끌어들이는 데 앞장서기도 했고요. 회원국 확대로 커진 역내시장은 제조업 기반이 가장 강한 독일에게 유리하게 작용하는 점에서도 영국은 늘 불만이었어요.

잉글랜드 지역의 폐쇄적인 농촌풍경

영국 농촌지역의 폐쇄성

요안나 씨! 그동안 영국의 농촌지역을 여러 번 다녀왔는데요. 영국 또한 유럽의 다른 나라와 마찬가지로 어디를 가더라도 넓은 들판과 아름답게 잘 가꾼 농촌풍경을 쉽게 찾아볼 수 있었지요. 그동안 깨끗하고 아름답게 잘 가꾸이진 유럽 여러 나라의 농촌풍경을 볼 때마다 늘 부럽다고 했어요. 우리나라 농업방송처럼 유럽에서도 농업 관련 프로그램을 자주 방영하는데요. 그 덕분에 프랑스와 영국의 아름다운 농촌풍경을 직접 가보지 않아도 거실에서 눈요기할 수 있지요. 그래서 요즘 요안나 씨가 영국 BBC에서 방영하는 농업방송 프로그램을 자주 시청하는가 보네요. 농업방송을 보면 볼수록 잘 가꾸어진 영국의 농촌풍경이 아름답다고 했는데요. 방송에서 주로 농업 관련 지역축제뿐만 아니라 넓은 목초지에서 가축이 한가롭게 풀을 뜯는 장면과 질 관리된 경작지와 목초지가 연출하는 아름다운 농촌풍경을 보여주기 때문이죠. 그런데 텔레비전에서 보여주는 영국의 농촌풍경이 실제로 농촌현장을 둘러보면 뭔가 다르게 보인다고 했는데요. 방송과 농촌현장에서 본 풍경 중에 가장 큰 차이점은 무엇인가요?

음~~~ 먼저 영국 농촌지역 어디서나 볼 수 있는 빼곡한 울타리를 지적하고 싶은데요. 방송에서는 거의 볼 수 없는 장면이거든요. 그래서 어떤 일이든지 진실을 알려면 현장을 꼭 둘러봐야 하는가 봐요. 물론 벽돌로 쌓은 담장 대신 울타리로 나무를 심어 자연스럽게 만든 지역이 많지만 최근에 방문했던 농촌마을에서는 철조망이 보였고요. 심지어 우리나라에서 주로 방음벽으로 설치하는 넓은 콘크리트 차단막으로 울타리를 친 집도 보았거든요. 그리고 농촌지역의 도로 폭이 너무 좁아요. 옛날에 마차가 다니던 좁은 길을 전혀 확장하지 않은 상태로 포장만 한 것 같았어요. 우리나라 같으면 민원이 빗발칠 것 같아요. 왜 영국 방송에서 이런 장면은 잘 안 보여 주는지 모르겠네요. ㅎㅎ

그렇지요. 어쩌면 영국 농촌지역의 폐쇄성을 눈으로 확인한 셈이네요. 영국의 농촌지역에는 집집마다 울타리를 높이 설치하고, 심지어 가축을 사육하는 목초지의 경계를 나무를 심거나 철조망 등으로 엄격하게 구분하여 유럽의 다른 나라와 큰 차이를 보여주었거든요. 왜 그렇게 하는지 원인을 살펴봐야 하겠지요. '이유 없는 무덤이 없다'는데 분명 뭔가 있을 것 같아요. 역사적인 배경부터 살펴볼까요? 요안나 씨는 이번에도 전쟁 이야기를 할 것으로 기대하죠. 영국의 잉글랜드 지역은 로마 시대부터 대륙에서 넘어온 침략자들 때문에 주민들이 불안에 떨면서 살아야 했으니까요. 그래서 잉글랜드 남쪽 지역 농촌마을에는 북쪽 농촌지역보다 울타리가 더 많은 것 같거든요. 그러면 울타리가 전쟁과 전혀 상관없는 것은 아니네요.

오늘날 영국의 농촌지역 울타리 전통은 로마 시대로 올라가지 않아요. 울타리 전통이라면 산업혁명을 촉발시킨 영국의 **인클로저운동**(Enclosure movement) 영향이 더 컸을 텐데요. 토마스 모어의 유토피아 소설에 소개될 정도로 이 운동에 대한 평가는 논란을 불러일으켰거든요[3] 이 운동은 시기별로 1차와 2차로 나뉘는데요. 제1차 인클로저운동은 15세기 말에서 17세기 중반까지 주로 지주들이 곡물 생산보다 상대적으로 유리한 양모 생산을 위하여 경지를 목장으로 전환시킨 운동이에요. 이 운동으로 지주들이 울타리를 치고 농부를 강제로 농장에서 쫓아냈거든요. 쫓겨난 농부들은 이농(離農)하여 도시 빈민으로 전락하고 농촌마을에는 빈집이 늘어나면서 황폐화되자 그 당시 사회문제가 발생했죠.

제2차 인클로저운동은 18세기 후반기부터 19세기 전반기에 진행된 인구 증가로 식량 수요가 크게 늘어나자 합법적인 의회 입법을 통해 정부 주도로 진행되었어요. 이 때문에 많은 농부들이 임금노동자로 변신하게 되었지요. 어쩌면 영국에서 있었던 가장 대표적인 하이드 농업 사례인데요. 한편으로는 농업부문의 구조조정으로 대농경영이 증가하면서 농업부문에서 '자본의 본원적 축적'이 가능하게 만들었다는 평가를 받기도 하고요.

요한 씨 자세한 설명을 듣고 나니 영국 농촌마을의 폐쇄적인 분위기를 조금은 이해할 수 있겠는데요. 그래도 마차가 다니던 좁은 길을 오늘날에도 전혀 확장하지 않고 그대로 이용하는 점은 이해가 잘 안되네요. 지구환경을 보호하고 지키는 차원이라면 더 큰 의미를 부여할 수 있겠지만요.

그렇지요. 영국의 지킬박사 농업 사례를 소개하려면 농업현황을 좀 더 살펴봐야 하는데요. 기본적인 통계자료부터 잠시 살펴볼까요? 국토면적, 인구 수, 농지면적, 농가 수, 호당 경지면적, 농업종사자 수, 주요생산품목, 품목별 생산액, 농산물 수출입액 등 기본적인 통계자료는 독자를 위해 주석으로 소개하고요. 영국이 상대적으로 빠르게 농업부문의 구조조정을 추진할 수 있었던 이유를 먼저 설명할게요.

2차 세계대전의 주 무대였던 유럽대륙은 전쟁으로 인해 농업기반이 많이 파괴되어 이를 복구하는데 오랜 시일이 걸렸어요. 반면에 영국은 농업기반 시설이 전쟁 피해를 적게 입어 농업부문의 구조조정을 앞당길 수 있었지요. 잉글랜드 지역은 로마 시대에도 식량기지로 탐을 낼 정도로 광활한 농경지와 가축사육에 유리한 구릉지가 발달한 지역이에요. 영국의 농촌지역을 둘러보면 정원처럼 잘 가꾸어진 경관을 여러 곳에서 볼 수 있는데요. 영국에서도 국토의 정원사 덕분에 서유럽국가나 노르웨이의 농촌풍경과 비슷한 수준으로 깨끗하고 아름답게 잘 가꾸어져 있어요.

영국은 국토면적 대비 경지면적 비율이 아주 높은 나라로 소개되요.[**] 이는 실제로 농업에 이용되는 면적(UAA: Utilised Agricultural Area) 기준으로 조사하여 발표된 자료인데요. UAA 기준으로 농경지는 2000년 15,749천 ha에서 2010년에는 15,686천 ha로 63천 ha가 줄어들었어요.

영국에는 스코틀랜드 북쪽을 제외하면 산이 거의 없고 대부분 국토가 구릉지로 되어 있어 초지나 농경지로 활용할 수 있는 면적이 생각보다 넓은 편이에요. 2000년 초반기에 차를 몰고 왼쪽 방향도로를 어렵게 운전하며 잉글랜드 중부지역을 몇 차례 다녀온 적이 있는데 지나갈 때마다 아주 넓은 평야지대를 보고 놀란 적이 있어요.

그동안 영국은 우량농지 보전을 위해 많은 노력을 해왔어요. 지난 20년간 농경지를 도로, 주택, 공장 등을 건설하기 위해 전용한 비율을 살펴보면 영국은 EU 회원국 중에서 전용률이 아주 낮아요. 2000~2010년 기간에 다른 용도로 전용된 농경지는 63,250ha에 불과해요. 10년간 전체 경지면적에서 다른 용도로 전용된 면적이 0.4%로 아주 적었어요. 농지보존을 위해 영국 정

[**] EU 통계국이 발표한 유럽연합 회원국 농업센서스 자료에는 2010년 말 기준으로 국토면적 대비 경지면적 비율이 높은 국가 순위로 1위가 아일랜드로 71%, 2위인 영국은 64%로 나온다.

부는 물론이고 환경단체와 농업관계자들이 얼마나 노력했는지 확실하게 보여주는 숫자가 아닐까 생각되네요.

영국에서도 지난 40년간 농가 수는 꾸준히 줄었어요. 1980년 268.6천 호, 1990년 243.1천 호, 2000년 233.3천 호에 달하던 농가 수는 2017년에는 218천 호로 줄었어요. 반면에 경지면적은 그게 줄어들지 않아 농가당 평균 경지면적은 꾸준히 늘어나 2010년에는 EU 28개 회원국 중에서 호당 평균 경지면적이 152ha로 1위인 체코 다음으로 넓은 84ha를 기록했어요. 특히 100ha 넘는 농지를 소유한 대농의 비중이 지속적으로 증가했어요.***

반면에 50ha 미만 농지를 소유한 농가는 전체 농가 수의 60%에 달하는데 이들이 차지하는 농지는 전체 경지면적의 13%에 불과해요. 대농의 비중이 상대적으로 높은 영국에서는 50ha 이상 농지를 가진 중대농이 대부분의 농지를 차지하는 셈이지요.

양을 비롯한 다양한 가축을 사육하는 영국에서는 목초지 면적이 전체 경지면적에서 차지하는 비중이 62%로 작물 경작지 비중(38%)보다 높아요. 21세기에 새로운 인클로즈운동이 일어난 것처럼 2000~2010년 기간에 경작지는 447,790ha가 줄어든 반면에 목초지는 385,730ha나 증가했어요.[4] 경작지에는 곡물과 사료작물, 그리고 산업용 원료작물(industrial crops) 등을 재배해

***2010년에 100ha 이상 농지를 소유한 농가는 전체 농가의 21%인 39,170호로 이들이 전체 농지의 72%인 1,130만 ha를 차지했다. 또한 50~99ha 농지를 소유한 농가는 전체 농가의 18%로 이들이 전체 농지의 15%인 230만 ha를 소유했다. 호당 50ha 넘는 중대농이 영국 전체 경지면적의 87%를 소유한 셈이다. 반면에 전체 농가의 60%를 차지하는 대다수 농가들은 농지규모가 아주 작은 소농을 의미한다.

잉글랜드 코츠월드 지역은 농촌풍경이 잘 관리된 곳이다. 농가 민박을 운영하는 아래 인터넷 사이트에서 홍보하는 사진을 활용했다.
https://www.darekandgosia.com/cotswold-villages/

요. 품목별로 경작지 면적에 많은 변화가 발생했는데요. **** 산업용 원료작물 재배면적이 432% 증가한 반면에 사탕무, 화훼류, 감자는 각각 312%, 17.8%, 16.6% 감소했어요. 특이한 점은 기후변화로 인해 최근 영국의 포도 재배면적이 거의 두 배로 증가한 점이에요. 그래서 많은 전문가들이 100년 내로 포도 주산지가 프랑스에서 영국으로 이동할 것이라고 전망하고 있어요.

**** 영국의 곡물 경작지는 지속적으로 줄었다. 2010년 곡물 경작지는 전체 농경지의 19.2%인 약 300만 ha로 2000년보다 331,230ha가 줄었다. 반면에 사료작물 재배면적은 약 143만 ha, 산업용원료 작물 재배면적은 약 71만 ha를 기록하여 2000년보다 각각 104,220ha, 210,760ha 증가했다.

영국 농업방송 이야기

요안나 씨! BBC가 방영한 농업방송 프로그램 중 재미있게 본 내용을 독자들에게 소개하면 좋겠는데요.

그럴게요. 우연히 BBC 방송을 보았는데 농촌 관련 프로그램이라 관심이 더 갔거든요. 영어방송이라 귀에 잘 들리지 않았지만 눈으로 보고 느끼는 것은 잘하니까 그런대로 이해가 되었네요. 영국의 농촌 생활을 엿볼 수 있었고요. 전체적으로 농촌 배경은 확실히 눈이 호강할 정도로 깨끗하고 광활해서 부러웠네요. 유럽인의 주식이 축산물이라 그런지 그날 본 내용도 어느 양돈농가 이야기더군요. 축산농가에서 돼지만 키우는 것이 아니라 돼지, 닭, 양, 소, 당나귀 등을 너른 들판에 방목하다시피 키우더군요.

그리고 영국에서 해마다 가축품평회를 개최하고 상을 주던데 여러 지역에서 참가해서 상을 받더군요. 아, 그런데 상을 받은 사람이 나이 많은 어른이 아니라 스무 살 남자아이이거나 농업계 대학을 가기를 꿈꾸는 여자아이라서 놀랐네요. 물론 가족농이라 부모와 함께 살면서 같이 일을 하고 가축과 함께 뒹굴고 놀 정도로 일상생활의 연장이더군요. 우리나라 농촌현실과 많이 다르고, 특히 아이들이 부모와 함께 가축을 돌보는 일을 좋아하니 유럽의 농업은 희망이 있어 보였어요.

그리고 20대 초반 청년이 엄마와 함께 돼지를 농장에 방목하며 키우는 농가를 보여주더군요. 엄마는 돼지고기를 이용한 요리를 개발하고 온 집안에 돼지 모양으로 된 물품만 진열해 놓았더군요. 집에 있는 거의 모든 접시나 컵, 도자기 등등 모든 물품이 돼지와 관련된 것이었어요. 자부심을 가지고 돼지 농장을 운영하는 것 같았어요. 농장에 배우러 오는 사람들에게 두꺼운

영국에서 매년 개최하는 각종 가축 품평회 행사는 지역축제로 자리를 잡았다. 축제에 참석하는 가축까지 예쁘게 몸단장을 한다.

홍보물을 나누어 주며 즐겁게 이야기하는 것을 보니 우리 농가들도 이 정도로 하고 있을까? 라는 생각을 해 보았네요.

다른 한 집은 오빠와 여동생 둘이서 부모를 도와 가축을 돌보는데 그중 큰 여동생이 돼지를 잘 키워서 해마다 품평회에 나가 상을 받아오더군요. 심지어 파이를 만드는데 파이 모양도 돼지 머리 모양으로 만들더군요. 품평회에 나갈 때는 돼지에게 샴푸로 목욕을 깨끗이 시키고 오일로 마사지를 해주고 별별 정성을 다해서 온 식구가 축제 분위기로 품평회장에 나가더군요.

우리는 자식에게 무조건 공부하라고 일부러 농사일은 시키지도 않는데 이곳 농촌에서는 일할 때는 식구 모두가 농장 일에 매달리더군요. 중고등학교에 다니는 여학생이라면 예쁘게 치장하고 자기 몸 꾸미기에 정신없을 나이인데 긴 장화를 신고 돼지와 함께 뒹굴면서 일을 해서 놀랐네요. 그래도

영국에서 가축이 행복한 사육환경(동물복지) 논쟁이 한창이던 2000년 초반 소를 사육하는 방목지의 밀식도를 보여주는 사진이다.

그 아이가 참 예뻐 보였어요. 우리나라 방송 프로그램은 그냥 웃고 먹고 놀러 다니는 오락프로그램이 많은데 유럽처럼 농촌 관련 프로그램이 더 편성되면 좋겠네요. 유럽은 농업·농촌의 공익적 가치를 많이 인정해 주는 것 같아서 부러웠어요. 농촌도 살기 좋은 곳이고 농업에 종사하는 일도 보람 있는 일이라서 자식과 함께 할 수 있다는 농가들이 많이 나와야 우리나라 농업의 미래도 밝겠지요.

영국의 지킬박사 축산: 양(羊)

요안나 씨! 전 세계에서 양을 가장 많이 사육하는 나라가 어딜까요? 이번 질문에는 함정이 없거든요. 아마 유럽에서 양을 가장 많이 사육하는 나라는 잘 알고 있겠지요?

그러면 이번 질문의 정답은 유럽에서 가장 양을 많이 키우고 있는 영국은 아니라는 것 같은데요. 땅이 넓은 오스트레일리아가 가장 많이 사육할 것 같아요. 우리나라에서 양고기를 가장 많이 수입하는 나라이거든요.

딩동댕~~~이면 좋겠지만 지금은 아닌데요. 2000년 이전에는 호주가 양의 사육두수 1위 국가 자리를 지켰지만 지금은 3위로 떨어졌고요. 영국은 국가 순위로는 7위 내외를 기록하고 있어요. 그러면 1위와 2위가 궁금하죠? 놀라지 마세요! 2020년 기준으로 양을 가장 많이 사육하는 나라 1위와 2위는 인구수가 가장 많은 나라 순서와 같아요.[*****]

2000년 초반에 발생한 구제역으로 1,000만 두를 살처분하기 이전까지 영국에서 4,500만 두 내외의 양을 사육했는데 오늘날에는 3,500만 두 내외로 줄었어요. 잉글랜드 지역에서 1,500만 두, 구릉지가 많은 웨일즈 지역에서 1,000만 두, 스코틀랜드 지역에서도 700만 두 내외를 사육하고 있어요.

영국 농업에서 축산이 차지하는 비중이 높다는 점을 여러 번 강조했지요. 잉글랜드 지역은 평야지대와 구릉지로 구성되어 작물 재배는 물론이고 가

[*****] 양을 가장 많이 사육하는 국가 순서 통계자료는 아래 인터넷 주소를 참고했다. https://www.nationmaster.com/nmx/ranking/number-of-sheep)

구릉지가 많은 영국에서 양 떼가 어떻게 구릉지의 자연생태계를 관리하는지 잘 보여주는 사진이다.

축을 사육하기 편리한 농업환경을 갖춘 아주 축복받은 땅인데요. 그래서 로마제국 시절부터 대륙에서 이곳을 점령하여 식량공급기지로 삼았지요. 다양한 품목의 농축산물을 생산하는 영국에서 지킬박사 농업의 대명사는 양(羊)이라고 생각하는데요.

지금부터 영국의 농촌풍경을 아름답게 가꾸는데 반드시 필요하고 농부의 새로운 이름을 '국토의 정원사'로 바꾸게 만든 가축을 소개하려고 해요. 영국 정부가 브렉시트 이후 농업부문의 대대적인 개혁안을 발표했는데요. 양고기와 양모를 생산하는 1차적인 역할뿐만 아니라 양 떼는 도시민과 외국 관광객이 농촌지역을 더 많이 찾아올 수 있도록 목가적인 풍경을 연출하고

평야지대에 사육하는 양 떼의 배설물은 천연비료 역할을 하여 작물 재배에 도움을 준다.

국토를 아름답게 가꾸는 중요한 역할을 해왔어요. 이 때문에 앞으로 양은 영국의 농업에서 가장 중요한 품목의 위치를 유지할 것으로 전망해요.

오늘날 영국에서 사육하는 양의 품종은 90여 종에 달할 정도로 다양해요. 스코틀랜드 산악지형에 잘 적응하는 양의 품종은 잉글랜드 평야지대에서 사육되는 품종과 차이가 많아요. 전체 경지면적에서 목초지로 활용하는 농경지가 60%가 넘는데요. 이 목초지는 앞으로 기후변화로 몸살을 앓고 있는 지구를 살리는 데 중요한 역할을 할 전망이에요. 왜냐하면 목초지는 곡물을 재배하는 농경지와 달리 갈아엎지 않아서 이산화탄소를 더 많이 저장할 수 있어요. 그리고 목초지는 빗물을 오랜 기간 머금는 역할까지 하여 기후변화를 예방하는데 많은 도움을 주기 때문이에요. 일부 전문가는 웨일즈 지역의 목초지와 구릉지에서 연간 4억 톤에 달하는 이산화탄소를 저장하는 것으로 추정하고 있어요.

그리고 양 떼는 구릉지의 자연생태계를 관리하는 데 중요한 역할을 해요. 구릉지의 우거진 잡풀을 양 떼가 뜯어먹으면 식물의 다양성이 증가하여 구릉지를 찾아오는 새들이 늘어난다고 해요. 뿐만 아니라 몸집이 아주 작은 포유류에게 다양한 서식지를 제공하게 된다고 해요. 또한 구릉지에서 자주 발생하여 큰 피해를 주는 자연발화도 줄어든다고 하네요. 무엇보다 국토의 대부분이 구릉지로 구성된 영국의 농촌풍경을 목가적이고 아름답게 연출하는 주인공 역할을 양 떼가 아니면 누가 할 수 있을지 머리에 떠오르지 않는데요. 평야지대에서 사육되는 양 떼는 또 다른 역할까지 하는데 이들 배설물은 천연비료가 되어 곡물과 채소 등 작물 재배에 도움을 준다고 해요.

영국 사람들이 양을 사랑하는 또 다른 이유는 양모를 공급하기 때문이에요. 석유에서 합성섬유를 뽑아내기 전까지 양모는 인류가 필요한 옷을 만드는 중요한 원자재였죠. 양모는 1년에 한 번 전문가의 섬세한 손으로 잘라낸다고 하네요. 마치 우리가 이발하듯이 정기적으로 양털을 잘라내야 해서 각종 양털 깎기 대회를 개최해요. 양을 사육하는 농가는 작업비로 한 마리 당 0.90~1.10 파운드(약 1,500원)를 지급하는데 농가에 돌아오는 판매수입은 양모 시세(0.5~3.0 파운드)로 정산해서 손해를 보는 경우가 수시로 발생한다고 해요. 이 때문에 최근 양을 사육하는 농가는 양모보다 양고기 생산에 더 비중을 두고 농장을 경영한다네요.

최근 연간 양모 생산은 28,700톤에 머물고 있지만 양고기 생산은 29만 톤에 달한다고 하네요. 1인당 연간 2kg을 소비하는 영국인들의 양고기 사랑 때문에 생산량의 64%는 영국에서 소비하고 생산물량의 1/3은 전 세계에 수출해요. 영국에서 양을 사육하는 데 직접 관여하는 농부와 종사자 숫자보다 관련 산업에 종사하는 인력이 3.5배 많다고 하네요. 사육농가와 농장에 종사하는 인력은 34,000명이지만 양과 관련된 산업에 종사하는 인원이 11만 명이 넘는다고 해요. 양으로 인해 많은 일자리가 생겨나고, 영국 경제에 기여하는 금액이 연간 291.4백만 파운드(약 4,300억 원)에 달한다고 하네요. 왜 영국 농업에서 양이 중요하고 귀한 대접을 받고 있는지 이해가 되죠

영국의 지킬박사 농업: 치유농업

요안나 씨! 그동안 유럽 농촌을 둘러보고 공부하면서 농업의 다양한 역할에 대해 자주 들었을 텐데요. 그러면 앞으로 농업의 역할을 어디까지 확대할 수 있을까요? 농업이 인류에게 일용할 양식을 공급하는 중요한 역할을 담당하고 있다는 사실은 기본적인 상식인데요. 식량안보를 책임지는 농업의 중요한 역할에 추가로 최근에는 농부가 국토의 정원사 역할까지 한다고 강조하거든요. 그동안 농업이 가진 다양한 역할과 기능에 대한 논의는 유럽연합에서 화두로 제시한 농업의 다원적 기능(multifunctionality)에서 출발했다고 보는데요. 물론 이 용어는 1980년대 중반부터 진행된 농산물 시장개방 협상과정에서 등장했어요. 미국을 비롯한 농산물 수출국이 EU의 농산물시장을 대폭 개방할 것을 요구하자 불리한 협상에서 돌파구를 마련하기 위해 유럽연합이 창조한 용어라고 생각되거든요.

그렇네요. 공격이 있으면 방어가 필요한데요. 그런 면에서 EU가 잘 대응

한 것 같은데요. 그동안 EU가 역내 농업경쟁력을 강화하고 농가를 지원하기 위해 개발한 정책과 새로운 용어가 많거든요. 농업의 비교역적 기능에서 출발하여 농업의 공익적 가치까지 전문가를 중심으로 다양한 논의를 통해 새로운 용어가 탄생하는 것 같아요.

최근 우리나라에서 행정입법으로 시행된 **치유농업**(Care faming)이라는 용어는 1990년대 중반부터 유럽에서 사용하기 시작했어요. 영국에서는 아주 다양한 형태의 치유농업이 운영되고 있어요. 치유농업은 농업의 다양한 역할 중에 **사회적 농업**(Social farming)의 특징을 논의하던 중에 등장했다고 하네요. 최근 영국에서 우리말로 녹색돌봄(?)으로 해석되는 **그린케어**(Green care)라는 용어까지 등장했어요.

이런 형태의 농업이 출발하게 된 기본적인 동기나 취지는 비슷한데요. 최근 많은 사람이 경험하는 사회적인 문제를 농업이라는 공간을 통해 완화하고 극복하는 방법을 찾는 것인데요. 영국에서는 치매노인 등 고령자를 치유하기 위한 사회적 농업보다 학교에서 왕따를 당하는 학생이나 지능이 낮은 아동이나 청소년을 위한 프로그램이 다양하게 운영되고 있어요. 요안나 씨와 같이 머물렀던 잉글랜드 지역 호텔은 이전에 규모가 상당히 큰 농가를 개조한 숙박시설이었는데요. 이 호텔 또한 사회적 농업에 참여하고 있었거든요. 호텔 지배인이 발달장애가 있는 여성 3명에게 일자리를 제공하는 등 이 프로그램에 참여하게 된 이유를 자세하게 설명해줘서 고마웠거든요. 영국에서 운영하는 다양한 형태의 치유농장 사례는 3부에서 좀 더 자세하게 설명할게요.

주

1 영국이 EU에서 탈퇴 여부를 결정하기 위한 국민투표를 2016. 6. 23 실시했다. 국민투표 최종 결과는 탈퇴 찬성이 51.9%, EU 잔류가 48.1%로 드러났다. 스코틀랜드, 북아일랜드 지역에서는 잔류의견이 우세했지만 인구수가 많은 잉글랜드 지역에서 탈퇴 찬성이 많았다. 자세한 내용은 다음 인터넷 주소를 참고하기 바란다.
https://www.bbc.com/news/politics/eu_referendum/results

2 브렉시트 이후에 영국인의 선택이 잘된 것인지 잘못된 것인지에 대한 여론조사를 실시하고 있다. 2022. 11월 조사에는 잘못되었다는 의견이 52%, 잘된 결정이라는 의견(35%)보다 훨씬 높아졌다. 자세한 내용은 아래 인터넷 주소를 참고하기 바란다.
Published by Statista Research Department, Nov 8, 2022
https://www.statista.com/statistics/987347/brexit-opinion-poll/

3 영국에서는 두 번의 인클로저 운동이 일어났다고 한다. 1차 인클로저 운동으로 중세 영주가 통치하던 시절에도 보장됐던 '공유지'가 사라지고, 당시에 농노 신분에 불과하던 농부들은 자신들의 경작자에서 쫓겨났다. 이런 사태를 토마스 모어는 그의 명저 '유토피아'에서 "양들이 인간을 잡아먹었다"고 비난했다.

4 축산용 목초지 면적은 늘어나는 추세를 보이고 있다. 2010년 전체 경지면적의 37.5%에 달하는 590만 ha로 2000년 대비 714,360ha가 증가했다. 반면에 방목지 면적은 감소하는 추세이다. 2010년에는 380만 ha를 기록했는데 이는 10년 전보다 347,190ha가 줄어든 수치이다.

5장

주요 회원국의 독특한 농업과 먹거리 사례

〈미래 유럽의 먹거리 보고(寶庫) 폴란드 농업〉

5.5. 미래 유럽의 먹거리 보고(寶庫) 폴란드 농업

요안나 씨! 2004년 5월 유럽연합의 회원국이 25개국으로 늘었는데요. 그 당시 새로운 회원국으로 EU에 합류한 10개국 중 국토면적, 인구수, 경제 규모 등으로 볼 때 가장 큰 나라가 어딜까요?

이번에는 좀 쉬운 질문인데요. 폴란드가 확실한 정답이거든요. 브뤼셀 시내에서 한국 식당을 운영하던 어떤 분과 가깝게 지냈는데요. 그분은 폴란드 바르샤바 인근에 한국식당을 하나 더 운영했어요. 브뤼셀에서 약 1,400km 떨어진 먼 거리를 본인이 직접 자동차를 몰고 자주 다녀오시면서 그곳 소식을 가끔 전해주었거든요. 폴란드는 땅이 엄청 넓다고 했어요. 그래서 채소와 과일을 비롯한 다양한 농산물은 말할 것 없고 쇠고기와 돼지고기, 유제품 등이 많이 생산된다고 했어요. 먹거리가 풍부하고 주거비와 생필품 가격이 서유럽 국가에 비해 훨씬 싼 편이라 한국인들도 그곳에서 생활하는 데 큰 어려움을 느끼지 못하고 잘 산다는 이야기를 자주 했거든요.

너무 쉬운 질문을 했네요. 모든 통계자료에 나타나는 수치로 비교해도 폴란드가 가장 큰 나라이거든요. 그런데 오랫동안 폴란드에 대한 선입견이 좋지 않았어요. 이유가 있어요. 폴란드가 EU의 신규 회원국으로 합류하기 1년 전부터 폴란드 농업관계자와 가까운 인연을 맺을 수 있었어요. 당시에 근무하던 좁은 사무실 바로 앞쪽에 아주 넓은 면적의 사무실을 폴란드에서 파견된 농민단체 및 농업협동조합 전문가들이 사용했어요. 한동안 서로 호기심을 보이면서 농업 관련 이야기뿐만 아니라 다양한 주제로 자주 대화를 나누고 잘 지냈어요. 반년이 되지 않아서 문제가 터졌지요. 아테네로 출장을 다녀온 어느 날 사무실에 있던 노트북이 사라졌거든요. 3년간 유럽 여러 나라를 방문하면서 찍은 사진 파일이 그 노트북에 들어 있었어요. 결국 누구 소행인지 밝혀지지 않았지만 꽤 오랫동안 가슴 속에 원한으로 남아 있었어요.

요한 씨가 또 한 번 아픈 추억을 꺼내는군요. 누구에게도 화풀이하지 못하고 혼자 극복하느라 엄청 답답하고 힘들었겠는데요. 그래서 한동안 열정적으로 찾아다녔던 농촌지역 방문을 그만뒀지요. 어떤 때는 아름다운 농촌풍경을 보더라도 그냥 지나치고 사진을 찍지 않았어요. 그저에는 아름다운 농촌풍경을 만나면 자동차 범퍼 위에 올라가서라도 사진을 찍었는데요. ㅎㅎ

어쩌면 폴란드와의 첫 만남은 좋은 인연으로 시작되지 않았지만 그다음 해 사무실을 옮기면서 아픈 추억이 점차 희미해지고 사라졌어요. 2005년 가을에는 협동조합 행사에 참석하면서 폴란드 농촌을 잠시 둘러보았어요. 너무 짧은 일정이라 사과 농장 1곳만 다녀왔어요. 그때 찍은 사진이 몇 장 남아 있어요. 그 이후로 유럽 농촌의 아름다운 풍경이 담긴 작품 사진을 많이 모을 수 있었어요.

유럽 여러 나라에서 '국토의 정원사'인 농부들이 작물을 재배하고 가축을 기르면서 자연스럽게 연출하는 아름다운 농업과 농촌풍경을 찾아다니면서 사진기에 담았어요. 우리나라처럼 멀쩡한 논밭을 갈아엎어 꽃씨를 뿌리고 인공조형물을 만들어 억지로 만든 아름다운 농촌풍경과 차이가 많거든요. 그동안 깨끗하고 아름다운 농촌풍경은 인위적으로 만들어진 경관이 아니라 식량안보를 책임진 농부들이 일용할 먹거리를 생산하는 노력이 농촌경관과 어울려 자연스럽게 연출한 풍경이라 더 의미가 있다고 강조해왔어요.

요한 씨가 그동안 유럽 여러 나라를 둘러보면서 아름다운 농촌풍경을 창조한 국토의 정원사 역할을 자주 소개했는데요. 2004년 이후에 유럽연합 회원국으로 가입한 국가들과 그 이전 서유럽 15개국 농촌풍경을 비교하면 지금도 차이가 많이 난다고 했던 것 같은데요. 폴란드는 어떤가요?

몰타와 키프로스를 빼고 대부분의 신규 회원국 농촌지역을 다녀왔는데요. 여전히 차이가 나는 것을 느낄 수 있어요. 그래도 폴란드, 슬로베니아 농촌은 상당히 관리가 잘 되어 서유럽과 큰 차이가 나지 않아요. 그동안 어떻게 변했는지 폴란드 농촌 사례부터 소개할게요.

우선 폴란드 국가 개황과 농업현황부터 간략하게 살펴보고 시작할게요. 앞에서 말했듯이 2004년 EU 회원국으로 가입한 10개국 중에 폴란드가 가장 큰 나라예요. 국토면적은 한반도보다 1.4배 큰 312,683km²인 반면에 인구수는 대한민국보다 적은 약 4천만 명 수준이라 인구밀도가 낮아요. 아직까지 유로화를 사용하지 않고 자국 화폐인 즈워티(Zloty)를 사용해요.*

농업부문의 경쟁력 또한 신규 회원국 중에 가장 높은 수준을 유지하고 있어요. 3,000만 ha에 달하는 국토면적의 절반인 1,442만 ha를 경지면적으로

---

* 폴란드는 EU 가입이후에도 자국 화폐 즈워티를 사용하고 있는데, 2022년 10월 말 기준 환율은 1유로(달러) ≒ 4.5즈워티 수준이다.

이용할 수 있는데 실제로 국토면적의 35.7%(1,092만 ha)를 농지로 이용하고 있어요. 폴란드는 넓은 농지를 이용하여 다양한 먹거리를 생산하고 있는데 2014년 연간 농산물생산액 기준으로 유럽연합 회원국 중에 프랑스, 독일, 이탈리아, 스페인, 영국, 네덜란드에 이어 7위로 농업강국 중 하나예요.

폴란드는 아직까지 농가 수가 너무 많아요. 전체 농가 수가 이탈리아보다 많은 140만 호에 달해요. 농가당 평균 농지면적이 서유럽국가의 1/3수준에 불과한 가장 큰 이유는 농가 수가 절대적으로 많기 때문인데요. EU 회원국으로 가입한 이후로 규모화가 진행되고 있지만 여전히 농가당 평균 농지면적은 10ha 수준에 머물러 있어요. 뿐만 아니라 소농과 대농이 차지하는 농지면적의 불균형이 서유럽국가보다 더 심한 실정인데요. 따라서 시간이 지날수록 소농이 자연스럽게 농업을 포기하고 이농하는 형식으로 구조조정이 가속화될 것으로 보여요. 2014년 기준 농지 규모별 농가현황 자료를 보면 잘 나타나요. 폴란드 농가의 51%는 5ha 미만의 농지를 경작하고 있는데 이들 농가들이 경작하는 농지면적은 전체 농지면적의 12.7%에 불과해요. 반면에 폴란드 전체 농가의 5.2%를 차지하는 72,000호 농가는 평균 30ha 이상 농지를 소유하고 있어요. 이들 농가는 폴란드 전체 농지면적의 41.3%를 소유하여 소농과 대농이 점유하는 농지면적에 큰 차이가 나요. 프랑스 사례에서 소개했는데 폴란드가 소농과 대농 농지 점유비율 편차가 프랑스보다 더 크게 나타나네요.

유럽연합 사과 최대 생산국 폴란드

요안나 씨! 대형마트에 갈 때마다 신선한 과일과 채소를 판매하는 매장에 꼭 들르지요? 유럽 소비자들은 다양한 과일과 채소를 비교적 싼 가격으로 살 수 있다고 하는데요. 농산물을 판매하는 매장에서 가장 넓은 면적을 차지하는 품목이 뭔가요?

음~~~ 아무래도 소비자들이 가장 많이 찾는 품목일 텐데요. 대형마트의 청과와 채소를 판매하는 곳에는 사과, 배, 토마토가 비교적 넓은 면적을 차지해요. 그중에서 사과를 판매하는 공간이 가장 넓은 것 같아요. 요안나도 마트에 갈 때마다 사과는 빠뜨리지 않고 꼭 사 오거든요. 유럽 여러 나라에서 생산된 다양한 품종의 사과를 판매하는데 처음에는 어떤 품종이 맛있는지 구분하기 어려웠어요. 이제는 품종에 따라 어떤 맛이 나는지 가성비가 높은 품종이 어떤 것인지 쉽게 구분할 수 있어요.

그렇군요. 사과를 엄청 좋아하는가 봐요. 어떤 사과가 맛있고 가성비가 높은 품종인지 구분할 수 있을 정도라면 대단한 전문가인데요. 그러면 다른 질문을 할게요. 유럽연합 회원국 중에서 사과를 가장 많이 생산하는 나라가 어딜까요?

요한 씨 질문에 늘 함정이 있는데 이번에는 또 뭘까요? 아무래도 매장에서 가장 흔하게 볼 수 있는 사과 원산지 표기를 감안하면 프랑스나 이탈리아 중에 있을 것 같은데요. 물론 계절에 따라 자주 볼 수 있는 사과 원산지가 달라요. 아무래도 여름철에는 남반구에서 생산된 사과 물량이 많이 수입되니까요. 둘 중 하나가 정답이 아닌가요?

정답은 폴란드인데요. 유럽연합에서 사과생산량이 많은 국가의 순서는 1위가 폴란드로 연간 약 400만 톤을 생산해요. 2위는 약 250만 톤을 생산하는 이탈리아, 3위는 약 200만 톤을 생산하는 프랑스, 4위는 약 100만 톤을 생산하는 독일이 차지했네요. 폴란드가 유럽연합 회원국에서 사과를 가장 많이 생산하는 비결이 뭔지 궁금할 것 같은데요. 아무래도 요안나 씨와 폴란드 사과 주산지 몇 곳을 둘러보고 와야겠는데요.

우선 폴란드에서 사과가 재배된 역사부터 살펴봐야죠. 독일 와인을 중세 이후 교회 성직자들이 담근 것처럼 폴란드 사과 재배역사에도 비슷한 스토리텔링이 있어요. 유럽의 농업을 공부하면 나라마다 먹거리와 관련된 재미있는 일화는 물론이고 비밀이 많아요. 폴란드 사과도 예외가 아니니까요. 오늘날 세계 3위 사과 생산국인 폴란드에서 본격적으로 사과를 재배한 시기가 12세기로 거슬러 올라가네요. 폴란드의 남동부 지역에 있는 Sando-mierszczyzna 지역에서 처음 사과를 심었다고 하는데요. 여기에서도 벨기에 맥주와 독일의 와인이 탄생한 비밀과 비슷한 일화가 전해지는데요. 지금은 거의 재배하지 않는 2가지 사과 품종을 시스토회 수사(Cistercian monks)가 재배를 시작했다고 전해온다네요.

폴란드는 세계 3위 사과 생산국인데요. 1위와 2위 국가는 어딜까요? 땅이 넓고 인구가 많은 중국과 미국이 사과 생산 1, 2위 국가인데요. 연간 생산량 단위가 3위보다 10배 많아요. 연간 생산량이 얼마나 될지 추정할 수 있겠네요. 폴란드가 연간 400만 톤 내외 생산하니까 쉽게 계산이 되죠.

요안나 씨! 좀 더 어려운 질문인데요. 폴란드 사과 과수원이 어디에 조성되어 있을까요? 우리나라에서는 사과 과수원이 주로 산자락에 위치하는데요. 국토의 절반을 경지면적으로 이용할 수 있는 폴란드에서는 우리나라처럼 높은 산이 보이지 않아요. 농경지가 평평하기 때문인지 심지어 폴란드에서는 전나무가 빼곡하게 심긴 산림지역이 평지에 조성되어 있어요. 사과 과

폴란드에서 사과를 재배하는 농가 또한 고생해서 생산한 사과를 제값받고 판매하는 일이 가장 힘들다고 했다. 저온창고 시설을 보면 과수원 규모가 제법 큰 농가인데 집 앞에서 직거래로 사과를 팔고 있었다. 사진에 보이는 잘 생긴 폴란드 농부와 협상 끝에 사과 2박스를 구입했다. 유로화를 폴란드 즈워티로 환전할 때 보여준 노련미는 오래 기억에 남을 것 같다.

수원도 예외가 아닌데요. 평평한 땅에 조성된 넓은 사과 농장을 보면서 어떻게 폴란드가 사과생산량 세계 3위국이 되었는지 이해가 되었어요. 일렬로 서 있는 사과나무를 앞에서 보면 끝이 보이지 않을 정도로 큰 규모로 조성된 사과 농장을 쉽게 찾을 수 있었어요. 놀랍게도 이런 사과 농장을 폴란드 행정수도 바르샤바에서 50km 이내로 가까운 곳에서 볼 수 있어요.

폴란드의 지킬박사 농업

요안나 씨! 과일은 어디서 먹어야 가장 맛있다고 느낄까요? 물론 분위기 있는 장소에서 과일을 먹으면 더욱 맛이 나겠지요. 대부분 과일은 잘 익었을 때 산지에서 따서 먹을 때가 가장 맛이 있다고 하네요. 요즘은 저장기술이 발달해서 과일을 오랫동안 보관해도 수확할 당시와 똑같은 맛을 언제든지 즐길 수 있지요. 그런데 폴란드 사과 주산지에서 아침 일찍 맛본 사과 맛은 어떻게 평가할 수 있을까요? 사과 농장주 집 앞에서 직거래로 판매한 두 가지 품종 중에 평소 마트에서 사과를 고를 때 맛있던 품종을 생각하고 비슷한 것을 골랐거든요. 그런데 친절한 농부가 차를 타고 가며 맛보라고 준 다른 품종의 사과를 한 입 먹고 난 뒤에 마음이 바뀌어서 다시 농가를 찾아갔던 기억이 생생하네요. 덩달아 맛있는 폴란드 사과를 마음껏 먹을 수 있어서 좋았지요. 집 앞에서 오가는 방문객을 상대로 사과 직거래를 하던 그 농부는 장사에 탁월한 재능을 가져서 절대 손해 보는 거래는 하지 않겠던데요.

요한 씨 설명을 들으니 과일을 맛있게 먹는 방법까지 공부가 되네요. 앞으로 과일을 고를 때마다 이번 경험을 잘 활용할게요. 마트에서 사과, 배, 오렌지 등 과일을 고를 때 실수하지 않지만 아보카도나 바나나처럼 후숙시켜야 맛이 제대로 나는 과일은 잘못 골라 버리는 경우가 종종 있어요. 좋은 방법이 있을까요?

과일 고르는 방법은 시간 날 때 한번 더 같이 공부하기로 하고요. 폴란드 농업공부 아직 안 끝났거든요. 진도 나가야죠. 요안나 씨는 짧은 기간 폴란드를 둘러보면서 가장 부러웠던 점이 뭔가요?

글쎄요. 이 질문에도 뭔가 다른 대답을 기대하는 분위기인데요. 폴란드의 광활하고 넓은 농경지를 본 느낌보다 아무래도 아름답게 잘 가꾼 농촌풍경을 어떻게 봤는지 물어보는 것 같은데요. 주마간산(走馬看山)이라 좀 그렇기는 했지만요. 폴란드 농촌풍경이 독일의 농촌풍경과 차이를 느끼지 못할 정도로 잘 관리되고 있다는 생각이 들었어요.

딩동댕~~~ 일단은 정답을 바로 맞혔으니까 박수를 보내고요. 그래도 아직 섬세한 부분까지는 독일만큼 잘 가꾸고 있다고 생각되지는 않았지만 지난 10년간 폴란드 농촌풍경이 많이 바뀐 것은 분명해 보였거든요. 유럽연합 회원국으로 가입하기 전 5년 동안 EU가 예산을 지원했던 가입후보국 지원 프로그램(SAPARD)으로 실시한 농민교육과 농촌환경개선 성과보다 공동농업정책 울타리 내에 들어가서 이룬 효과가 더 큰 것 같았거든요.

요한 씨가 또 무슨 프로그램 이야기를 하면 이해가 잘 안되니까 좀 더 자세한 설명을 해주세요. 새로 가입한 회원국 중에 폴란드가 경지 규모가 가장 넓고 농가 수가 두 번째로 많았으니까 유럽연합의 공동농업정책(CAP) 예산으로 지원하는 보조금이 많았겠죠. 그 정도는 이해가 되는데요. 보조금을 많이 준다고 짧은 기간에 폴란드 농촌풍경이 대부분 서유럽국가의 농촌과 비슷하게 아름다운 모습으로 바뀌나요?

물론이지요. 유럽연합에서 지원하는 직불금과 폴란드 정부가 추가로 지급할 수 있는 다양한 지역개발예산을 활용하여 오늘날 폴란드 농촌풍경이 서유럽국가에서 쉽게 볼 수 있는 아름답게 잘 가꾸어진 농촌모습과 비슷한 수준으로 바뀌게 되었다고 확신하는데요. 오늘날과 같은 성과를 내게 된 가장 큰 공은 물론 폴란드 농부들이 국토의 정원사 역할을 제대로 한 때문이지요. 그리고 EU의 공동농업정책이 직접적인 영향을 끼쳤다고 생각해요. 특히 농

폴란드에서 만난 가을철 해바라기는 봄철에 핀 꽃만큼 아름답지 않지만 1년 내내 국토를 정원처럼
아름답게 연출하는데 기여할 수 있는 품목이라고 생각한다.

부들이 의무적으로 지켜야 하는 모범영농기준은 물론이고 양질의 토양 유지, 환경보전과 국토관리, 동물복지, 기후변화 방지 등 구체적인 의무사항이 명시된 **상호준수의무**(cross-compliance)를 지킨 결과이고요. 가을에 유채와 해바라기를 심어 아름다운 농촌풍경을 연출한 사례는 인상 깊게 남아요.

폴란드 농촌지역을 둘러보면서 한 가지 더 부러웠던 점은 산림자원이 잘 관리되는 점이었어요. 특히 고속도로 양옆으로 조성된 전나무 숲은 독일의 산림자원보다 관리가 더 잘 된 느낌을 주었어요. 미래세대를 위한 폴란드 정부의 원대한 국토개발 그림과 산림지역을 잘 관리해 온 국토의 정원사가 함께 만든 작품이 아닐까 생각되었어요. 폴란드로 이주해서 살고 싶은 마음이 들게 만든 잘 가꾸어진 산림자원은 앞으로 반드시 지켜야 할 폴란드 지킬박사 농업의 미래라는 느낌이 들었어요.

폴란드에서는 농업장관이 부총리를 겸임하고 있다

Mr. Henryk Kowalczyk 현 폴란드 농업장관은 5명의 부총리 중 한 명이다. 그는 바르샤바 대학 수학과를 졸업하고, 지방의 모 농업고등학교에서 교사로 근무한 경력이 있다. 정치에 입문한 이후 능력을 인정받아 재무장관을 비롯한 다양한 중책을 맡았다. 폴란드에서 농업의 중요성을 잘 알고 국토를 제대로 관리할 수 있는 인물이 농업장관으로 임명되는데 최근에는 부총리를 겸임하고 있다.

주

1 2014년 기준으로 폴란드는 사과, 당근, 양배추, 커런트, 라이밀, 버섯(유럽 원산 송이과 식용버섯) 품목을 가장 많이 생산하는 국가이다. 또한 호밀, 귀리, 딸기의 두번째 생산국이며, 곡물, 사탕무, 유채, 양파, 감자, 유제품(우유, 치즈, 버터), 토마토, 담배 등 품목의 주요 생산국이다.

2 폴란드 농가의 평균 농지면적은 2002년 5.8㏊에서 2011년 9.1ha, 2014년 10.3ha로 지속적으로 늘어나는 추세를 보여준다. 그러나 호당 평균 농지면적의 규모화에도 불구하고, 대농과 소농이 차지하는 농지면적의 불균형이 뚜렷하게 나타나고 있다.

3 폴란드에서 사과를 재배하기 시작한 역사는 아래 인터넷 주소의 자료를 참고하여 정리했다.
https://keytopoland.com/post/all-about-apples-in-poland
Apples have been grown in Poland since the 12th century. Sandomierszczyzna is located in south-eastern Poland and is the oldest orchard region in the county. The orchards here were cultivated by Cistercian monks. The oldest variety of apples grown were reinettes and kosztele, which are now considered very rare.

4 중동부 유럽 10개국 대상으로 EU 회원국 가입 이전 지원 프로그램. 자세한 내용은 SAPARD (Special Accession Programme for Agriculture and Rural Development) was a financial assistance program established in June 1999 by the Council of the European Union to help countries of Central and Eastern Europe deal with the problems of the structural adjustment … https://www.bing.com/search?q=sapard&qs=UT&pq-sapard&sk=LTI&sc=10-6&cvid=CE27D97408DE4A7C8AD06F5B3507B2A1&FORM=QBRE&sp=2)

5장

주요 회원국의 독특한 농업과 먹거리 사례

〈기후변화 실감나는 스페인 농업〉

5.6. 기후변화 실감 나는 스페인 농업

요안나 씨! 유럽에서 지낼 때는 신선한 채소와 과일을 주로 어디에서 구입했나요? 가족의 건강을 챙기는 주부들은 일용할 양식과 생필품을 사기 위해 수시로 마트에 가야 하는데요. 아무래도 장 보는 시간을 절약할 수 있고 할인행사 정보를 수시로 보내주는 대형마트를 자주 이용하게 되겠죠. 요즘은 마트끼리 경쟁이 치열해서 추가로 고객 확보를 위한 노력은 물론이고 단골 고객 관리에 정성을 들이는 마트가 늘어나는데요. 어쩔 수 없이 서비스가 더 나은 대형마트로 발걸음을 돌린다고 하는데요.

그렇지요. 요한 씨가 말한 대로 매장에 진열된 상품이 눈에 잘 들어오고 어디에 어떤 품목이 있는지 잘 아는 마트에서 장을 보게 되는데요. 그런데 대형마트에 가보면 수시로 매장에 진열된 상품의 위치를 변경하여 헷갈리게 만들어요. 일 년에 한두 번은 매장 진열을 완전히 바꾸어 놓은 경우도 있고요. 고객들이 식상하지 않게 새로운 분위기를 연출하여 더 많이 구입하게 만드는 판매전략일 수 있겠다는 생각이 들어요. 어쩌다 한번 들리는 마트에서 장을 보게 되면 찾는 상품을 어디에 진열했는지 몰라서 장을 보는 데 시간이 더 많이 걸리거든요. 다행히 신선 농산물 매장은 공간 자체를 완전히 바꾸는 경우는 적어요. 계절별로 고객이 선호하는 농산물은 신선 농산물 코너 가장 가운데 부분을 차지하는데요. 계절별로 유럽의 주산지에서 생산하는 신선 농산물의 품질이 다르기 때문에 원산지가 표기된 라벨을 수시로 확인해요. 그래서 신선 채소와 과일을 어디에서 구입하느냐는 요한 씨 질문은 '마트에서 이들 품목을 구입할 때 계절에 따라 원산지를 어떻게 확인하느냐'로 이해가 되는데요.

ㅎㅎ 우문현답(愚問賢答)이 따로 없네요. 이번에 소개할 내용과 연관되는데요 안나 씨가 핵심을 찔렀거든요. 최근에 기후변화가 스페인의 농산물 생산에 어떤 영향을 끼쳤는지 벌써 실감 나는 품목이 나타나거든요. 그동안 날씨가 따뜻한 스페인에서 생산된 다양한 채소와 과일이 중서부 및 북유럽 시장에 많이 공급되었는데요. 아무래도 스페인 농산물을 중서부 및 북유럽까지 보내려면 장거리 수송으로 인한 물류비용이 만만치 않았는데요. 그래도 지금까지는 가격경쟁력이 있었어요. 기후조건이 중서부 유럽이나 북유럽과 차이가 많이 나서 스페인의 농산물 생산비가 훨씬 낮았거든요.

그런데 최근에 많은 변화가 생겼네요. 무게가 많이 나가고 저장기간이 길지 않은 멜론, 수박, 딸기, 가지 등 과채류는 앞으로 남부유럽에서 중부유럽으로 주산지가 바뀔 것으로 전망되거든요. 가장 대표적인 품목이 딸기와 멜론인데요. 벨기에 원예협동조합 경매장(BelOrta)을 방문했을 때 이 두 품목의 생산량이 크게 늘어난 사실을 알게 되었어요. 실제 벨기에 까르푸, 델레즈 등 대형마트는 물론이고 규모가 작은 식품점에서도 벨기에산 딸기와 멜론을 쉽게 살 수 있거든요. 맛은 어떨까요? 그동안 기후조건이 유리한 스페인산 딸기와 멜론은 당도가 높고 식감이 좋아서 중서부 및 북유럽 소비자들이 선호했어요. 그런데 벨기에산 딸기와 멜론의 맛이 스페인산과 비교해서 거의 차이가 나지 않았어요.

최근 기후변화로 인해 농업부문의 피해 사례가 전 세계적으로 발생하여 지구촌의 심각한 문제로 등장했는데요. 남부유럽에서는 봄철에서 여름철까지 지속된 가뭄으로 인한 피해가 심했어요. 다양한 과일과 채소를 생산하여 전 세계로 공급해 온 스페인의 피해가 아주 심하다고 하는데요. 특히 올리브는 스페인이 전 세계에서 가장 많이 생산하는 품목인데요. 2022년에는 기후변화로 인한 심각한 가뭄 피해로 수확량이 전년의 절반 수준으로 대폭 줄어들 것으로 전망해요. 이 때문에 올리브유 가공용 올리브 가격이 전년보다 10배 이상으로 폭등했다고 하네요.[1]

기후변화는 유럽의 다른 나라에도 영향을 많이 주었는데요. 앞에서 잠깐 소개했듯이 벨기에 농부들이 스페인산을 대체할 수 있는 딸기와 멜론을 많이 재배한다고 했지요. 물론 벨기에서 딸기를 재배한 지는 오래되었는데요. 요즘같이 생식용으로 먹는 딸기가 아니라 케이크에 장식용으로 사용하거나

벨기에 사람들이 즐기는 딸기를 이용한 요리: 티라미수와 딸기 케이크

딸기 티라미수를 만들 때 많이 소비했는데요.[2] 어쩌면 이런 품종의 딸기는 지금까지 '눈으로 먹는 과일'로 사용된 가장 대표적인 사례로 볼 수 있어요. 이런 용도로 이용한 딸기는 맛이 중요한 것이 아니라 일단 단단하고 모양이 좋아야 최상품으로 인정을 받을 수 있거든요.

지금까지 벨기에서 생산된 딸기는 우리나라 사람들이 주로 소비하는 딸기 품종과 달리 당도가 낮을 뿐만 아니라 맛이 없어서 별로 좋아하지 않았어요. 우리가 디저트용으로 주로 먹는 딸기는 당도가 높고 식감이 부드럽지만 케이크 장식용 딸기는 아주 크고 잘생긴 모양과 달리 싱겁고 밋밋한 맛을 느낄 수 있었거든요. 그래서 한동안 벨기에 소비자들은 생식용 딸기는 스페인에서 재배한 품종을 선호했어요. 딸기는 중서부 유럽국가에서 재배한 지 오래된 품목이지만 멜론은 그동안 남부유럽에서 주로 재배되었어요. 기후변화로 인해 몇 년 전부터 벨기에 농부들이 멜론을 재배하기 시작했는데요. 물론 노지에서 재배하는 것이 아니라 소비자가 선호하는 품질의 멜론을 생산하기 위해 비닐하우스나 유리온실에서 재배한다네요. 기후변화는 앞으로 스페인에서 과채류를 재배하는 농부에게 직접적인 피해가 될 것 같네요. 이를 어쩌지요?

요한 씨 설명을 들으니 기후변화의 영향이 심각하네요. 2022년산 스페인의 올리브 수확량이 절반으로 떨어져 올리브유 가공용 올리브 가격이 작년보다 10배나 폭등했다고 하니 주부들은 무엇보다 장바구니 물가부터 걱정이 되는데요. 전문가들이 앞장서 하루라도 빨리 대책을 마련해야 하지 않을까요?

그렇지요. 그동안 농업 관련 공부하기도 바빴는데 앞으로는 지구를 생각해서 기후변화까지 걱정해야 하네요. 요안나 씨와 함께 실천할 수 있는 아주 작은 일부터 찾아볼까요? 제일 현명한 방법 중 하나가 아닐까 생각하는데요. 아마 많이 들어본 내용이겠지만 소개할게요. '적게 먹고, 적게 사용하고, 적게 싸는 생활'을 실천하면 되지 않을까요? 평소에 누구 주장인지 잘 알고 있거든요. 모든 사람이 함께 실천하면 큰 변화가 일어날 것으로 믿어요.

순례길(부엔 까미노)에서 만난 행복한 스페인 소

잠시 주제를 바꿔 최근에 스페인을 다녀온 분의 이야기를 소개할게요. 당연히 스페인 농업과 관련된 이야기를 할 텐데요. 요안나 씨! 부엔 까미노(Buen Camino)라고 들어봤지요? 우리나라 사람에게 '산티아고 가는 길'로 잘 알려진 스페인 북쪽에서 남쪽으로 800km 넘는 순례길인데요. 지금까지 많은 분들이 다녀와서 경험담을 다양한 책으로 소개했거든요. 책을 읽으면 누구나 한 번쯤 부엔 까미노 순례길을 다녀오고 싶다는 충동이 생긴다고 하네요.

그래서 잘 아는 분이 순례길에서 마주친 스페인 농촌풍경을 보고 느낀 점을 페이스북에 올린 내용을 소개할까 해요. 순례길에 마주친 소나 말이 넓은 목초지에서 한가롭게 풀을 뜯는 모습을 보니 스페인에서 기르는 가축은 행복하겠다는 느낌이 들었다고 하더군요. 반면에 우리나라 소들은 축사에 가둬 사육하고 있어서 바깥 구경도 제대로 못 하고 주는 사료만 먹고 살만 찌우고 있어서 불쌍한 마음이 든다고 하더군요.

SNS로 소통하는 시대를 살면서 좋은 관계를 유지하려면 누군가 페이스북 소식으로 전하면 짧게라도 답글을 달아야 인간미가 넘치는 세상을 만들 수 있다고 해서 의견을 달았어요.

〈부엔 까미노 순례길에 만난 행복한 스페인 소〉

부엔 까미노 완주를 축하합니다. 순례길에 마주친 스페인 농촌풍경과 그곳 농부의 삶과 모습은 어떻게 와 닿았는가요?

글쎄요. 밖에서 일하는 농부를 거의 못 본 것 같은데요. 트랙터에 제대로 숙성된 듯이 보이는 거름을 초지로 옮기는 농부의 모습을 몇 번 보았고요.

나지막한 산마다 소와 말이 저희들끼리 평화롭게 풀을 뜯는 것을 보니 우리나라 소가 불쌍하다는 생각이 들더군요~~~~

특이한 점은 스페인 동부 끝에서 서부 끝까지 산길 들길 찻길가에 밤, 도토리가 수북하게 쌓여 있는 모습을 자주 보았는데요. 수확하지 않고 그냥 내버려 두는 것 같기도 하고요. 오며 가며 길가에 떨어진 생밤을 몇 개씩 주워서 간식으로 잘 먹었습니다…

사과, 배 등 과일나무에도 열매가 많이 달려 있는데도 안 따고 그냥 놔둬서 땅바닥에 뒹구는 것을 보니 아깝다는 생각이 많이 늘더군요. 아무튼 순례길에 가끔 들린 가게에서 파는 과일이 우리나라와 비교하면 엄청나게 싸서 꽤 많이 사 먹었습니다…

행복하지 못한 소비자

사육환경을 비교하면 당연히 우리나라 소가 불쌍해 보이는데요.

문제는 전혀 다른 방식으로 사육하며 생산하는 쇠고기를 대한민국 소비자들이 언제까지 맛있다고 하면서 먹어야 하는지가 더 고민거리입니다.

스페인과 우리나라에서 소를 사육하는 환경을 비교하면 당연히 우리나라 소가 불쌍하게 보이는데요. 앞으로 더 큰 논란이 될지 모르지만 '대한민국 한우가 만들어 낸 마블링된 쇠고기가 최고'라고 소비자들에게 언제까지 홍보할 수 있을지 고민된다고 답글을 달았지요. 대한민국 소비자들에게 언제까지 한우가 최고라고 할 것인지 더 고민거리로 등장할 것이라고 했거든요.

요즘 젊은 세대는 우리에 가두어 사료를 먹여 사육한 한우가 창조하는 지방층이 두껍게 마블링된(++) 쇠고기를 그렇게 선호하지 않는다고 하거든요. 비싼 가격은 두말할 것도 없고요. 가성비 때문인지 대형마트의 식육코너에서 한우 쇠고기보다 수입산 쇠고기를 찾는 고객이 많이 늘었다고 하네요. 쇠고기 소비량이 증가할수록 외국에서 수입하는 쇠고기 물량이 덩달아 늘어나는 추세를 보이고 있어요. 한우를 사육하는 축산농가를 위해서라도 매년 증가하는 수입산 쇠고기와의 경쟁에서 이길 수 있는 방안과 대책이 절실한데요. 앞으로 사육농가의 생산비 절감방안과 함께 안정된 농가소득 보장을 위해서라도 더 많은 연구와 고민이 필요할 것으로 생각되네요.

아는 분이 순례길에 스페인 농부들과 직접 마주친 적이 없었다고 했어요.

잘생긴 한우 모습과 한국식 동물복지 현장

유럽식 가축이 행복한 사육환경

농부를 쉽게 볼 수 없는 이유가 있어요. 요즘은 대부분의 농작업을 기계로 하니까 농부들이 실제로 작업하는 모습이 잘 드러나지 않거든요. 2000년대 이전까지는 광활한 목초지에 가축을 사육하고 넓은 경작지에 작물을 심고 관리하기 위해 스페인에서도 150만 호에 달하는 많은 농부들이 있었어요. 그런데 가축은 목초지에 방목하면서 기르니까 관리하는 농부가 잘 드러나지 않지요. 최근 다른 회원국과 마찬가지로 스페인에서도 농가 수가 크게 줄어 그 넓은 면적의 농경지를 100만 호가 안 되는 국토의 정원사가 관리해요.

스페인 지킬박사 농업: 올리브 농장과 이베리코 돼지

요안나 씨! 언젠가 스페인 안달루시아 지역을 여행할 때 보았던 올리브 농장을 기억하나요? 광활한 농경지에 꽉 들어찬 올리브 나무를 보면서 장관이라고 했는데요. 그러면 스페인의 지킬박사 농업으로 대표적인 올리브 농업을 소개할게요.

2000년 초에 스페인 오렌지 농장과 올리브 농장을 둘러보았는데요. 올리브 농장과의 첫 만남은 안달루시아 지역을 차를 타고 이동하며 끝없이 펼쳐진 올리브 농장을 보았을 때였어요. 광활한 규모에 놀라 벌어진 입을 다물 수 없었지요. 전 세계에서 생산하는 올리브의 절반이 왜 스페인에서 생산되는지 이해할 수 있었거든요. 스페인의 올리브 재배농장은 40만 개에 달하고, 이들 농장에서 올리브를 재배하는 면적은 250만 ha가 넘는다고 하네요.

그런데요. 스페인의 올리브 농장에서도 대표적인 하이드 농업 사례가 자주 등장하는데요. 올리브 수확 작업에 필요한 인력을 북아프리카에서 불법으로 넘어온 사람들로 고용하거든요. 저임금으로 인한 노동착취 문제는 물

스페인 안달루시아 지역 올리브 농장

론이고 올리브 농장에서 발생하는 불미스러운 문제가 한두 가지가 아니어서 자주 스페인의 사회문제로 드러난다고 하네요.

스페인은 1986년 뒤늦게 유럽연합 회원국으로 가입했어요. 회원국으로 가입한 이후에는 농업부문의 구조조정은 물론이고 생산농가를 대상으로 환경보호, 동물복지, 식품안전 등 까다로운 유럽연합의 모범영농기준(GAP)을 준수하도록 교육을 많이 했거든요. 그런데 농촌현실은 꼭 그렇게 좋은 쪽으로 변화되지 않아 안타깝다는 생각이 드네요.

스페인 농촌풍경은 중서부 유럽국가의 모습과 다르게 보였어요. 자연 그대로의 광활한 면적에 단일 작물이 재배된 모습은 어찌 보면 좀 엉성하고 제대로 관리되지 않았거든요. 중서부 유럽국가에서 볼 수 있는 관리된 농촌경관과 뚜렷하게 차이가 났어요. 앞으로 스페인 농촌풍경 또한 다른 유럽국가의 농촌처럼 깔끔하고 아름답게 가꾸어진 모습을 기대해요.

요안나 씨! 스페인 농업현황을 좀 더 소개할게요. 그래야 기후변화로 위기를 맞은 스페인 농업을 제대로 이해하고 앞으로의 대응방안을 이해할 수 있을 것 같은데요. 스페인 농업 관련 기본적인 통계자료는 주석에 소개하고 본론으로 들어갈게요.[3]

오늘날 전 세계에서 생산되는 올리브의 40%는 스페인에서 생산되고 있어요. 품목별 농가호수 기준으로 올리브를 재배하는 농가는 스페인 전체 농가의 21%를 차지하여 품목별 농가 비중이 가장 높아요. 스페인에서 가장 중요한 농산물인 올리브 농장에 대해서는 좀 더 살펴볼게요. 올리브 농장이 집중된 남부 안달루시아(Andalucia) 지역에는 전체 농가 수의 20%에 달하는 약 25만 호, 그다음이 중부지역(Castilla-la-Mancha)으로 약 12만 호, 발렌시아(Comunidad Valenciana) 지역이 약 12만 호로 이들 3개 주가 스페인 전체 농가의 절반을 차지하고 있어요.

2010년 스페인의 전체 경지면적은 국토면적의 47%에 달하는 23.7백만 ha에 달했어요. 이는 2000년의 26.1백만 ha에 비해 9.2% 감소한 것으로 2000~2010년간 스페인의 농지전용 비율이 유럽에서 가장 높은 것을 보여주고 있어요. 호당 평균 경지면적은 24ha로 유럽연합 회원국 중에서 낮은 편이에요. 호당 경지면적 100ha 이상인 대농은 5만 호 내외인 데 반해 2ha

미만인 농가는 30만 호가 넘어요. 스페인에서는 소농의 비중이 높아 호당 평균 경지면적 5ha 미만 농가 비중이 전체 농가의 절반이 넘지만 이들이 경작하는 농지는 전체의 5%에 불과해요. 반면에 전체 농가의 5%를 차지하는 100ha 이상 농가는 55%의 농경지를 경작하고 있어요. 스페인은 임차농의 비율이 39%이고 자가농지를 경작하는 비중이 61%로 높은 편인데요. 이는 프랑스, 독일과 비교하면 자가농지 경작 비중이 아주 높다는 것을 의미해요.

스페인에서 축산에 종사하는 농가 비중은 낮은 편인데요. 이는 소규모 축산농가 중심으로 대대적인 구조조정이 진행되었기 때문이에요. 유럽인들이 선호하는 먹거리를 생산하는 소와 젖소의 경우 사육농가와 사육두수가 다른 회원국보다 적은데요. 이는 스페인에서 대규모 목초지가 필요한 소와 젖소를 사육할 농업여건이 불리하기 때문이에요. 반면에 양은 2016년 기준으로 영국에 이어 2위로 15.96백만 두를 사육하고 있으며, 염소는 1위인 그리스 3.89백만 두에 이어 2위로 3.09 백만 두를 사육하고 있어요. 닭고기의 경우 사육시설 규제에도 불구하고 2016년 기준으로 1,524천 톤을 생산하여 생산량의 15%(20만 톤)의 닭고기를 주로 EU 회원국으로 수출하면서 수출물량의 60%에 달하는 12만 톤을 수입하고 있어요.[4]

그런데 돼지의 경우 스페인의 사육두수가 유럽에서 가장 많아요. 2016년 기준으로 29.23백만 두를 사육하여 2위를 기록한 독일(27.38백만 두)보다 2백만 두가 많고 3위인 프랑스(12.79백만 두)보다 16백만 두 이상 많은 돼지를 사육하고 있어요. 미국식 사육기술을 도입하여 공장식 농장에서 돼지를 주로 사육하기 때문인데요. 최근에는 중국 수출물량이 크게 늘어났다고 하네요.

스페인 지킬박사 축산: 이베리코 돼지와 하몽

최근 스페인은 연간 돼지 사육 두수를 3천만 두 이상으로 늘리면서 세계 3위의 돼지고기 생산국인데요. 오늘날 돼지를 사육하는 공장식 농장은 가장 대표적인 하이드 농업 사례로 등장하고 있거든요. 그래서 소비자들에게 스페인의 공장식 돼지농장의 하이드 농업 이미지를 불식시키기 위해 주로 이베리코 지역에서 사육하는 방목형 돼지농장을 크게 홍보하고 있어요.* 그런데 실제로 연간 이베리코(베요타 등급) 돼지고기와 하몽 생산량은 얼마 안 된다고 하네요.

---

* 스페인 이베리코 반도에서 주로 사육되는 돼지로 사육 기간과 방식, 먹이에 따라 3가지 등급 (베요타, 세보 데 캄포, 세보)으로 구분한다. 이베리코 베요타는 100% 순종 이베리코 돼지를 17개월 이상 사육, 3개월 이상 방목을 한 돼지로 만든 하몽을 말한다. 방목하는 동안 야생 도토리, 밤 등을 주워 먹고 자라기 때문에 특유의 풍미와 육질이 좋아 비싸게 팔린다고 한다.

1 글로벌 기후변화로 인해 스페인 농업부문에 큰 피해가 발생했다. 2022년에는 봄철부터 여름철까지 지속된 가뭄으로 인한 올리브 농장의 피해가 가장 심한 것으로 드러났다. 가뭄으로 인한 올리브 농장의 피해가 지속되면 앞으로 20만 개 농장이 사라질 것으로 전망하고 있다. 추가 내용은 아래 인터넷 주소에서 소개된 정보를 참고하기 바란다.
https://abcnews.go.com/International/wireStory/drought-tests-resilience-spains-olive-gro-es-tanners-22786688

2 티라미수는 어린이들이 특히 좋아하는 요리이다. 베를린에서 지내던 조카 딸이 벨기에 왔을 때 에피소드가 있어서 잠시 소개한다. 육류를 비롯한 맛있는 요리를 먹을 때는 딴청부리고 있다가 디저트로 티라미수 요리가 나올 때는 요안나 씨를 찾았다고 한다.

3 스페인의 주요 농산물 생산실적을 보면 유럽인들이 가장 많이 소비하는 6대 채소 및 과일 품목 중에 생산량 10위 이내 품목이 모두 포함될 정도로 채소와 과일 생산량이 많다. 2016년 기준으로 채소류 중에서 생산량이 가장 많은 품목은 토마토인데 1위인 이탈리아(5,991천 톤)에 이어 2위로 5,234천 톤을 생산했다. 양파는 1위인 네덜란드(1,449천 톤)에 2위로 1,408천톤을 생산했어요. 당근은 생산량 7위로 405천 톤을 생산했다. 그리고 유럽에서 생산되는 과일 중에 생산량이 가장 많은 사과는 스페인이 5위로 621천 톤을 생산했다. 오렌지와 복숭아는 1~2위 생산국이다. 오렌지는 유럽에서 생산된 전체 물량의 55%인 3,524천 톤을 생산하여 2위인 이탈리아(1,592천 톤 생산)와 큰 차이가 있다. 스페인은 유럽에서 포도 생산량 3위로 1위 이탈리아(7.2백만 톤), 2위 프랑스(6.2백만 톤)에 이어 전체 생산량의 24.5%인 5.8백만 톤을 생산했다.

4 유럽연합에서는 닭고기를 비롯한 축산물은 각국 소비자의 기호에 맞춰 이웃 회원국과 주고받기 수출입이 가능하여 수급조절에 유리하다.

5장

주요 회원국의 독특한 농업과 먹거리 사례

〈하이드 농업 변신 위험과 네덜란드 첨단농업〉

5.7. 하이드 농업 변신 위험과 네덜란드 첨단농업

요안나 씨! '강소농' 이야기를 할 때 네덜란드의 선진농업 사례를 잠시 언급했는데요. 농업에 조금이라도 관심이 있는 우리나라 사람들에게 '네덜란드 농업' 하면 가장 먼저 떠오르는 단어가 뭔지 물어보면 대부분은 유리온실로 답해요. 이는 그동안 네덜란드가 여러 나라에 보급한 최첨단 농업기술이 주로 유리온실과 관련되었기 때문인데요. 그런데 유리온실에서 재배하는 작물 중에서 경쟁력이 높은 품목은 손에 꼽을 수 있을 정도로 한정되어 있어요. 노지에서 재배할 때보다 단위면적당 생산성을 대폭 증가시킬 수 있는 품목 위주로 재배할 수밖에 없거든요. 대표적인 품목이 토마토, 파프리카, 딸기 등 과채류와 튤립, 베고니아, 국화 등 화훼류를 들 수 있어요. 이들 품목은 소매가격이 비교적 높게 유지되어 재배하는 농가 입장에서 판매할 때에도 유리한 면이 있어요. 쌀이나 밀, 보리, 옥수수 등 광활한 농지가 필요한 품목을 유리온실에서 재배할 수 없겠죠.

그런데 최근 기후변화 등으로 더 심각해질 우리나라 미래 먹거리 문제를 해결하기 위해 네덜란드식 스마트팜 시설을 대폭 확대한다고 하니 한편으로 걱정이 되네요. 지금까지 네덜란드에서 유리온실 경영을 제대로 하지 못해 파산한 농가들이 많거든요. 시설투자 비용이 만만치 않을 뿐만 아니라 유리온실에서 재배하는 품목 또한 시장에서 살아남기 위한 경쟁이 해가 갈수록 치열하기 때문이라고 하는데요. 21세기 네덜란드 유리온실 농가의 생존전략은 뒤에서 자세히 살펴보기로 하고 질문 하나 할까요?

유리온실이 네덜란드에 처음 도입된 시기가 19세기 중반이었거든요. 그러면 그 당시 농부들이 유리온실에 맨 처음 심은 농산물이 무엇일까요? 정답이 몹시 궁금했는데요. 알고 보니 전혀 예상외의 품목이더군요. 지금도 브뤼셀 시내에서 가까운 지역에 남아 있는 오래된 벨기에 유리온실에서 볼 수 있는 품목이라 조금은 이해가 되는 품목이거든요. 뭘까요?

이번 문제의 정답이 뭘지 요안나 씨가 고민하지 않도록 바로 답을 공개할게요. 정답은 포도라고 하네요. 네덜란드에서 유리온실이 최초로 건설된 시기가 19세기 중반이라고 했는데요. 그 당시 간척사업으로 네덜란드 남쪽에 새로운 땅이 많이 생겨났어요. 그래서 남부홀란드 지역 간척지를 중심으로 유리온실이 건설되기 시작했어요. 위도상으로 벨기에보다 약간 높은 지역인데요. 1850년경 건설된 온실에서 재배한 품목은 오늘날과 같은 화훼류나 채소류가 아니었어요. 그 당시 건설한 유리온실은 오늘날의 유리온실과 차이가 많았다고 하는데요. 무엇보다 벽돌로 기본적인 모양과 틀을 만들고 한쪽 면에만 유리를 씌우는 아주 간단한 구조로 건설되었다고 해요. 오늘날과 비슷한 형태의 유리온실은 20세기 들어와서 건설되기 시작했어요. 그때부터 기온이 떨어지는 겨울철에 난방을 시작했고요. 오늘날 네덜란드 남부홀란드 웨스트랜드 지역과 알스메어 화훼경매장 주변은 전 세계에서 유리온실 밀집도가 가장 높은 지역인데요. 20세기 후반기에는 네덜란드 동부지역에도 유리온실을 많이 건설했어요. 이는 네덜란드 원예농산물의 최대 수출시장인 독일과 지리적으로 가까운 장점을 활용하기 위해서라고 하는데요. 웨스트랜드 지역에서는 주로 토마토, 파프리카, 딸기 등 원예농산물을 재배하는데 알스메어 지역은 화훼류를 주로 재배하고 있어요. 이곳에서 생산된 농산물의 80%가 전 세계로 수출되고 있다고 하네요.

요안나 씨! 그런데 네덜란드 유리온실 농가는 다 잘 살까요? 네덜란드에서 유리온실 면적이 1만 ha를 넘어서게 된 시기가 언제였을까요? 두 가지 질문을 동시에 던진 이유가 있거든요. 2000년 처음으로 1만 ha를 넘어선 네덜란드의 유리온실 면적은 2010년 전후에는 17,000ha까지 증가하다가 그 이후로 매년 조금씩 줄어들어 2020년 말에는 15,000ha 내외로 줄었어요. 유리온실을 경영하는 농가 수 또한 2007년 1,500호가 넘었으나 최근에는 절반 수준인 830호 수준으로 대폭 줄었고요. 이에 따라 농가당 평균 유리온실 면적은 2ha 내외로 2배 이상 늘어났어요. 물론 이 기간에 채소, 과일 등 다른 품목의 농산물을 생산하는 농가 또한 비슷한 비율로 줄었어요. 2000년 뉴밀레니엄 시대로 접어들면서 유리온실 경영과 건설부문에 많은 변화를 가져왔어요. 유리온실 규모는 점차 대형화되고, 유리온실 내에 최첨단 혁신기술이 꾸준히 도입되면서 농장관리와 농작업이 대부분 자동화되었어요. 덕분에 유리온실의 생산성이 크게 향상되어 부가가치를 대폭 높일 수 있게 되었다고 하네요.

최근 네덜란드에 4,000개 유리온실이 운영되고 있는데요. 온실 1개당 평균 2ha 수준으로 이전보다 규모가 넓어졌어요. 건설비용은 어떤 자재를 많이 투입하여 건설하느냐에 따라 차이가 많이 나지만 ha당 유리온실 건설비용만 최소 10억에서 최대 20억 원이 들어간다고 하는데요. 땅값을 제외한 비용이라 네덜란드에서도 유리온실을 짓기 위해서는 농가에서 많은 비용을 조달하여 투입해야 하거든요.

요안나 씨! 네덜란드에서 유리온실 건설비용이 비싸다고 했는데요. 그동안 네덜란드 연수팀을 안내할 때미다 똑같은 질문을 했는데 매번 제대로 된 답을 얻지 못한 질문 중의 하나가 유리온실 건설 비용이에요.* 그 유명한 네덜란드 사람들의 더치페이(Dutch Pay)는 그동안 하도 많이 들어서 잘 알지만 구체적인 수치를 물어보면 왜 이상한 답을 하는지 아직까지 이해가 잘 안되거든요. 그래서 이번 질문은 '네덜란드 사람들은 왜 숫자가 나오는 답변을 할 때마다 매번 우문현답식으로 답할까'로 바꿀게요.

아무래도 이번 질문 정답 또한 곧바로 공개해야겠네요. 네덜란드 농가는 유리온실 건설에 필요한 자금을 네덜란드 협동조합 은행인 라보뱅크에서 대출을 받는데요. 대출 담당자에게 물어보면 오히려 컨설팅 담당자를 주선해주는 경우가 많았어요. 그러면서 농가에게 한꺼번에 모든 대출을 해주지

---

* 유리온실 건설비는 투입하는 자재에 따라 차이가 많은데 ha당 건설비용만 최소 10억 원 이상 들어간다고 한다. 네덜란드의 농지가격이 비싼 점을 감안하면 유리온실을 짓기 위해서는 농가들이 주로 이용하는 라보뱅크를 방문하여 대출을 많이 받아야 가능하다. 요즘은 유리온실을 건설하는 전문회사가 많이 생겨서 컨설팅 단계에 계산서가 바로 나온다고 한다. 최근 네덜란드에서는 유리온실을 전문적으로 설치하는 회사들이 사업영역을 확대하는 추세를 보이고 있다. 최신 시설을 디자인하는 것은 물론이고 구매, 제조, 설치부터 유리온실 자재의 보관 및 유통, 유리온실 경영 및 유지보수 서비스까지 확대하고 있다. 네덜란드에서 2010년 전후로 유리온실 농가 수가 크게 줄어든 이유 중의 하나가 최신형 유리온실 설치비가 비싸졌기 때문이라고 한다. 규모를 확대하여 살아남은 농가들이 있는 반면에 소규모 유리온실 농가는 구조조정이 불가피했다. 2014년 네덜란드 농협 LTO가 조사한 자료에 의하면 당시 전체 유리온실 농가의 15%는 추가로 투자할 여력이 없는 것으로 드러났듯이 네덜란드 농가에게도 유리온실 경영은 만만치 않은 것 같다.

않는다고 했거든요. 분명히 뭔가 이유가 있었던 것 같은데요. 나중에 알고 보니 네덜란드 농가들이 오늘날 평균 2ha 면적의 유리온실을 조성하는 데 많은 세월이 필요했더라고요. 로마는 하루아침에 이뤄진 것이 아니듯이 네덜란드 유리온실이 하루아침에 건설된 것이 결코 아니더라고요.

대부분 네덜란드 농가는 대를 이어 유리온실 면적을 조금씩 키워나갔더 군요. 라보뱅크 컨설팅담당자 또한 아무에게나 대출해주지 않는다고 했어요. 더구나 네덜란드 유리온실 농가는 젖소, 과일 등 다른 품목 농가에 비해 중앙정부와 지방정부의 보조금을 가장 적게 받았다고 하네요.[**] 우리나라 중앙정부 보조금이라 할 수 있는 EU 공동농업정책(CAP) 예산에서 지원하는 보조금 비율이 가장 낮은 분야가 유리온실 농가들이거든요. 뿐만 아니라 회원국 자체 예산인 네덜란드 정부의 지역개발예산으로 지원받는 보조금은 전혀 없다고 하네요. 그동안 유리온실 농가 대표를 만날 때마다 EU와 네덜란드 정부가 지원하는 보조금에 대한 질문을 빠짐없이 던졌는데 답변을 꺼리는 경우가 많았어요. 어떤 때는 유리온실 농가들이 네덜란드 정부를 비판하는 작은 볼멘소리라도 나오길 기대하며 질문을 던졌는데 그럴 때마다 보조금에는 관심이 없다는 식으로 답변을 의도적으로 회피하는 느낌을 받았어요.

[**] 유럽연합의 공동농업정책예산(CAP)으로 지원된 네덜란드 농업부문 보조금은 1980년대에 가장 많았는데 연간 20~40억 유로(약2.6~5.2조 원)에 달했다. 특히 1987~1989년에 연간 40억 유로 가까운 보조금을 받게 되어 우유의 과잉생산을 초래하는 원인이 되었다. 최근에도 연간 약 10억 유로(약 1.3조 원)의 보조금을 공동농업정책 예산으로 지원받고 있다. 자료: LEI Wageningen UR/GLB income Netherlands - rural development excluded - 『농부의 새로운 이름, 국토의 정원사』(글나무, 2021, p.121)에서 인용했다.

네덜란드 주요 농산물 품목별 보조금 비중 (단위: 유로, %)

품목별	농가소득	보조금	보조금 비율	비고
젖소농가	49,533	29,517	60	
소 사육농가	55,000	50,700	92	가장 높음
양돈농가	14,800	5,533	37	
산란계농가	25,800	7,733	30	
육계농가	66,700	11,683	18	
작물재배농가	68,917	31,250	45	
감자재배농가	81,650	59,650	73	
화훼(구근류)	125,750	5,883	4	가장 낮음
유리온실농가	174,850	24,083	14	소득 1위
과일농가	46,700	5,233	11	

주) 2010~2015년 평균

자료: LEI Wageningen UR / Experiences and lessons learnt in Dutch dairy farming
https://www.dutchfarmexperience.com

네덜란드 유리온실 농가의 생존전략

요한 씨! 경쟁이 갈수록 치열해지는 오늘날 네덜란드 유리온실 농가 또한 다양한 생존전략이 필요할 텐데요. 어떤 방법으로 위기를 극복하고 있는지 사례를 들어 설명해주면 독자들에게 도움이 될 듯한데요.

하나씩 소개하려고 했는데요. 가장 먼저 생산기지를 아예 국외로 이전하는 방안을 설명할게요. 네덜란드에서 원예농산물을 재배하는 농가를 중심으로 설립된 그리너리(Greenery) 농협의 사례인데요. 최근 이 원예농협의 많은 조합원이 생산기지를 국외로 옮기는 사례가 늘고 있거든요. 전문가들은 두 가지 이유 때문이라고 분석하는데요. 첫째가 네덜란드의 비싼 땅값과 유리온실 추가 설치에 많은 비용이 소요되어 온실 면적을 늘리기 어렵기 때문이고요. 둘째는 연중생산이 가능한 시스템을 구축하기 위해서라고 하네요.

대부분 대농인 이들 농가는 새로운 유리온실을 아프리카 북단에 위치한 모로코는 물론이고, 2004년 EU 회원국으로 합류한 헝가리, 폴란드 등 중동부지역 국가와 심지어 튀르키예에 설치했어요. 그동안 네덜란드에서 생산하던 시설을 국외로 이전하여 연중생산 가능한 시스템으로 농장을 경영하는 셈이지요. 그리너리(Greenery) 조합원이 국외에서 생산한 농산물도 자국산 농산물과 똑같은 혜택을 받으면서 농협 농산물 물류센터를 거쳐 EU 회원국은 물론이고 다른 지역으로 수출된다고 하네요. 이러한 변화를 가능하게 만든 첫 번째 요인은 네덜란드 정부의 제도적인 뒷받침을 들 수 있어요. 두 번째로는 이를 바탕으로 시장 변화에 발 빠르게 대응해 나가는 네덜란드 농가의 생존경쟁력을 보여주는 단적인 사례가 아닌가 생각되네요

요한 씨 설명을 들으니 네덜란드 유리온실에 대해 조금 이해가 되는데요. 유리온실을 경영하려면 동절기에 난방이 불가피한데요. 유리온실을 경영하는 농가의 생산비에서 난방비가 차지하는 비중이 가장 높은 편에 속한다고 하는데요. 네덜란드 유리온실 농가는 난방비 부담을 어떻게 극복하는가요?

이제는 요안나 씨가 전문가 수준의 질문을 던지는데요. 네덜란드 농가의 난방비 문제는 30년 전 해외선진농업 연수단에 합류하여 네덜란드를 처음 방문했을 때도 유리온실 농가에게 질문한 내용이라 아직도 감회가 깊은데요. 그 당시 유리온실 건설비용에 관한 질문 못지않게 수입 석유에 100% 의존해야 하는 우리나라 상황과 다른 네덜란드 농가의 난방비에 관한 질문이

최첨단 유리온실과 19세기형 유리온실
19세기형 유리온실에서 처음 재배한 작목이 포도라고 해서 놀랐는데 그 당시 네덜란드에서 포도는 쉽게 사 먹을 수 없는 귀한 과일이라 이해가 되었다.

많았거든요. 그런데 네덜란드 농가의 난방비와 관련하여 놀라운 정보를 얻게 되었지요. 석유 한 방울 나지 않는 우리나라는 겨울철에 유리온실 난방을 위해서는 전량 수입에 의존하는 비싼 등유를 태워야 했는데요. 네덜란드는 북해에서 천연가스가 생산되어 난방을 천연가스로 한다고 했거든요. 더 놀라운 사실은 북해에서 생산된 천연가스를 유리온실까지 안전하고 편리하게 공급하기 위해 가스회사와 유리온실 농장까지 파이프라인으로 직접 연결된 점이었어요. 그 당시 안내를 담당했던 분이 천연가스가 공급되는 파이프라인을 발로 툭툭 차면서 자세하게 설명하여 알게 된 놀라운 정보였어요. 네덜란드 유리온실이 다른 나라보다 경쟁력을 갖게 된 여러 가지 이유 중 하나는 분명히 저렴한 난방비라고 추측할 수 있거든요. 네덜란드 유리온실 농가에게 겨울철 난방비는 전체 생산비에서 차지하는 비중이 가장 높은 항목이었는데요. 그래서 유리온실 농가는 난방비를 줄이기 위해 러시아산 천연가스 가격이 싸지면 그쪽으로 천연가스 공급라인을 변경한다네요. 오늘날에는 겨울철에 난방을 최소화하는 기술까지 개발을 완료했고요. 천연가스를 이용하여 유리온실 경영에 필요한 3가지 요소(이산화탄소, 난방, 전기)를 한꺼번에 해결하는 기술은 물론이고 심지어 유리온실 지붕에서 태양광 발전으로 전기를 생산하여 지역사회에 공급하여 농가소득을 올린다고 하네요.

네덜란드가 세계적인 농업강국이 된 이유

요한 씨 설명을 들으니까 그동안 네덜란드 농업이 하이드로 변신하지 않고 지킬박사 농업을 유지해 온 이유가 조금 이해가 되는데요. 그렇지만 땅이 좁은 네덜란드가 어떻게 세계에서 농식품 수출 2위국이 되고 세계적인 농업강국이 되었는지 궁금한 우리나라 독자가 많거든요. 네덜란드가 세계적인 농업강국이 될 수 있었던 이유에 대해 추가로 설명이 필요하겠는데요.

그동안 전문가들이 제시한 내용은 비슷해요. 첨단농업기술을 접목하여 농업생산성을 극대화하고, 생산농가를 품목별로 전문화시키고, 클러스터 중심으로 산학연 협력체제 구축과 와게닝헨 대학연구소의 우수한 연구개발, 그리고 경쟁력 확보를 위한 정책적인 지원 등을 꼽고 있거든요. 결국에는 시스템과 사람의 우수성을 농업강국이 된 핵심 요인으로 설명해요.

네덜란드의 유리온실이 하이드로 변신하지 않고 세계적인 농업강국으로 발전한 이유는 국토의 정원사 네덜란드 편에 자세히 소개했는데요. 주요 내용을 아래의 박스 안에서 별도로 다시 설명힐게요.

네덜란드는 어떻게 농업강국이 되었는가?

국토면적이 아주 좁고 농산물을 재배하는데 불리한 자연환경에도 불구하고 네덜란드가 어떻게 세계 2위 농산물 수출국이라는 '농업강국'이 될 수 있었는지 그 원인을 많은 전문가들이 분석하여 제시했는데 내용은 비슷하다. 필자는 우선순위를 달리하여 소개하고자 한다.

첫째는 농사를 짓는 농부의 우수성이다. 네덜란드에서는 아무나 농사를 지을 수 없다. 필자가 아주 듣기 싫어하는 농담은 힘들고 어려운 상황이 닥치면 '때려치우고 시골에 내려가서 농사나 짓겠다.'고 하는 말이다. 그때마다 100% 망하는 지름길이라고 반박한다. 아무나 농사를 지을 수 없는 네덜란드 사례를 덧붙여 설명해준다. 네덜란드 농부의 집단 IQ 테스트 결과는 어떤 직종에 종사하는 모집단보다 높다는 말이 있듯이 농업전문대학과정 이상 교육을 이수하지 않으면 농사를 지을 수 없다. 네덜란드 라보뱅크 컨설팅 담당자는 농가에 대출할 때 돈을 받아 낼 수 있을지 판단의 첫 번째 기준으로 그 사람의 전문성을 본다고 했다. 농부 될 사람이 농업 분야 공부를 제대로 하지 않아 전문지식이 없으면 아예 대출 자체가 안 되며 심사 대상에서 제외한다고 했다. 더구나 요즘같이 부가가치 높은 농산물을 생산하기 위해서는 첨단기술이 접목된 유리온실 같은 스마트팜 시설을 갖추고 농사를 지어야 하는데 투자비용이 만만치 않게 들어가고 전문지식이 없으면 실패할 확률이 아주 높기 때문에 아무나 할 수 있는 일이 결코 아니다. 물론 직장에서 퇴직하고 시골에 내려가서 소규모로 취미영농에 종사하거나 고령화 시대에 노약자의 재활에 도움을 주고 치매를 예방하는 등 국가 전체의 사회적 비용을 줄일 수 있는 치유농업(Care farm)으로 접근한다면 장려할 만하다.

둘째는 농가의 전문성이다. 네덜란드 농가는 자발적으로 교육에 참여하여 필요한 기술을 습득하고 선택과 집중을 통해 농업경영을 전문화하는데 앞장서 왔다. 네덜란드 농업부문은 화훼, 원예농산물, 축산 등 농가 단위 특정 품목 위주로 전문화된 농업생산체제를 갖추고 있다. 이는 정책적인 지원뿐만 아니라 농가에서 농업경영의 효율을 증진시켜 국제적인 경쟁력을 높이기 위해 농가별, 품목별 전문화를 위해 자발적으로 참여하고 노력한 결과라고 생각된다. 토마토의 경우 대부분 농가에서 크기, 색깔, 모양 측면에서 가장 전문성이 높은 특정 종자의 토마토만 재배하고 있다. 감자의 경우에도 농가는 '씨감자', '식용감자', '전분용 감자' 중에서 경쟁력이 있는 한 분야에 전문화되어 있다. 농가들이 특정 품목별로 전문화되면 연구와 투자를 집중할 수 있기 때문에 해당 품목의 종자 생산성부터 극대화할 수 있는 장점이 있다.

셋째는 정책적인 지원을 들 수 있다. 농사를 짓기 위해 가장 중요한 자원이 농지다. 네덜란드는 간척사업을 통해 국토면적의 절반을 바다에서 건져 내 확대했는데 간척지 대부분은 농지로 활용해왔다. 네덜란드는 농경지를 효율적으로 보존하고 활용하기 위해 정부 차원에서 다양한 정책을 추진해왔다. 특히 농촌을 떠나는 농민들의 농지를 정부가 구입하여 농촌에 남아 농업을 계속하는 농민들에게 싼값에 되파는 정책을 실시했다. 정책적인 지원에 힘입어 새로운 기회를 찾아 도시로 이동하는 사람들에게는 정착에 필요한 자본금을 제공했다. 반면에 농민들에게는 융자를 받아 농지를 넓힐 수 있는 기회를 제공하여 네덜란드 농업의 규모화를 촉진하였다. 또한 보조금은 농업생산성을 끌어올리는 농가에게만 지급하는 방식으로 농업경쟁력을 강화했다. 지금도 네덜란드 농업은 EU 회원국 확대에 따른 역내 농가들과의 경쟁은 물론이고 세계적인 농업강국과 치열한 경쟁으로 인한 압박으로 일부 농가는 파산하거나 합병하는 구조조정을 통해 규모화로 경쟁력을 높여가고 있다.

넷째는 우수한 시스템 분야의 하나로 생산성을 극대화하기 위한 지속적인 첨단농업기술의 개발을 들 수 있다. 네덜란드는 유리온실, 수경재배, 해수재배 등의 새로운 첨단농업기술을 지속적으로 개발하여 농가에 보급해왔다. 이러한 노력으로 인해 네덜란드 주요 품목의 생산성은 과거에 비해 크게 증가하였다. 대표적인 사례가 토마토인데 노지에서 관행적으로 재배하면 평방미터에 3kg 정도 생산이 가능하지만 유리온실에서는 무려 80kg까지 생산이 가능하다. 이는 유리온실에서 일조량, 온도, 습도 및 양액공급을 조절하여 토미토를 일 년 중 11개월 동안 계속 성장시키면서 수확이 가능하게 한 정밀농업의 결과다. 최근에는 인공지능(AI)을 이용하는 스마트농업으로 과거보다 더 쉽고 편하게, 그러면서도 더 많은 수확을 얻고 있다. 미래농업은 많은 인력을 투입하여 고된 노동으로 결과를 창출하던 과거 농업과 완전히 다른 새로운 모습으로 더 높은 부가가치를 만들어 낼 것으로 기대하고 있다.

다섯째는 클러스터 중심으로 긴밀한 산학연 협동체제 구축이다. 네덜란드는 유럽 내 어느 나라보다 발 빠르게 농식품 연관시설을 특정 지역에 집중화시키고, 집단화하고, 복합화시키는 전략을 추진하여 성과를 거둔 것으로 평가를 받고 있다. 이를 위해 네덜란드는 일정 지역에 연구와 생산시설은 물론이고 판매시설을 집중시켜 집단화된 농업타운을 만들었다. 연구소의 예산은 농수산식품부와 농부들이 각각 50%씩 투자하여 건립하고 연구소의 연구과제는 농부들이 요구하는 내용을 위주로 진행하고 있다.

여섯째는 대학 중심의 연구과제 추진과 교육의 중요성이다. 네덜란드가 대학을 중심으로 농식품 연구기관을 통합하여 운영하는 가장 큰 이유는 대학이 새로운 인재들이 유입되는 통로가 되고 이들이 새로운 아이디어와 지식·기술로 새로운 기업을 만들어 기존 기업들과 협력하고 경쟁하면서 농식품산업을 지속적으로 혁신하는 생태계를 만들 수 있기 때문이다. 네덜란드에는 농업전문교육시설이 다양하게 운영되고 있다. 주로 컨설팅을 겸하여 운영하고 있는데 철저하게 수익자부담원칙으로 운영하고 있다. 그동안 국내에 잘 알려진 가장 대표적인 교육기관 중 한 곳인 PTC+의 경우 2017년 경영 위기로 인해 교육기관으로서 과거의 명성이 많이 쇠퇴해졌다. 그만큼 교육기관들의 경쟁이 치열하여 생존이 쉽지 않기 때문이다.

이 밖에도 수출농업에 유리한 물류시설과 빠르고 편리한 교통시스템을 일찍부터 구축한 것을 들 수 있다. 특히 네덜란드는 일찍부터 알스메어 지역에 세계 최대 규모의 화훼도매시장을 건설하여 화훼 물류의 중심지 역할을 하고 있을 뿐만 아니라 로테르담과 암스테르담에는 물류에 편리한 항만을 조성하고 인근에 24시간 운영이 가능한 스키폴공항까지 구축하여 최상의 물류서비스를 제공하고 있다.

마지막으로 네덜란드 농가들이 협동조합 정신을 바탕으로 설립한 농협의 역할을 들 수 있다. 네덜란드 농가들은 오래전부터 공동의 이익을 추구하기 위해 농협의 조합원으로 참여하여 긴밀하게 협력해왔다. 농협은 여러 명의 조합원 농가로 구성되지만 철저하게 조합원 중심으로 운영해왔다. 조합원으로 참여한 농가들은 다른 조합원과 새로운 정보를 공유할 뿐만 아니라 수시로 여러 명이 함께 전문가를 초빙하여 새로운 기술을 배우고 현장에서 발생하는 다양한 문제점을 공동으로 해결해왔다. 오늘날에도 대부분 농가는 네덜란드 농협의 조합원으로 참여하면서 지속적으로 선진농업기술을 함께 배워 자신의 농장에 접목하고 있다.

유럽에서도 농업환경이 열악한 네덜란드가 오늘날 세계 최고 수준의 농업을 이끄는 농업강국으로 발전할 수 있었던 것은 결국에는 사람과 시스템의 우수성이 결합되어 창조해낸 성과라고 본다. 17세기부터 무역으로 번창했던 네덜란드는 19세기 후반기에 들어서자 국력이 쇠퇴하고 농업 위기까지 겪게 되었다. 심지어 식량안보를 위협받은 상태에 빠지기도 했다. 이때부터 정부, 기업, 학계가 공동으로 농업부문의 발전을 위해 노력해왔다. 특히 농가를 대상으로 농산물 품질관리와 생산성 향상을 위한 농업기술교육을 강화하고, 연구개발 및 새로운 종자 개발 등 혁신적인 변화를 가져올 분야에 집중적으로 예산을 투입하기 시작했다. 제2차 세계대전 이후에도 교육과 농업기술 개발에 더욱 박차를 가했다. 농업 분야에 100년 넘게 지속된 연구개발과 투자, 그리고 농가, 기업, 학계 및 정부의 긴밀한 협력 체제가 오늘날 네덜란드를 농업강국으로 만든 기반이 되었다고 생각한다.

지킬박사 농업을 위한 네덜란드의 대응방안

요안나 씨! 그동안 네덜란드는 글로벌 혁신을 선도하며 가장 앞장서 변화를 시도하는 나라로 꼽히는데요. 농업부문에서 혁신을 선도하는 것은 물론이고 사회 · 경제 · 문화 · 정치 부문의 혁신에도 앞장서 나가는 나라이기 때문이죠. 21세기 화두로 띠오른 4차 신업혁명을 지구상 그 이느 니리보다 앞장서 추진하는 국가에는 당연히 네덜란드가 포함되어 있거두요. 암스텔담 아레나, 스킨비전, 하이퍼루퍼, 공기청정자전거, 3D 인쇄 주택, 라이트이어(Lightyear) 자동차 등은 최근 네덜란드가 선보인 4차 산업 혁명을 선도할 혁신 제품의 하나로 소개되고 있어요. 앞으로 네덜란드 농업부분이 당면한 최대과제는 뭘까요?

글쎄요. 이 질문에는 전문가인 요한 씨가 정리하면 좋겠는데요. 아무래도 유럽연합 자원에서 최대 관심 사항인 지속가능한 농입의 추진이 네덜란드 농업부문이 당면한 최대 과제라는 생각이 드는데요. 농부의 입장에서는 '국토의 정원사' 역할을 제대로 하는 것이 지속가능한 농업을 실천하는 파수꾼으로 인정받을 수 있겠는데요. 반면에 납세자인 소비자들은 어쩌면 축산농가들에게 집중적으로 환경과 동물복지, 사육농가의 생계유지라는 세 가지 과제를 동시에 해결하는 가축사육시스템 구축을 요구할 것으로 보이는데요. 그러나 많은 전문가들이 인구는 지속적으로 증가하고 개도국의 소득 증대와 도시화로 인해 육류 소비가 두 배로 증가할 것으로 전망하는 이 시점에서 해결하기 쉽지 않은 과제임은 분명하네요. 앞으로 동물복지는 물론이고 환경에 배출하는 부담을 최소화하면서 경제적으로 사육농가의 생계유지가 가능한 가축사육시스템을 유지하는 것은 한꺼번에 네 마리 토끼를 잡는 묘수가 필요할 정도로 어려운 과제가 되겠는데요.

그렇지요. 묘수가 필요한 시기인데요. 지속가능한 축산을 위해 네덜란드에서는 특히 낙농 분야에 많은 연구를 진행하고 있어요. 유기농 우유 생산을 늘리기 위해 젖소의 사육환경을 개선하고 자연환경에 주는 부담을 줄이기 위해 방목지에 가축의 사육밀도를 낮추는 등 다양한 방안이 제시되고 있어요. 또한 낙농 분야 연구과제에 우유를 생산하는 데 아주 중요한 천연자원의 하나인 물의 효율적인 소비방안이 포함되어 있어요. 앞으로 작물을 재배하거나 가축을 사육할 때 반드시 필요한 물을 녹색, 푸른색, 회색 세 가지 색깔로 구분하여 효율적으로 이용하는 방안을 연구할 계획이거든요. 현재 가장 논란이 되는 물은 작물을 재배할 때 주로 사용하는 푸른색 물인데요. 담수와 지표수로 공급되는 이 물을 이용하여 브로콜리를 재배할 경우 스페인과 네덜란드에서 효율성에 큰 차이가 나요.

인류 생존에 필요한 단백질인 고기의 생산을 위한 가축사육의 효율성에 대해서도 논란이 많은데요. 지금까지는 축산의 효율성은 주로 가축이 얼마나 효율적으로 사료를 소비하는지를 비교하는 '사료효율성' 중심으로 측정해왔어요. 소에게 풀보다 옥수수 사일리지를 더 많이 먹이면 메탄가스 방출이 줄어들지만 초원을 옥수수밭으로 변경하는 데는 시간, 노력, 돈이 필요하지요. 중앙아메리카 목초지에서 생산하는 쇠고기의 생산성에 비교할 만큼 네덜란드의 공장형 육계생산시스템 또한 생산성은 높지만 동물복지 차원에서 논란이 많아요. 아프리카에서 순환농업으로 농업생산성을 높이는 사례를 소개하는 전문가도 있어요. 영농 규모가 작은 소농은 사육하는 가축의 분뇨를 퇴비로 활용하여 작물을 재배하는 순환농업 방식을 구축하여 적은 비용

네덜란드는 첨단농업을 선도하는 나라이다. 전체 농가의 60%를 차지하는 축산부문은 국토를 정원처럼 아름답게 가꾸는 역할과 지속가능한 순환농업에 앞장서고 있다.

으로 농업생산성을 높일 수 있거든요. 앞으로 농업에서 가장 중요한 자원인 농경지를 사람과 가축이 경쟁을 피하고 효율적으로 이용하는 방안에 대한 논의가 뜨거울 전망이에요. 가축을 사육하여 동물성 단백질로 전환시켜 먹을 경우 사람이 직접 곡물을 소비할 때보다 4~8배 더 많은 사료곡물이 필요하기 때문이죠.

네덜란드의 낙농부문은 하이드 농업으로 변신하지 않고 지속가능한 지킬 박사 축산으로 발전하기 위해 다양한 노력을 하고 있어요. 네덜란드 낙농부문의 과제와 대응방안은 국토의 정원사 네덜란드 편에 자세히 소개했는데요. 주요 내용을 아래 박스 안에서 별도로 다시 설명할게요.

낙농부문 과제와 대응방안

1960년대 이전에는 네덜란드 낙농업 또한 아주 낙후된 노동집약적 농업으로 경영되었는데 최근에는 세계 최고 수준으로 발전하였다. 젖소농가는 17,500호로 평균 85마리 젖소를 사육하며, 연간 14백만 톤 우유를 생산한다. 네덜란드에서 생산된 우유의 75%는 치즈 등 유제품으로 가공되어 전 세계로 수출된다. 젖소 마리당 착유량은 세계 2위 수준인 연간 8.7톤에 달한다. 네덜란드 젖소 농가 대부분(전체 농가의 80%)은 낙농협동조합의 조합원으로 가입되어 있다.

네덜란드뿐만 아니라 다른 EU 회원국 낙농업도 지난 50년간 비약적으로 발전해왔다. EU 차원에서 우유의 쿼터시스템을 비롯한 가격지지 정책으로 농가소득을 보장해왔기 때문이다. 네덜란드 낙농업은 젖소사육 농가 수, 우유 생산량, 노동생산성 등 자료를 살펴보면 50년 동안 엄청난 변화를 알 수 있다. 18만 호에 달하던 농가는 90%가 감소한 17,500호로 줄었다. 젖소 사육두수는 비슷한 수준을 유지하고 있는데 젖소 1마리당 연간 우유 생산량은 4.2톤에서 8.7톤으로 두 배 증가하여 연간 생산량이 두 배 이상 증가했다. 착유와 사육관리의 자동화로 노동생산성은 50년간 35배나 증가하였다. 그리고 유럽의 낙농업이 크게 발전하게 된 데에는 EU의 공동농업정책 예산으로 지원하는 보조금의 역할을 빠뜨릴 수 없다. 2010~2015년에 낙농농가에게 지급된 보조금은 농가의 전체 소득의 60%를 차지할 정도로 높았다.

그러나 네덜란드 낙농부문이 당면한 과제 또한 만만치 않다. 우유쿼터제 폐지를 포함한 EU의 공동농업정책 개혁으로 젖소농가의 불안정한 농가소득은 말할 것도 없고 동물복지에 대한 목소리가 높아지고 사육환경에 대한 규제가 강화되어 젖소 사육여건이 나은 남미국가, 캐나다, 뉴질랜드 등의 나라들과 경쟁에서도 밀리고 있기 때문이다. 지속가능한 낙농업을 위해 네덜란드는 사육농가, 연구기관, 정부가 공동으로 대응방안을 연구하고 있다. 유럽에서 낙농은 농부의 새로운 이름인 '국토의 정원사' 역할을 제대로 설명해 줄 수 있는 품목이다. 앞으로 지속가능한 네덜란드 낙농을 위해 그동안 제시된 여러 가지 대응방안 중에 이 역할을 더 잘할 수 있는 내용을 중심으로 소개하고자 한다.

첫째는 젖소의 사육환경을 현재보다 더 자연친화적으로 바꾸는 방안이다. 이를 위해 네덜란드식 자연순환형농업까지 발표하였다. 젖소를 방목하는 목초지를 자연과 더욱 친화적으로 바꾸는 방법으로 운하 주변의 일정 면적을 조류의 휴식처나 서식지로 활용하여 생물다양성을 증가시키는 것이다. 네덜란드 농협 LTO에서 파견되어 브뤼셀 사무소에서 근무하던 Martin이 아이디어를 낸 것과 비슷한 내용인데 실제로 젖소 농장에서 적용하는 방안이다. 그리고 이 순환형농업의 핵심은 젖소의 먹이인 풀이 잘 자랄 수 있도록 목초지 환경을 개선하는 것이다. 이를 위해 목초지에 화학비료를 비롯한 토양개량제를 거의 투입하지 않고 가축의 분뇨로 토양미생물과 지렁이 등이 번창하게 만들어 토양비옥도를 개선하면 결국에는 풀이 잘 자라게 만드는 것이다. 그 풀을 먹고 자란 젖소가 더 많은 우유를 생산하게 될 것이라는 기대를 하고 있다.

둘째는 전통적인 젖소 사육방식을 확대하는 방안이다. 젖소의 뿔을 인위적으로 제거하지 않고, 송아지와 어미 젖소를 함께 목초지에 방목하는 시간을 늘려 송아지 때부터 건강한 젖소를 사육하는 방식이다. 그리고 방목지에는 목초뿐만 아니라 다양한 약용식물이 같이 자라도록 하여 젖소가 풀과 함께 섭취하여 천연항생제 역할을 하도록 하는 방안이다. 전문가들은 이 방안이 확대되면 그동안 젖소에게 투입했던 항생제를 크게 줄이면서 젖소를 건강하게 사육할 수 있을 것으로 예상하고 있다. 젖소농가는 항생제 구입비용을 줄일 수 있기 때문에 일석이조의 효과를 볼 수 있다.

셋째는 체험농장(tourist farm)과 치유농장(care farm)으로 농장의 역할을 확대하는 방안이다. 깨끗하고 아름다운 목장으로 가꾸면 도시민들이 먼 곳으로 휴가를 떠나지 않고도 가까운 곳에서 즐기면서 농사체험을 할 수 있는 곳으로 생각을 바꾸게 되고 농업에 대해 좋은 인상을 갖게 될 것이다. 농부의 새로운 이름이 '국토의 정원사'로 인정받을 수 있는 좋은 아이디어라고 생각된다. 그리고 농가는 찾아오는 도시민을 대상으로 지역에서 생산된 농산물을 적정 가격으로 연중 판매가 능한 회원제 고객으로 확보할 수 있다. 이 방안은 앞으로 갈수록 불안정해질 것으로 전망되는 농가소득을 안정화하는데 기여할 것으로 생각된다. 지금은 네덜란드 전체 낙농농가의 10%가 직거래 판매와 체험목장을 운영하고 있는데 앞으로 목장 운영을 이런 방식으로 전환하는 낙농농가들이 크게 늘어날 전망이다.

넷째는 젖소 농장의 생산성 목표를 최대생산(maximum production)에서 최적생산(optimum production) 방식으로 전환하는 방안이다. 그동안 네덜란드에서도 낙농부문의 생산성은 젖소 1마리당 연간 또는 평생 우유 생산량을 중심으로 평가해왔다. 그러나 앞으로 송아지 사망률을 낮추어 최적생산성을 높이는 방안에 더 높은 비중을 둘 전망이다.

이 밖에 농가소득 안정을 위한 낙농협동조합의 역할이다. 전체 80% 낙농농가들이 조합원으로 참여하여 새로운 기술을 배우고 필요한 정보를 교환하기 위해 설립된 낙농협동조합은 앞으로 경쟁이 더욱 치열해지는 시장여건에서 조합원의 농가소득이 안정될 수 있도록 더 큰 역할이 요구될 전망이다. 그리고 연구기관 전문가를 중심으로 식량안보 측면에서 낙농부문의 규모화와 집중화는 불가피한 현실적인 대응방안이라는 주장과 반대로 이제는 네덜란드 낙농부문이 유통단계를 더 줄이고 자연순환형농업으로 신속하게 전환(radical change)해야 한다는 주장이 팽팽히 맞서고 있다.

5장

주요 회원국의 독특한 농업과 먹거리 사례

〈스위스보다 아름다운 슬로베니아 농촌풍경〉

5.8. 스위스보다 아름다운 슬로베니아 농촌풍경

요안나 씨! 유럽의 농촌지역을 둘러보면서 국토면적이 넓고 농경지가 광활한 나라에 가면 배가 아프다고 했는데요. 무엇보다 드넓은 농경지뿐만 아니라 농촌이 정원처럼 아름답게 가꾸어진 모습이 늘 부럽다고 했거든요. 그런데 프랑스, 독일처럼 국토면적이 넓은 나라뿐만 아니라 벨기에처럼 국토면적이 3만 ㎢로 작은 나라의 농촌에서도 광활한 농경지를 볼 수 있어요. 대표적인 나라로 벨기에, 네덜란드, 덴마크, 아일랜드를 들 수 있어요. 우리 속담에 '작은 고추가 맵다'는 말이 있듯이 이 4개국은 유럽연합 27개 회원국 중에 국토면적은 좁지만 1인당 국민소득이 아주 높은 나라에 속해요. 그리고 공통적으로 농업부문의 경쟁력이 높아요. 또한 2004년 유럽연합의 새로운 회원국으로 가입한 10개국 중에 폴란드를 제외하면 나머지 9개국은 국토면적이 그렇게 넓지 않아요. 발틱3국과 슬로바키아, 체코, 헝가리는 국토면적이 5~9만 ㎢로 나라별로 크게 차이가 나지 않아요. 나머지 3개국은 국토면적이 더 좁은 나라인데요. 그래서 이번에는 국토면적이 좁지만 농촌을 정원처럼 아름답게 잘 가꾼 나라를 소개하려고 하는데요. 위에서 말한 나머지 3개국 중에 있어요. 어느 나라일까요?

흥흥 이번에는 정답을 쉽게 맞힐 수 있겠는데요. 질문에 답이 들어 있어요. 3개국 중에 있다고 했으니까 그 나라들을 살펴보니까 답이 그냥 나오는데요. 두 나라는 섬으로 된 나라이니까 아름다운 농촌풍경이라고 하면 논리적으로 앞뒤가 맞지 않아요. 질문에 눈이 부시네~ 저기~ 아름다운 어촌풍경~이라고 했으면 고르기 쉽지 않았겠지요. 슬로베니아가 정답이네요.

딩동댕~ 질문에 답이 있다는 문제풀이 도사님께 너무 쉬운 질문을 했네요. 그러면 슬로베니아가 어디에 있는 나라인가요? 이번에는 좀 어려운 문제일 수 있어요. 왜냐하면 아직도 많은 사람들이 슬로베니아와 슬로바키아를 혼동하거든요. 실제로 두 나라는 똑같이 '슬라브인의 땅'이라는 의미로 국가명을 사용하고 있고, 또한 삼색기로 사용하는 국기의 모양이 비슷해요. 한동안 국제무대에서 국가명과 국기까지 비슷한 두 나라를 혼동해서 일어난 해프닝이 많았다고 하네요. 그리고 실제 양국의 위치는 직선거리로 150km로 그렇게 멀리 떨어져 있지 않아요. 그래서 정답을 바로 공개할게요. 슬로바키아는 중동부 유럽에 있고, 슬로베니아는 이탈리아 북동쪽에 위치한 나라인데요. 그런데 두 나라가 유럽의 무대에 등장한 시기가 비슷해요. 1990년대 초반에 연방에서 분리 독립했거든요. 그리고 2004년 유럽연합의 새로운 회원국으로 합류했어요. 국토면적은 슬로바키아가 두 배 이상 넓어요.

요한 씨가 자세하게 설명해주니까 이제는 슬로바키아와 슬로베니아를 분명하게 구분할 수 있겠네요. 벌써 오래되었는데요. 이탈리아 베네치아를 방문했을 때 슬로베니아가 바로 코앞에 있는 국가라고 들었던 것 같아요. 슬로베니아가 어떤 나라인지 좀 더 설명이 필요한데요.

슬로베니아는 유고슬라비아 연방에서 1991년 분리 독립한 나라인데요.

스위스 농촌보다 더 아름답게 연출된 슬로베니아 중동부 지역 농촌풍경을 보여주는 사진이다.

국토면적은 2만 ㎢로 좁지만 인구 또한 200만 명에 불과하여 인구밀도는 낮은 편이에요. 2004년 유럽연합 회원국으로 가입한 나라 중에 유로화를 가장 먼저 사용하기 시작했고, 1인당 국민소득이 서유럽 국가 수준으로 높아진 나라가 되었어요.[1] 그래서 2004년 이후 유럽연합의 신규회원국으로 가입한 나라 중에 슬로베니아를 부러워하는 나라가 많다고 하네요. 그런데 슬로베니아는 국토면적의 절반이 넘는 66%가 산으로 되어 있어서 농경지가 좁은데요. 그래서 주요 농산물의 자급률이 낮아 매년 유럽연합이나 미국에서 수입하는 물량이 늘어나고 있어요.

슬로베니아의 경지면적은 국토면적의 24%인 약 50만 ha에 불과한데요. 좁은 농경지에 과일, 채소를 비롯한 다양한 품목의 작물을 재배해요. 슬로베니아에서 재배하는 특별한 품목으로 홉, 포도, 메밀, 호박을 들 수 있는데요. 화이트와인용 포도를 재배하는 주산지가 여러 지역에 있을 정도로 포도 재배면적이 넓은 편인데요. 품목별 면적기준으로 세분할 경우 가장 넓은 면적을 차지할 정도로 작물을 재배하는 농경지의 20%를 차지하고 있어요. 농경지는 주로 슬로베니아 중부와 동남부 지역에서 볼 수 있는데 서유럽처럼 광활한 농경지는 찾아보기 힘들어요. 대부분 농경지는 구릉지로 되어 있고 일부 지역에서 평야지대를 만날 수 있어요.

슬로베니아 북쪽과 북서쪽은 이탈리아와 오스트리아의 알프스산맥으로 이어지는 산악지형을 형성하여 곳곳에서 병풍처럼 둘러싼 아름다운 모습을 볼 수 있어요. 슬로베니아 농촌지역은 어디를 가더라도 잘 가꾸어져 있어요. 대부분 지역의 농촌풍경이 서유럽 국가보다 더 아름답고 깨끗하게 관리된 느낌을 받았어요. 그동안 국토의 대부분이 산으로 둘러싸여 경지면적이 좁은 나라인데도 불구하고 국토를 정원처럼 잘 가꾼 나라의 대명사로 스위스와 노르웨이를 꼽았는데요. 이번에 슬로베니아 농촌지역을 둘러보고 나서는 평가를 달리하게 되었어요. 슬로베니아의 농촌이 더 깨끗하고 아름답게 연출되고 있었기 때문인데요. 그동안 식량안보를 책임지면서 국토의 정원사로 중요한 역할을 해온 슬로베니아 농부들의 피와 땀이 이룬 성과라고 생각해요.

슬로베니아는 나라가 좁아서 며칠 만에 전국을 다 둘러볼 수 있어요. 제일 먼저 둘러본 중동부 지역은 평야지대라 옥수수, 밀, 메밀, 호박 등 다양한 작물이 재배되고 있었어요. 평야지대를 둘러보고 오스트리아와 국경을 마주한 산악지형을 따라 이동했는데요. 도로 옆으로 끊임없이 이어진 강은 폭이 넓어 호수처럼 보이는 곳이 많았어요. 슬로베니아의 산악지형과 호수가 연출하는 풍경은 스위스에서 볼 수 있는 모습보다 더 아름답게 보였어요. 슬로베니아의 깨끗하고 아름다운 농촌풍경은 3명의 주인공이 연출하고 있었어요. 자연환경이 선물하는 독특한 풍경, 국토의 정원사가 좁은 농경지를 잘 관리하면서 재배하는 다양한 작물, 그리고 구릉지와 방목지에서 사육하는 가축이 어울려 연출하는 것을 알 수 있었어요. 슬로베니아를 둘러보면서 작은 나라가 국토를 오밀조밀하게 더 잘 가꾼 모습을 볼 수 있었어요.

농촌지역을 지날 때마다 독특한 풍경을 만날 수 있었어요. 마을 입구에는 십자가와 성모상을 모시는 작은 조형물이 설치되어 이국적인 풍경을 연출했거든요. 규모가 제법 큰 성당 건물은 많은 사람들이 모여 사는 지역의 중심지에서 만날 수 있었는데요. 슬로베니아는 이탈리아와 국경을 맞댄 지역이라 오래전부터 육로를 통한 이동은 물론이고 배를 타면 아드리아해 바다를 건널 수 있어서 왕래가 잦았을 것으로 생각되는데요. 로마 교황청의 영향권에서 가까운 지역이라 그런지 다른 종교보다 가톨릭을 믿는 사람이 많은 것 같아요. 농촌지역 마을마다 입구에 작은 성당 형태의 조형물이 설치된 것을 보면서 1980년대 이전까지 우리나라 농촌마을에서 쉽게 볼 수 있었던 성황당을 만나는 느낌이 들었어요.

그리고 슬로베니아식 풍년농사를 비는 바람개비 모양의 장식이 농장마다 설치된 것을 볼 수 있었어요. 목초지가 중요하기 때문인지 바람개비나 새 모양의 조형물에 마른 풀을 머리에 이고 있는 모양으로 장식을 했어요. 농부는 어느 나라에서 농사를 짓던 농자천하지대본(農者天下之大本)의 중요성을 널리

마을 입구의 풍년기원 조형물 바람개비와 크로아티아 국경

농촌마을 입구에 성모상과 십자가를 모신 작은 조형물은 물론이고 슬로베니아식 풍년농사를 비는 바
람개비 모양의 장식이 농장마다 설치된 것을 볼 수 있었다. 목초지가 중요하기 때문인지 바람개비나
새 모양의 조형물에 마른 풀을 머리에 인 모양을 장식하여 농자천하지대본(農者天下之大本)의 중요
성을 널리 알리려고 노력하는 것처럼 보였다. 이곳이 크로아티아 국경이라는 표시는 감시카메라가 작
동한다고 이해할 수 없는 글자로 경고문을 세운 표지판뿐이다.

알리려고 노력해요. 그래서 풍년농사를 기원하는 독특한 장식을 농장 주변에 설치하여 오가는 사람에게 농사의 중요성을 널리 알리는 것 같다는 생각이 문득 들었어요.

슬로베니아 포도 농장에서 민박 체험

요안나 씨! 슬로베니아 포도 농장에서 민박 체험을 했는데요. 그때 추억을 하나씩 떠올리면서 슬로베니아 농업에 대한 이야기를 하려고 해요. 이번에는 질문보다 기억을 떠올리는 명상 수업이 필요해요. 농가 민박 체험을 위해 며칠 인터넷을 뒤진 끝에 그래도 전망이 좋아 보이는 곳으로 예약을 했는데요. 크로아티아 국경에서 가까운 지역이라 어쩌면 색다른 경험도 할 수 있을 것 같은 기대를 했어요. 슬로베니아에 화이트와인을 생산하는 포도를 재배하는 농장이 많다는 것도 알게 되었고요. 그러면 포도 농장의 위치와 확 트인 아름다운 전망부터 기억에서 불러올까요?

흥흥그럴까요? 포도 농장을 찾아가면서 슬로베니아의 아름다운 농촌풍경을 곳곳에서 볼 수 있었는데요. 크로아티아 국경에 가까운 곳이라서 그런지 목적지에 거의 다 왔다는데 갑자기 산길로 올라가길래 좀 당황했어요. 평소 내비게이션을 잘 믿지 않고 고집을 부리는 습관이 발동했기 때문인지 농가로 들어가는 입구를 못 찾아 애를 먹었지요. 다행히 어둡기 전에 잘 찾아갔어요. 해거름 무렵 포도 농장에 도착하여 방을 배정받는데요. 창문 너머로 보이는 확 트인 전망이 너무 좋았어요. 그동안 쌓였던 스트레스가 다 날아갈 것 같은 기분이 들 정도로 포도 농장 민박집 위치가 마음에 들었어요.

그랬군요. 참 다행이었네요. 일단 첫인상이 좋았다고 하니까요. 농장에서 준비한 저녁을 정말 맛있게 먹었는데요. 하루 종일 낯선 지역을 이동하느라 배가 고팠는지 허겁지겁 하나도 남기지 않고 다 먹었어요. 함께 마신 화이트 와인도 좋았어요. 덕분에 잠도 잘 잤던 기억이 나네요. 누구는 다음 날 새벽에 꼬끼오 기상나팔을 불기 전까지 한 번도 깨지 않고 푹 잤다고 하던데요.

시작이 좋으면 모든 것이 좋다고 포도 농장에서 지낸 2박 3일간 추억은 오래 남을 것 같은데요. 다음 날 저녁 식사로 농가에서 제공한 음식에는 평소에 맛볼 수 없는 메밀로 만든 요리가 몇 가지 나왔어요. 그동안 메밀로 만드는 요리는 메밀묵과 메밀국수만 알고 있었거든요. 메밀로 만든 슬로베니아식 전병요리는 처음 맛보았고요. 오트밀을 비롯한 몇 가지 곡물과 섞어 찐 요리에 들어있는 메밀을 율무로 착각했어요. 슬로베니아에서 메밀을 그렇게 많이 재배하는지는 다음 날 다른 지역으로 이동하여 머문 곳에서 젊은 농장주가 자세하게 설명해서 알게 되었는데요. 한국에서 왔다고 하니까 스미트폰으로 메밀이 뭔지 직접 검색해서 자세하게 설명해서 고마웠어요.

'금강산도 식후경'이라고 어디 여행을 가면 음식은 잘 챙겨 먹어야 하는데요. 다행히 슬로베니아 포도 농장에서 먹은 요리는 정말 맛이 좋았어요. 농가 민박을 이용하면 지역농산물로 만든 음식을 맛볼 수 있는데요. 이번에 방문한 슬로베니아 포도 농장에서는 작은 텃밭을 운영하며 필요한 재료를 조달하고 있었어요. 디저트로 나온 요리는 상큼한 맛을 선물했는데요. 아마 식당 앞에 있는 텃밭에서 갓 따온 딸기와 과일을 이용해서 만들어 그런 느낌이 들었어요.

음식 이야기는 언제 해도 끝이 없어요. 이틀 동안 포도 농장 주변을 둘러본 추억을 떠올리면 좋겠는데요. 포도 농장 민박집에서 걸어서 크로아티아 국경까지 다녀온 이야기를 먼저 할게요. 크로아티아가 2023년부터 쉥겐조약국에 가입하면 국경 개념이 없으니 이번에 꼭 가봐야 한다고 고집을 피웠거든요. 요안나 씨는 러시아가 우크라이나를 침략해서 전쟁 중이라 가지 말자고 했어요. 그동안 발칸반도에서 일어났던 많은 전쟁 이야기가 떠올라서 그런지 발걸음을 떼지 않았거든요. 포도 농장의 젊은 주인이 국경에 가면 감시 카메라에 찍힌다고 겁을 주면서 가지 말라고 했지만 그래도 용기를 내어 걸어서 500미터도 채 안 되는 국경까지 갔다가 돌아왔지요. 솔직히 경고문 표지판과 카메라만 안 보였으면 어디가 국경인지 알 수 없었거든요. 용기백배한 그 기상과 모험심 덕분에 바람개비나 새 모양으로 장식한 풍년기원 조형물을 여러 개 볼 수 있었어요.

하였든 그동안 요한 씨 무대뽀를 누가 말릴 수 있었나요? 안 되면 되게 하라! 전쟁통에 누구를 위험한(?) 국경까지 끌고 간다고 생각하니 다리가 덜덜 떨렸는데요. 누구에게는 풍년기원 조형물만 잘 보였는지 모르지만 같이 갔던 사람 눈에는 전혀 다른 건물이 눈에 들어왔어요. 과거에 전쟁이 자주 발생했기 때문이지 곳곳에 남아 있는 감시초소 비슷한 목조건물을 보았거든요. 어쩌면 아픈 역사의 흔적이지만 잘 보존하여 안보교육용으로 활용하면 되겠는데요.

농촌풍경을 아름답게 연출하는 주인공

요안나 씨! 그동안 농촌풍경을 아름답게 연출하는 나라로 스위스와 노르웨이의 사례를 자주 소개했는데요. 이번에 슬로베니아 농촌지역을 둘러보면서 전반적인 분위기가 이 두 나라와 비교가 된다고 했거든요. 3개국 모두 산악지형이 많은 나라인데요. 지역에 따라 스위스나 노르웨이의 농촌보다 더 잘 가꾸어진 모습을 보았거든요. 그리고 알프스산맥에 접해 있는 오스트리아 농촌보다 슬로베니아 농촌이 더 아름답게 관리되고 있다는 느낌이 들었다고 했는데요. 질문이 있어요. 산악지형이 많은 나라의 아름다운 농촌풍경을 연출하는 주인공 1, 2, 3이 있는데요. 누굴까요?

글쎄요. 첫 번째 주인공은 그동안 요한 씨가 자주 이야기를 해서 농부인 것은 알겠는데요. 두 번째, 세 번째 주인공은 헷갈리는데요. 독자들을 위해 정답을 시원하게 알려주세요.

첫 번째 주인공은 국토의 정원사 역할을 하는 농부가 정답이고요. 두 번째는 가축인데요. 사람이 아니라 소, 양, 말 등 가축이 주인공이거든요. 이번에 슬로베니아 농촌을 둘러보면서 가축이 한가롭게 풀을 뜯으며 목가적인 풍경을 연출하는 장면을 자주 보았을 텐데요. 녹초지에 방목하면서 기르는 가축의 역할보다 산악지형이 많은 나라의 언덕과 비탈길을 따라 오르내리면서 풀을 뜯는 가축의 모습이 더 아름답게 보이거든요. 목초지에 가축을 사육할 때에도 단위면적당 사육 두수를 규제하여 환경에 부담을 줄이도록 규제를 하는데요. 산악지형이 많은 나라에서는 밀식도를 더 낮게 유지하고 있어요. 가축을 사육하는 목적보다 목가적인 풍경을 연출하는 주인공으로서의 역할이 더 중요하거든요.

세 번째 주인공은 누구일까요? 논란이 많지만 세 번째 주인공은 아름다운 자연환경 그 자체가 주인공인데요. 스위스와 노르웨이는 곳곳에 있는 만년설이 주인공이 될 수 있고요. 높은 산에 우거진 울창한 숲이나 아름다운 계곡뿐만 아니라 특이한 모습을 연출하는 바위, 그리고 아름다운 호수까지 주인공이 될 수 있어요. 슬로베니아의 북쪽은 알프스산맥으로 이어져 스위스나 노르웨이만큼 다양한 자연환경이 주인공이 될 소재가 많아요. 울창한 숲과 아름다운 계곡, 그리고 호수까지 갖춰진 나라이거든요.

그렇군요. 이제는 아름다운 농촌풍경을 연출하는 주인공이 여러 명이라는 사실을 알게 되었어요. 그런데 국토의 정원사인 농부는 주인공 역할을 하면서 연출자 역할도 하고 총감독 역할까지 해야겠는데요. 농부 혼자 그렇게 많은 역할을 하려면 조연이 여러 명 필요할 것 같은데요.

그렇지요. 조연의 역할이 아주 중요한데요. 어쩌면 네 번째 주인공으로 소개해도 되겠어요. 자세한 내용은 3부에서 따로 소개할게요. 슬로베니아가 국토면적이 작은 나라여서 짧은 기간에 종횡무진 곳곳을 둘러보았는데요. 특색 있는 품목 몇 가지 더 소개할까 해요. 첫째는 호박인데요. 한창 호박을 수확하는 시기에 현장을 지나가면서 자세히 볼 수 있었거든요. 줄기를 제거하고 알맹이만 농지에 일렬로 정렬한 모습이 군대의 열병식보다 더 깔끔하게 관리되어 있더군요. 호박은 기계로 수확할 수 없는 품목인데요. 줄기를 제거하고 넓은 통로를 따라 일렬로 줄을 세운 다음 가운데로 트럭이 이동할 때 양쪽에서 농부들이 큰 박스에 실어요.

둘째는 맥주의 쓴맛을 내는 홉을 재배하는데요. 홉을 처음 본 요안나 씨가 슬로베니아에서 '마'를 재배하느냐고 물었어요. 마치 우리나라에서 마를 재배하는 구조물을 본 것처럼 질문을 했어요. 홉을 재배하려면 꽤 높은 구조물로 지주를 설치하는데요. 마를 재배할 때 세우는 지주와 비교할 수 없을 정도로 높이에서 차이가 많아요. 그리고 마는 땅 밑에서 뿌리를 수확하지만 홉은 솔방울 모양의 열매를 수확해요. 최근 국내에서 홉을 재배하는 농가가 많

슬로베니아의 다양한 농업을 보여주는 사진이다. 홉, 호박, 메밀 등 재배면적이 넓다.

이 늘어나서 앞으로 쉽게 볼 수 있겠는데요. 유럽에서는 맥주의 나라 독일에서 홉을 가장 많이 재배하는데 열매마나 뿌리마를 재배하는 방식과 차이가 많아요.

셋째는 슬로베니아식 스마트농장인데요. 좀 생뚱맞은 내용이지만 크로아티아 국경과 가까운 동부지역에서 최신형 스마트농장을 볼 수 있었어요. 농장 입구의 안내판을 읽어보니 2022년 여름 이탈리아 영농회사가 자본을 투자하여 설립한 농장인데, 한창 딸기 모종을 심고 있더군요. 네덜란드 그리너리 조합원이 유리온실을 국외로 이전하여 설치하는 것처럼 이탈리아 농업자본이 진출한 사례라고 생각해요. 슬로베니아에서 비닐하우스를 구경하기 어려운데요. 다행히 최신형 스마트농장 시설을 주변의 농촌풍경과 어울리게 설치했어요.[2]

1 슬로베니아의 1인당 GDP는 2008년 27,596 달러, 2021년 29,201 달러로 EU 내에서도 높은 편인다. 2010년대 초반까지 우리나라 1인당 GDP보다 더 높았다.
자료: https://www.macrotrends.net/countries/KOR/south-korea/gdp-per-capita.
https://www.macrotrends.net/countries/SVN/slovenia/gdp-per-capita

2 둔필승총(鈍筆勝聰)이라고 그동안 자주 인용하는 용어이다. 적자생존의 또 다른 의미로 자주 소개한 용어로 누구의 '매 같은 눈' 덕분에 현장을 볼 수 있었다. 네덜란드 그리너리 조합원이 국외로 유리온실을 옮기는 이야기는 자주 들었는데 이탈리아 농업 관련 자본이 인근 국가인 슬로베니아까지 진출한 현장을 모처럼 볼 수 있었다. 우리나라에서 사과와 배를 재배하는 농부들이 20~30년 전에 기후조건이 유리한 중국의 산둥반도로 생산 농장을 옮겼던 사례와 비슷하다는 느낌이 들었다.

이탈리아의 농기업이 슬로베니아에 설치한 스마트농장

5장

주요 회원국의 독특한 농업과 먹거리 사례

〈10년의 차이: 발틱3국과 크로아티아 농업〉

5.9. 10년의 차이: 발틱3국과 크로아티아 농업

요안나 씨! 그동안 유럽의 여러 나라 농촌지역을 둘러보면서 국토의 정원
사들을 많이 만났는데요. 농업의 다원적 기능과 국토의 정원사 역할은 1부
에서 자세히 소개했고요. 슬로베니아 농촌을 둘러보면서 나눈 이야기를 마
무리하려고 해요. 유럽의 여러 나라 농촌지역에서 볼 수 있는 깨끗하고 아름
다운 농촌풍경을 연출하는 주인공 이야기인데요. 주인공 1, 2, 3이 등장했거
든요. 복습하는 셈 치고 누구인지 맞춰볼래요?

좋지요. 이제는 그 이야기를 너무 자주 들어서 주인공 1, 2, 3을 잘 알고 있
어요. 1번 주인공으로는 늘 국토의 정원사 역할을 하는 농부가 등장하고요.
두 번째 주인공은 가축이라고 했어요. 유럽인들의 주식(主食)이 빵과 고기이
기 때문인지 넓은 초지에서 풀을 뜯는 행복한 가축을 자주 볼 수 있거든요.
유럽의 목초지에 사육하는 가축이라면 목가적인 풍경을 연출하는 주인공으
로 인정을 해야겠죠. 세 번째는 아름다운 자연이라고 했는데요. 이해는 되는
데 주인공 역할보다 조연이 더 어울릴 것 같아요. 요즘 드라마에는 주인공만
뜨는 것이 아니더라고요. 연기 잘하는 조연 덕분에 재미를 더하는 작품이 많
거든요. 물론 산악지형이 많은 스위스, 노르웨이, 슬로베니아에서는 여러 곳

에서 독특한 모습을 드러내는 아름다운 자연이 주인공 역할을 담당한다고 할 수 있겠지요.

그렇네요. 주인공보다 더 인기를 끄는 조연배우가 있듯이 농촌풍경을 정원처럼 아름답게 연출하는데 조연이 더 많이 필요하겠는데요. 그동안 스위스나 노르웨이에서는 국토를 아름답게 연출하는 데 중요한 역할을 하는 자연환경이 주인공으로 나오거나 조연으로 등장했어요. 만년설이나 호수, 아름다운 계곡이나 울창한 숲은 주인공으로 등장하는데요. 반면에 국토의 정원사가 잘 가꾼 아름다운 산악지형과 목초지, 그리고 심지어 목초지를 한가롭게 오가는 가축은 조연으로 등장하기도 해요. 국토의 정원사에게 더 많은 보조금을 지급하고 1번 주인공의 역할을 강조하기 위해서는 나머지는 조연으로 역할을 바꿀 수 있겠지요.

요한 씨 설명을 들으니까 앞으로 유럽의 농촌풍경과 국토를 더 깨끗하고 아름답게 연출하기 위해서는 더 많은 조연배우가 등장하게 될 것 같은데요. 추가로 등장할 조연배우가 누구인지 궁금한데요. 독자들을 위해 좀 더 자세한 설명이 필요한데요.

미리 정답을 알려주면 안 되는데요. 3부에서 자세히 소개하려고 하거든요. 그래도 귀띔을 해야겠지요. 첫 번째 조연배우로 등장하게 될 대상은 사람이 아니라 돈이거든요. 유럽연합의 농촌이 깨끗하고 아름답게 관리되는 이유가 **국토의 정원사** 역할 때문이라고 했는데요. 이들이 정원사 역할을 하게 만든 유인책이 결국 공동농업정책으로 지급하는 **직불제 보조금**이거든요. 여러 번 소개했듯이 유럽연합에서 보조금을 주면 '눈먼 돈'으로 그냥 나눠주는 것이 아니라 모든 보조금에는 농부가 지켜야 할 의무사항이 따르거든요. 어쩌면 유럽연합에서 지급하는 보조금은 당근이자 채찍인 셈이지요. 농부가 국토의 정원사 역할을 하도록 만드는 원인행위를 하는 셈인데요.

그렇군요. 이제는 좀 더 이해가 되는데요. 유럽연합 정부가 지급하는 보조금이 조연배우 역할을 한다는 것을 알겠는데요. 그런데 인기가 많은 조연배우가 되기는 어려울 것 같아요. 흐흐

그동안 유럽연합의 농업정책을 연구하면서 오늘의 화두인 조연배우 역할에 대해 살펴보았어요. 어쩌면 인기는 크게 끌지 못했지만 아주 중요한 배역을 맡아서 해왔거든요. 60년 넘게 유럽연합의 핵심 정책으로 중요한 역할을 해오고 있는 공동농업정책이 대표적인 사례인데요. 앞에서 여러 번 소개했듯이 오늘날 식량안보를 책임지고 국토의 정원사 역할을 하는 농부에게 안정된 소득보장은 물론이고 유럽인들에게 안전한 먹거리를 안정적으로 공급하게 만든 정책이었거든요. 지금까지 유럽연합의 새로운 회원국으로 가입한 여러 나라에서도 조연배우의 도움을 많이 받았어요. 그런데 조연배우의 역할과 도움으로 가져온 변화가 나라마다 차이가 많이 나는데요. 왜 그런지 하나씩 살펴보고 자세하게 설명할게요.

먼저 발틱3국(에스토니아, 라트비아, 리투아니아)의 변화를 소개할게요. 이들 3국은 소련이 붕괴되기 직전인 1991년 소련연방에서 공화국으로 독립하여 2004년 유럽연합의 회원국으로 가입했어요. 소련연방에서 독립하는 과정에 발틱3국이 보여준 '발트의 길(Baltic Way)'은 비폭력 저항운동으로 유명한데요. 1989년 8월 23일 발트해 3국이 에스토니아의 수도 탈린, 라트비아의 수도 리가를 거쳐 리투아니아 빌뉴스로 이어지는 약 690km를 약 200만 명의 사람들이 인간 띠를 만들었다고 하네요.

발틱3국은 국토면적이 각각 5~6만 ㎢로 넓은 편은 아니지만 국토의 30% 내외 면적을 농경지로 활용할 수 있어요. 2010년 말 기준 농지면적은 리투아니아가 가장 넓은 2,743천 ha, 라트비아가 1,796천 ha, 에스토니아가 940천 ha를 기록했어요. 유럽연합에 가입한 이후 이들 3국은 공통적으로 농가호수기 그게 줄어든 반면에 농지면적이 크게 증가했이요. 농가호수는 에스토니아가 가장 많이 줄어들어 2003년 약 4만 명에서 2010년에는 약 2만 명으로 약 47%가 줄었어요. 리투아니아는 2003년 272천 명에서 2010년 200천 명으로 26.5% 줄었으며, 라트비아는 2000년 140천 명에서 2010년 83천 명으로 40% 줄었어요.

특이한 점은 3국 모두 유럽연합에 가입한 이후에 농지면적이 크게 늘어난 점인데요. 라트비아는 2000년 1,432천 ha에서 2010년 1,796천 ha로 25.4% 크게 증가했어요. 리투아니아 또한 2003년 2,419천 ha에서 2010년 2,743천 ha로 10.1% 증가했어요. 에스토니아는 2003년 약 80만 ha에서 2010년 94만 ha로 18.3% 늘었어요. 유럽연합의 회원국으로 가입한 이후에 발틱3국의 농지면적이 크게 증가한 이유는 여러 가지를 들 수 있는데요. 가장 큰 원인은 유럽연합의 공동농업정책 울타리에 들어가면서 기존의 다른 회원국과 똑같은 혜택을 받았기 때문인데요. 무엇보다 직불제 보조금 혜택을 받게 되어 그동안 제대로 관리하지 않던 유휴지까지 농경지로 활용하면서 경지면적이 크게 늘어나게 되었다고 하네요. 유럽연합의 공동농업정책으로 지급하는 직불제 보조금이 이들 3개국 농부들에게 조연배우 역할을 하면서 가져온 변화라고 할 수 있어요. 물론 유럽연합 회원국으로 가입하기 5년 전부터 가입후보국 대상으로 실시한 특별농업지원프로그램(SAPARD)의 영향이 컸던 것도 사실인데요. 이 프로그램과 공동농업정책 덕분에 3개국 농부의 농가소득이 증대했을 뿐만 아니라 까다로운 EU의 식품안전 기준에 맞춰 생산한 농산물을 지역 소비자들에게 공급할 수 있게 되었어요. 물론 직불제 보조금을 지급하는 조건으로 유럽연합의 다른 회원국 농부에게 적용하는 의무사항이 똑같이 적용되어 일부 농부들은 어려움을 겪기도 했어요. 새로운 제도가 제대로 정착할 때까지 상당한 시일이 걸렸는데요. 그 과정에 농업을 포기하고 도시로 이농한 농부가 많이 생겼다고 하네요.

유럽연합 회원국으로 가입한 이후에 농가호수의 변화 통계를 보면 잘 알 수 있어요. 리투아니아의 경우 유럽연합에 가입한 이후 농가호수가 26.5% 줄어들어 감소 폭이 상대적으로 적은 편이었지만, 에스토니아는 10년간 전체 농가의 절반이 농업을 포기하고 이농한 것으로 드러났어요. 이런 변화로 농가당 평균 경지면적은 크게 늘어났어요. 에스토니아의 경우 농가호수가 2만 호 이하로 떨어지면서 호당 평균 경지면적이 48ha로 크게 늘어나 서유럽 국가의 수준으로 농업경쟁력을 갖추게 되었어요. 반면에 리투아니아는 20만 호에 달하는 농가에서 2,743천 ha 농경지를 경작하여 호당 평균 경지면적은 13.7ha에 불과해요. 이는 발틱3국 중에 호당 평균 경지면적이 21.5ha로 2위인 라트비아 농가보다 경지면적이 36%나 작다는 뜻인데요. 그만큼 리투아니아에는 소농의 숫자가 많아요.

10년의 차이 - 농촌풍경

요안나 씨! 이번에 운 좋게도 라트비아와 리투아니아를 둘러볼 수 있었는데요. 30년 전에 이들 나라가 소련연방에서 독립하지 못했으면 갈 수 없었을 텐데요. 더구나 러시아가 우크라이나를 침략하면서 시작된 전쟁이 한창 진행 중인 나라와 가까운 지역을 다녀왔는데요. 폴란드에서 북쪽으로 올라갈 때는 잔뜩 긴장한 모습을 보이기도 했어요. 다행히 아무런 문제 없이 잘 다녀왔네요. 15년 전에 다녀온 에스토니아와 비교하면서 문제 낼게요. 발틱 2국의 농촌지역을 둘러보면서 서유럽 국가의 농촌풍경과 차이점이 많이 보였거든요. 그래서 두 가지 질문을 하려고 해요. 두 번째는 세밀한 내용이라 뒤에서 하고요. 우선 1번 질문인 첫눈에 보이는 차이점은 뭔가요?

글쎄요. 주마간산(走馬看山)이라고 너무 바쁘게 여러 곳을 다녀오느라 제대로 볼 여유가 없었는데요. 폴란드에서 북쪽으로 올라갈 때는 큰길마다 온통 공사판이 벌어져 지나가는데 엄청 고생한 기억만 있어요. 길도 막히고 해서 농촌풍경을 제대로 구경할 틈이 없었어요. 그래도 다음날 라트비아에서 리투아니아로 이동할 때는 여유를 가지면서 주변을 둘러볼 수 있었는데요. 두 나라의 농촌풍경을 보고 첫눈에 느낀 차이점이라면 아무래도 농촌지역이 제대로 관리되지 않은 모습이었는데요. 그래도 리투아니아 농촌풍경이 라트비아의 농촌모습보다는 나아 보였는데요. 아무래도 광활한 구릉지와 넓은 농경지의 관리상태가 조금 더 나아 보여서 그런 느낌을 받았어요. 그렇지만 두 나라의 농촌풍경은 그동안 깨끗하고 아름답게 잘 가꾼 서유럽 국가의 농촌모습과 차이가 많았어요. 심지어 라트비아로 올라갈 때 본 폴란드 북부지역 농촌모습과 비교해도 관리가 덜 된 느낌을 받았어요.

그렇지요. 비슷한 느낌이 들었거든요. 아무래도 서유럽 국가의 아름다운 농촌모습과 달리 제대로 관리되지 않고 방치된 듯한 모습을 볼 수 있었거든요. 작물이 한창 자라고 있는 광활한 농경지는 물론이고 수확을 끝낸 텅 빈

농지를 보면서 벨기에나 독일에서 흔히 볼 수 있는 잘 관리된 농촌모습과 다르다는 느낌이 들었어요. 가축을 사육하는 방목지의 모습은 물론이고 구릉지에 뒹굴듯이 아무렇게 놓여 있는 둥근 모양의 건초더미 모습에서도 관리가 제대로 안 되고 엉성하다는 느낌을 받았어요. 그래서 왜 이런 차이가 나게 되었는지, 차이가 나게 만든 가장 큰 원인이 무엇인지 곰곰이 생각하게 만들었어요.

요안나 씨! 두 번째 질문인데요. 차이가 나게 만든 이유가 뭘까요? 우리 속담에 '10년이면 강산도 바뀐다'고 했어요. 발틱3국이 유럽연합의 회원국으로 가입한 지 20년이 다 되었는데요. 공동농업정책의 울타리에 들어오기 전부터 농부들은 5년간 각종 교육과 훈련프로그램에 참석했고, 그 이후로는 유럽연합이 지급하는 다양한 보조금을 많이 받았거든요. 그런데도 차이점이 많이 보이거든요.

어려운 질문인데요. 물론 철학적인 답변을 원하는 질문은 아닐 텐데요. 우리가 파악하기 어려운 어떤 이유가 있겠지요. 무엇보다 오랜 사회주의 생활에 물들었던 습관이 20년 만에 바뀔 수 있을까 하는 생각이 드는데요. 특히 평생동안 농촌지역에서 작물을 재배하고 가축을 기르면서 생활하신 분들은 그동안 해온 농사방식을 짧은 기간 내에 바꾸기 어려울 것 같은데요. 우리나라에서도 농촌지역은 보수적인 성향이 높다고 하거든요. 라트비아와 리투아니아 농촌지역에서도 우리나라와 비슷할 것 같다는 생각이 드네요.

그렇네요. 철학적인 답변이 나왔어요. 어쩌면 상당 부분 공감이 가는데요. 라트비아와 리투아니아 농촌지역을 지나면서 농작업을 하는 농부들을 가까이서 볼 수 있었는데요. 요즘 우리나라 농촌에서도 볼 수 있는 모습과 아주

〈농촌풍경 10년 차이 사진〉

1은 라트비아 소농들이 품앗이로 감자를 수확하는 장면이다. 말이 끄는 달구지가 보인다.
2는 순박한 부부가 감자를 캐는 모습을 담았다.
3.4의 똑같은 모양의 건초더미 모습이 다르다. 3은 프랑스 브레따뉴 지역의 목초지 사진. 4는 리투아
니아 북쪽을 지나면서 찍은 사진이다. 차이를 느낄 수 있다.

비슷하다는 생각이 들었어요. 젊은 사람은 거의 볼 수 없고 대부분은 나이가
많이 들어 보이는 어르신들이 이웃집 농가와 품앗이하는 듯 공동작업에 참
여하고 농사를 짓고 있거든요. 더구나 그분들은 오랜 세월을 사회주의식 생
활방식에 익숙한 삶을 살아왔으니 유럽연합에 합류한다고 하루아침에 습관
이 바뀌지 않겠지요.

그리고 앞에서 잠깐 언급한 사항인데요. 발틱3국이 2004년 유럽연합의 새로운 회원국으로 가입한 이후 10년간 3개국 모두 농지면적이 크게 증가했다고 했는데요. 같은 시기에 서유럽 국가에서는 덴마크를 제외하고는 대부분의 나라에서 경지면적이 줄었거든요. 경지면적이 크게 늘어난 것은 유럽연합에서 공동농업정책으로 지급하는 직불제 보조금을 경지면적에 비례하여 회원국에 배분하기 때문인데요. 그래서 소련연방에서 독립한 이후 제대로 관리하지 않던 조건불리지역의 유휴지까지 농경지로 개발하여 경지면적을 크게 늘린 것 같아요.

그렇다면 유럽연합에서 지급하는 각종 보조금이 주인공은 아니더라도 조연배우 수준의 역할은 했지만 받아들이는 쪽에서 어떻게 활용하는가에 따라 큰 차이를 만드는 것 같아요. 권리는 잘 주장하지만 의무는 제대로 이행하지 않는 경우는 어느 나라에서나 볼 수 있는 현실인데요. 라트비아와 리투아니아 농촌모습이 바로 인근 국가인 폴란드보다 제대로 관리되지 않는 점은 분명하게 보였어요. 에스토니아를 방문했을 때 비슷한 차이점을 느낄 수 있었는데요. 10년 이상 지난 시점에서 그 당시에 느꼈던 것과 비슷한 차이점을 또 발견하게 되어 안타깝네요. 농업부문에서만 볼 수 있는 것이 아니라 일상생활에서도 쉽게 접할 수 있었는데요. 10년의 차이가 느껴지는 구체적인 사례를 몇 가지 더 소개할게요.

10년의 차이 - 라트비아 리가 호텔

요안나 씨! 발틱3국을 다녀오고 나서 불현듯이 10년의 차이라는 새로운 단어가 떠올랐어요. 실제로 10년 차이는 일상생활에서도 쉽게 찾을 수 있는데요. 이번에는 라트비아 리가에서 경험한 생뚱맞은 사례로 그 차이점을 토론해볼까 하는데요.

좋지요. 솔직히 호텔에서 숙박한 다음 날 아침에 그 사실을 알고 나서 좀 당황했거든요. 폴란드에서 아침 일찍 출발했는데도 목적지인 라트비아 리가시에 예약한 숙소까지 이동하는데 시간이 많이 걸렸어요. 당초 예상했던 시간보다 두 배가 더 걸려 밤늦게 도착했는데요. 다음 날 호텔 지배인이 친절하게 설명을 해줘서 그 이유를 알게 되었어요.

유럽연합에서 지원하는 예산으로 폴란드에서 발트해까지 고속도로를 건설하고, 좁은 도로를 확장하느라 공사하는 구간이 아주 많다고 했어요. 길을 잘못 선택한 책임이 컸지만 다음 날은 완전히 다른 길로 돌아와서 생고생하지 않아도 되었는데요. 어떤 일이건 '기대가 크면 실망이 크다'는 평범한 사실을 깨닫는 기회가 되었어요. 밤늦게 도착한 호텔은 밖에서 볼 때는 엄청 크고 화려하게 보였는데요. 열쇠를 챙겨 배정받은 방으로 들어가서 몇 발자국 걸을 때마다 마룻바닥에서 삐걱거리는 소리가 났어요. 하루 종일 먼 거리를 이동하느라 차 안에서 장시간 시달린 탓에 베개에 머리가 닿자마자 곧바로 곯아떨어졌어요. 옆방에서 코 고는 소리가 들리던 말던 신경 쓸 겨를도 없이 푹 잤어요.

다행히 다음 날 아침에는 비가 멎고 햇빛이 반짝이는 좋은 날씨가 찾아왔어요. 금강산도 식후경이라고 아침을 맛있게 챙겨 먹고 리가 시내 구시가지를 구경하고 발트해에 발을 담그려 나갔다 왔지요. 그런데 라트비아 수도인 리가는 그동안 풍문으로 듣고 상상했던 도시가 아니었어요. 소련연방시절에는 모스크바에서 사는 부자들의 휴양도시로 유명한 도시라고 들었는데 많이 쇠퇴한 느낌을 받았어요. 발트해에 발을 꼭 담그고 와야 한다는 누구의 고집불통 때문에 한 시간 넘게 시내를 헤매다 결국에는 발트해 근처에는 가 보지 못하고 호텔로 돌아왔지요.

호텔에 도착하여 방안에서 바깥을 보는데, 창문 너머로 크로아티아 자그 레브 돌라체 시장처럼 직거래장터(노천시장)가 열렸더군요. 노천시장을 구경 하면서 직접 농사를 짓는다는 농부가 가져온 과일과 채소를 몇 개 구입했는 데 가격이 상당히 비싸더군요. 언제 어디서나 농부를 사랑하고 존경하는 누 구는 직거래장터에서 판매하는 과일과 채소의 가격은 대형마트에서 거래되 는 가격보다 높을수록 좋다고 주장하는 바람에 깎지 않고 달라는 가격대로 계산을 했어요.

그런데요. 노천시장에서 이것저것 구경하다가 무심코 한 곳을 보면서 눈 을 의심하게 되었는데요. 방안에서 창문을 통해 밖을 볼 때는 전혀 눈치채지 못했는데 반대 방향에서 호텔을 보면서 알게 되었거든요. 전혀 다른 건물이 눈앞에 나타나 있었어요. 그래서 물었지요. 호텔이 어디로 갔는지 잘 보이지 않는데 어느 건물인가요? 분명히 우리 눈앞에 보이는 이 건물은 아닌 것 같 은데요. 어제저녁에 우리가 숙박한 호텔이 맞는지 물었어요.

그래서 요한 씨가 자세히 설명을 했어요. 앞에 보이는 건물이 어제저녁에 우리가 숙박한 호텔 건물이 맞다고 했어요. 앞뒤가 전혀 다른 모습을 연출하 고 있었거든요. 앞쪽에는 최근에 리모델링한 표시가 분명히 나거든요. 그런 데 호텔 뒤쪽은 소련연방시절에 사용했던 건물에서 자주 볼 수 있는 외벽과 비슷했어요. 리가 시내를 지나면서 마주친 오래된 건물에서도 볼 수 있었던 덧칠한 페인트가 그대로 드러났거든요. 마침내 우리는 라트비아가 독립한

라트비아 리가시 호텔의 뒷모습과 호텔에서 가까운 직거래 장터로 운영하는 노천시장

지 30년이 지났는데도 앞뒤가 전혀 다른 모습의 호텔을 운영하고 있는 사실을 일게 되있지요.

뒷모습을 보고 나서 다시 앞쪽으로 이동해서 호텔을 보았어요. 앞쪽에는 누가 보아도 좋은 호텔로 인정하게 아주 그럴싸하게 포장을 잘했는데요. 우리는 이미 뒷모습을 확실히 보고 온 뒤라 호텔에 대한 신뢰가 어떻게 바뀌었는지 상상이 되지요. 전날 저녁에 걸을 때마다 마룻바닥에서 삐걱거리는 소리가 난 이유를 알 것 같았어요. 호텔 앞쪽을 리모델링하면서 방안의 시설을 일부 손을 본 것 같았어요. 화장실의 변기와 샤워장은 새로 꾸민 것처럼 보였는데요. 벽면은 페인트 칠을 해서 그런대로 밝은 느낌을 주었어요. 문제는 마룻바닥인데요. 목재로 만든 낡고 오래된 마룻바닥을 걷어내지 않고 카펫만 올려놓아 걸음을 옮길 때마다 아름답지 못한 소리를 들어야 했어요.

크로아티아 자그레브 시내 중심가에 상설시장으로 유명한 돌라체 노천시장

'눈 가리고 아웅' 사례인데요. 앞으로 라트비아의 10년 차이가 아니라 30년 차이 사례를 더 많이 발굴할 수 있을 것 같은데요. 혹자는 너무 예민한 주제를 소개한다고 할지 모르겠는데요. 변하지 않으면 어떻게 될까요?

'꽃보다 할배'로 유명해진 크로아티아

요안나 씨! 크로아티아가 2013년 유럽연합의 회원국으로 가입한 이후로 새로운 회원국이 등장하지 않았는데요. 최근 영국이 탈퇴하고, 세르비아를 비롯한 몇 개국이 가입협상을 진행하고 있어서 앞으로 EU 회원국 숫자는 변동이 불가피할 것 같은데요. 2023년 1월부터 크로아티아가 유로존 회원국이 되어 유로화가 공식적으로 통용된다고 하네요. 우리나라에서는 모 방송사에서 방영한 〈꽃보다 할배〉 프로그램 영향으로 크로아티아를 여행하는 사람들이 많이 증가했다고 하는데요. 그래서 질문이 있어요. 크로아티아가 우리나라 사람들에게 인기가 많은 여행국이 된 비결이 뭘까요?

글쎄요. 이번 질문은 비결을 물어보니까 답하기 어려운데요. 해외여행은 가 보고 싶은 나라의 현지 정보가 중요하니까 여행사가 제공하는 여행정보나 방송국에서 방영하는 프로그램이 영향을 주겠는데요. 요즘은 실시간으로 전 세계의 소식을 들을 수 있으니까 아무래도 홍보를 자주 하면 많은 사람들이 찾아가게 될 것 같아요. 그리고 여행하고 싶은 나라에서만 '보고' '즐기고' '맛보고' 할 수 있는 뭔가 특별한 것이 있어야 되겠지요. 크로아티아는 유럽인들이 선호하는 여행국으로 알고 있거든요. 그러면 유럽 여러 나라의 여행지 중에 크로아티아가 가진 매력이 뭔지 알면 되겠네요.

ㅎㅎ 우문현답인데요. 질문에 답이 있는 질문을 많이 해야 하는데 이번에는 상황판단을 제대로 못 했어요. 그러면 유럽의 다른 나라보다 크로아티아가 가진 매력부터 하나씩 살펴볼까요? 먼저 크로아티아가 어디에 있는 나라인지 간략히 알아보기로 하죠. 남서쪽으로 아드리아해 건너편에 있는 이탈리아와 가깝고요. 북쪽으로 1991년 유고슬라비아 연방에서 같이 독립한 슬로베니아와 국경을 맞대고 있네요. 북동쪽에는 헝가리, 동쪽 내륙은 과거 유고연방 국가와 국경을 맞대고 있는데요. 바다와 대륙에 접한 지역에 위치하여 늘 강대국의 침략에 시달려 그동안 독립된 나라로 운영할 기회가 많지 않았는데요.

일단 긴 해안가를 끼고 바다에 접해 있는 위치가 마음에 드는데요. 배고프면 바다에 나가 고기를 잡으면 해결할 수 있으니까요. 크로아티아 내륙지역에는 넓은 평야지대가 있어서 밀과 옥수수를 비롯한 충분한 먹거리를 생산할 수 있고요. 아드리아해 섬에는 올리브와 무화과를 재배하는 농장이 많네요. 이런 농장이 있는 곳에는 양이 빠지면 서운하겠지요. 소와 젖소 등 사육하는 가축이 다양하고 치즈와 우유 생산량이 많네요. 사람이 생존하기 적합한 기후조건이 갖춰져 있고, 먹거리가 풍부하게 생산된다면 아마 많은 사람들이 탐을 낼 정도로 살기 좋은 지역으로 인정받을 수 있겠는데요.

그래서 겨울철 날씨가 춥고 우중충한 북유럽 국가 사람들이 휴가철마다 크로아티아로 여행을 많이 간다고 하네요. 심지어 휴가철이 되면 1,500㎞나 떨어진 독일 베를린에서도 차를 운전하여 크로아티아에 다녀오는 사람들이 많다고 하네요. 휴가철마다 유럽 여러 나라에서 지중해 연안 국가를 찾아가기 때문에 이때는 교통체증이 심해 불편이 많다고 해요.

요안나 씨! 크로아티아가 기후가 좋고 먹거리가 풍부한 것을 알게 되었어요. 아무래도 먹거리에 관련해서 공부를 좀 더 해야겠지요. 어떤 농작물을 가장 많이 재배하는지, 올리브를 비롯한 과일은 생산량이 얼마나 되는지, 그리고 사육하는 가축의 종류와 생산하는 고기와 유제품 생산량이 얼마나 되는지 자세하게 설명할게요.

크로아티아는 발칸반도 북쪽에 위치한 나라인데요. 서쪽으로는 지중해의 일부인 아드리아해, 북서쪽에는 이스트라반도, 중앙에 판노니아 평원, 북동쪽으로 디나르 알프스산맥과 접해 있어요. 전체 국토의 53.4%가 해발 200m 이하 저지대로 구성되어 산림면적이 국토의 39%인 220만 ha로 경지면적보다 넓어요. 경지면적 중에 농경지로 이용하는 면적은 131만 ha에 달하는데 주로 옥수수, 밀, 보리 등의 곡물과 올리브, 무화과, 포도 등 과일을 재배하고 있어요. 산림지역에는 양, 젖소 등의 가축을 사육해요.

크로아티아는 밀, 옥수수, 가금류, 달걀, 포도주는 자급률이 100% 수준으로 식량안보와 밀접한 품목은 자급률을 높게 유지하고 있어요. 반면에 채소와 과일을 비롯한 원예농산물과 가공식품의 수입은 매년 증가하고 있어요. 농업생산액이 국내총생산(GDP)에 기여하는 비율은 약 4%에 불과하지만 크로아티아에서 농업의 중요성은 GDP 점유율로 나타나는 것보다 더 높게 평가를 받고 있어요. 크로아티아 국토의 대부분 지역(92%)은 농촌지역으로 크로아티아 인구의 약 절반이 농촌지역에 살고 있어요.

농가호수는 전체 인구의 5% 수준인 23.3만 호에 달하는데 경지면적이 131만 ha로 호당 평균 경지면적인 5.6ha로 작아요. 그래서 소농의 비중이 절대적으로 높은 편인데요. 앞으로 소농을 중심으로 구조조정이 진행될 것으로 예상되어 농가호수는 매년 줄어들 전망인데요. 이는 전체 농가의 52.5%가 평균 경지면적이 2ha 미만의 영세소농이기 때문이에요. 호당 평균 경지면적 8.5ha 이상인 경우 크로아티아에서는 상업농으로 분류되는데 이들 농가는 전체 농가의 15%에 불과해요. 유럽연합의 공동농업정책의 울타리에 포함되어 정책이 추진된 지 10년이 되었지만 크로아티아의 농업 부문은 농지소유권 분쟁, 영세소농 중심 운영 등으로 어려움을 겪고 있다고 하네요.

10년의 차이 – 슬로베니아와 크로아티아 농촌풍경

1991년 유고연방에서 독립한 슬로베니아와 크로아티아가 유럽연합의 회원국으로 가입한 시기를 보면 약 10년 차이가 나는데요. 두 나라 모두 나라가 크지 않아 국토면적에서 농경지가 차지하는 비중이 25% 수준으로 작아요. 왜냐하면 슬로베니아는 산악지형이 많고 크로아티아는 산림지대가 많기

〈10년의 차이, 크로아티아와 슬로베니아 농촌 사진〉

10년의 차이를 보여주는 크로아티아와 슬로베니아 농촌 사진

크로아티아 농촌풍경 사진으로 크레스 섬 올리브 농장과 북부지역 소농의 채소농장 사진(좌)
슬로베니아 농촌풍경 사진으로 농가 민박 주변의 포도 농장과 중부지역 메밀꽃 사진(우)

때문이에요. 두 나라 국토의 정원사 숫자는 농경지 면적의 차이와 비슷하게 크로아티아가 3배 더 많은데요. 그런데 두 나라의 농촌풍경을 비교하면 큰 차이점을 느낄 수 있어요. 앞에서 산악지형이 많은 슬로베니아, 스위스, 노르웨이의 농촌풍경을 몇 번 비교했는데요. 슬로베니아의 농촌지역은 스위스만큼 산악지형이 많고 경지면적이 좁지만 그동안 각종 보조금이 훨씬 많이 투입된 스위스의 농촌지역보다 더 깨끗하고 아름답게 관리되고 있어요. 반면에 크로아티아의 농촌풍경은 슬로베니아와 차이가 많았어요. 여러 가지 이유가 있겠지만 한 가지는 유럽연합의 공동농업정책이 현장에 적용된 기간이 10년 차이가 있기 때문인데요. 국토의 정원사인 농부가 국토를 제대로 관리할 수 있게 당근과 채찍을 동시에 준 정책의 혜택을 입은 기간의 차이라고 생각해요.

10년의 차이를 극복한 동서독 농촌풍경

요안나 씨! 독일의 아름다운 농촌풍경을 자주 보았을 텐데요. 그동안 농부의 새로운 이름을 국토의 정원사로 홍보하면서 독일 사례를 자주 소개했는데요. 2000년대 초반에는 동서독 지역의 농촌풍경에 차이가 많았어요. 독일이 재통일된 이후 10년쯤 지난 시기였는데요. 구동독 농촌지역을 다녀볼 기회가 있었어요. 베를린에서 가까운 포츠담 인근의 농촌지역과 대학도시로 유명한 마그데부르그 주변의 농촌을 둘러보면서 벨기에서 가까운 본이나 쾰른 지역 농촌과 차이가 많은 것을 느꼈어요. 구서독 지역 농촌은 누군가의 손길이 닿은 듯 깨끗하게 관리된 모습을 보였지만 반면에 구동독 지역 농촌은 자연 그대로 모습을 연출하고 있었거든요. 어쩌면 그 당시 동서독 농촌풍경의 차이는 오늘날 슬로베니아와 크로아티아 농촌의 모습에서 느낄 수 있는 차이만큼 났다고 생각해요.

그런데 최근 돌아본 구동독 지역 농촌의 모습은 서유럽 국가의 농촌풍경과 차이를 느낄 수 없을 정도로 완전히 달라졌어요. 그동안 유럽연합의 공동

짧은 기간에 10년의 차이를 극복한 비슷한 모습의 동서독 농촌풍경 사진

농업정책을 이끌어온 독일 연방정부의 '당근과 채찍' 정책이 가져온 성과라고 생각해요. 결국 오늘날 동서독의 농촌풍경을 똑같이 아름답게 연출하도록 만든 것은 앞에서 여러 번 강조한 주인공 1, 2, 3이 합심하여 노력한 덕분인데요. 무엇보다 그동안 국토를 정원처럼 아름답게 가꿔 온 농부의 땀과 열정이 중요한 역할을 했어요. 둘째로 오랜 기간 국토의 정원사들이 제대로 역할을 할 수 있게 경제적인 지원과 응원을 아끼지 않은 조연배우의 역할을 빠뜨릴 수 없어요. 결코 하루아침에 극복한 것이 아니라 오랜 기간 주인공과 조연 배우가 함께 노력한 성과라고 확신해요.

제3부

유럽연합이 실천하는 지킬박사 농업

6장

유럽연합의 지킬박사 농업정책

6.1. 국토의 정원사(농부의 새로운 이름)

요안나 씨! 그동안 유럽연합이 추진해온 다양한 농업정책에 대해 들을 기회가 많았을 텐데요. '서당 개 삼 년이면 풍월을 읊는다'는 속담처럼 이제는 자주 들어본 유럽연합의 농업정책에 대해서는 전문가 수준으로 이해를 잘하는데요. 유럽연합에서 실천하는 지킬박사 농업의 첫 번째 사례로 '국토의 정원사'를 선택했거든요. 실제로 이 용어는 2000년 초반에 유럽연합 농업 사례를 신문에 기고할 때 처음 소개한 '번역의 산물'인데요.

우리나라에 소개한 이후로 기사 내용 못지않게 이 용어에 대한 독자의 반응이 좋았거든요. 그래서 아직까지 이 용어를 국내외에 널리 알리는 전도사 역할을 하고 있어요. 이 용어를 홍보할 때는 언제나 '농부는 어떤 역할을 하는 분입니까?'라는 질문으로 시작하지요. 다양한 대답을 하는데요. 그래도 빠지지 않고 등장하는 내용은 '식량안보를 책임지고 먹거리를 생산하는 아주 중요한 역할을 하는 분'이라는 답변이에요. 유럽에서는 농부의 다양한 역할 중에 국토를 아름답게 관리하는 정원사(Gardener) 역할을 강조하며 자주 소개해요. 그래서 후속 작업으로 농부의 새로운 이름을 국토의 정원사로 소개하는 책을 발간했고요.

지금부터 그동안 유럽 여러 나라에서 강조해온 농부의 새로운 이름인 국토의 정원사 사례를 차례로 소개할게요. 5장 독일의 농업 사례에서 언급했듯이 독일에서는 농부의 역할을 '농촌경관관리자'로 평가해왔어요. 독일 정부는 물론이고 유럽연합이 공동농업정책으로 독일 농부에게 각종 보조금을 주는 이유가 농촌경관을 아름답게 관리하기 때문이라고 하네요. 유럽연합 회원국에서 독일의 농업경쟁력은 아주 높아요. 그런데도 독일 연방정부는 농부에게 다양한 보조금을 지급하고 있어요. 그것도 상당히 많은 금액이 매년 지급되는데 농가소득에서 각종 보조금이 차지하는 비중이 높은 편이에요. 그런데 2016년 말 기준으로 독일 전체 농가의 52%는 농업소득으로 생활이 힘들어 농외소득을 벌었다고 하네요.

농경지 규모가 큰 전업농가들도 농업소득 이외에 다른 소득을 창출해야 생활이 가능하다고 하네요. 이들 농가는 생산한 농축산물을 직거래를 통한 판매를 늘리기 위해 수말농장이나 체험농장을 운영해요. 뿐만 아니라 산림관리원으로 참여하거나 바이오 디젤을 비롯한 재생에너지를 생산하여 판매한다네요. 2013~2018년 전업농가의 평균 농가소득은 54,200유로(약 7천만 원)에 불과했어요. 이 금액도 대부분 부부가 함께 번 소득이라고 하네요. 이 소득으로 생활비를 비롯한 농가 부채 상환, 향후 투자에 필요한 예비비 적립, 노후연금 납부 등에 지출한다고 하는데요. 이 때문에 독일 전업농가의 생활이 늘 빠듯할 수밖에 없다고 하네요. 중소규모 가족농의 농업소득은 전업농가의 1/3 수준인 15,400유로(약 2천만 원)에 불과하여 부족한 수입은 농외소득과 독일 정부와 EU의 공동농업정책으로 지급하는 직불제 보조금으로 충당하고 있어요.

국토의 정원사 역할을 가장 충실하게 수행하는 독일의 전업농가들이 2017년 받은 보조금은 농가당 34,391유로(약 45백만 원)에 달할 정도로 많았어요.* 그렇다면 전업농가의 평균 농가소득에서 보조금이 차지하는 비중이 얼마나 될까요? 독일 전업농가의 농가소득에서 보조금이 차지하는 비율은 40% 수준으로 프랑스 전업농가의 보조금 비율과 거의 비슷해요.

요한 씨 설명을 들으니 독일 정부와 EU 중앙정부에서 독일 농부에게 보조금을 지급하는 이유를 알 것 같은데요. 5장에서 독일 농부가 매년 생산하는 호밀 가격과 시장에서 판매되는 호밀 빵의 가격 변동표를 보았는데요. 호밀은 물론이고 밀, 보리, 옥수수 등 주요 곡물 가격은 50년 동안 거의 변화가 없이 낮게 유지되고 있어요. 그렇지만 농부는 다양한 공익적 기능을 해왔거든요. 독일 농부는 시장에서 보상해주지 않지만 농촌풍경을 아름답게 보전해야 하고, 다른 한편으로는 소비자에게 품질 좋은 농산물을 공급해야 하는 큰 책임을 지고 있기 때문이에요.

그동안 요한 씨가 농부의 중요한 역할로 소개해온 '국토의 정원사' 개념을 독일에서는 조금 다르게 소개했는데요. 전체적인 뉘앙스는 '작물 재배를 통해 가꾸어진 아름다운 농촌풍경을 보전해야 하는 의무(responsibility to ensure the preservation of cultivated landscape)'와 비슷한 맥락이 아닐까 하는 생각이 드네요.

---

* 보조금 내역을 세분하여 살펴보면 EU 공동농업정책 예산으로 지원되는 직불제 보조금에서 ha당 287유로 지급되어 전체 보조금의 70%를 차지하였다. 그리고 환경보전프로그램, 기후변화 방지 및 녹색 프로그램 등 다른 명목의 보조금으로 ha당 124유로가 추가로 지급되었다. 전업농가에 평균 34,391유로의 보조금이 지급된 점을 감안하면 이들 농가의 평균 경지면적은 83.7ha로 독일 농가의 평균 경지면적 60ha보다 1.4배 넓은 셈이다.

요안나 씨! 유럽연합 회원국의 '국토의 정원사'를 소개할 때 반드시 같이 나오는 내용이 뭘까요? 우문현답이 될 것 같아서 정답을 바로 공개할게요. 보조금인데요. 둘의 관계를 떼어내고서는 설명이 불가능해요. 유럽연합이 공동농업정책의 큰 틀에서 각종 보조금으로 농가를 지원했기 때문에 오늘날 유럽의 어느 지역 농촌을 방문해도 깨끗하고 아름답게 관리되고 있어요. 물론 보조금은 공짜로 주는 것은 아니지요. 엄격한 의무조건을 제대로 이행해야 지급하거든요. 독일 또한 국토의 정원사에게 보조금을 지급할 때는 의무사항**을 엄격하게 적용해요.

또 다른 이유는 유럽 농부들은 다른 어느 나라 농부보다 환경보전, 동물복지, 소비자보호를 위해 훨씬 더 까다롭고 엄격한 의무사항을 준수해야 하기 때문이지요. 이렇게 엄격하고 높은 수준의 의무사항을 준수하면서 농사를 지으려면 생산비가 높아져 글로벌 경쟁에서 불리하게 작용하게 되거든요. 유럽연합에서 농부의 권익을 대변하는 농민단체협의회(COPA)를 비롯한 농업단체들은 이로 인해 발생한 농가 피해는 반드시 보상이 필요하다는 논리로 대응해왔어요.

독일 농부에게 유럽연합 중앙정부 예산이라고 할 수 있는 공동농업정책(CAP) 직불제 예산과 지방정부 예산인 독일 정부의 지역개발예산에서 보조금이 지급되는데요. 2014~2020년에 독일에 배정된 CAP 예산 총액은 62억

** 직불금을 받는 독일 농부가 지켜야할 기본적인 의무사항 하나를 소개하면 다음과 같다. 농촌경관을 아름답게 보전하고 양질의 농산물을 소비자에게 공급하는 것이 의무이다(Farmers bear a great responsibility to ensure the preservation of cultivated landscapes and supply the population with high-quality foods).

유로(약 8조 600억 원)에 달했는데 농가에게는 경지면적에 비례하여 지급되었어요. 직불제 예산의 30%는 소위 말하는 녹색프로그램(greening scheme)에 참여하는 농가에게 우선적으로 지급되었어요. 이 보조금을 받기 위해서는 농가는 기존의 의무사항(cross-compliance standards) 이외에 환경친화적이고 기후변화를 줄일 수 있는 영농방법을 준수해야 해요. 중소규모 농가들이 경작하는 일부 농경지는 할증된 보조금을 받을 수 있고, 영농후계자는 별도 프로그램에 참여하면 추가로 보조금을 받을 수 있어요. 독일 연방정부도 CAP 두 번째 축으로 불리는 지역개발예산으로 보조금을 지급하는데요. 주로 농업용 시설 개보수 투자비용, 유기농산물 재배농가 및 환경보호와 기후변화 대응 프로그램에 참여하는 농가에게 지급하는 보조금에 이 예산이 활용되어요. 산악지형이나 조건불리지역 농가에게는 별도의 조건불리지역 보조금이 지급된다고 하네요.[1]

봄 유채꽃과 가을 유채꽃의 차이
벨기에 농촌풍경을 아름답게 연출한 가을 유채꽃 모습이다. 여름철 심한 가뭄으로 피해를 입은 옥수수를 수확한 농지에 순환경작으로 가을 유채를 심어 국토를 정원처럼 아름답게 가꾼 모습이 이채롭다.

국토의 정원사와 가축의 역할

요안나 씨! 슬로베니아 농업을 소개할 때 잠깐 언급한 내용인데요. 스위스, 노르웨이, 오스트리아처럼 산악지형이 많은 나라의 농촌풍경을 아름답게 연출하는데 주인공 1, 2, 3이 필요하다고 했는데요. 국토의 정원사 역할을 하는 농부는 총괄책임자로 등장해야 하지만 두 번째 주인공은 가축이라고 했거든요. 방목시를 한가롭게 거닐며 풀을 뜯는 가축의 모습이 빠진 스위스 산악지역의 아름다운 농촌풍경이 기능할까요? 아름다운 만년설 풍경은 눈이 쌓여 있는 계절에는 진가를 발휘하죠. 그렇지만 녹색 초원이 뽐내는 계절에 소, 양, 말 등 가축이 없는 스위스 알프스산맥의 아름다운 풍경은 떠오르지 않거든요.

노르웨이는 어떤가요? 노르웨이는 여러 가지 면에서 농업에 불리한 조건을 가진 나라인데요. 농지면적은 국토면적의 3%에 불과하고, 토양의 비옥도가 낮고 위도가 높아 기후조건이 농업에 불리하거든요. 그런데 국토의 대부분이 산악지형으로 구성된 노르웨이의 아름다운 농촌풍경은 어떻게 연출될까요? 주인공 1, 2, 3은 지역에 따라 그 역할에서 약간 차이를 보이는데요. 노르웨이 농업을 결정하는 중요한 요인으로 기후와 시리석 조건이라고 앞에서도 설명했는데요. 이 때문에 재배할 수 있는 작목이 제한될 수밖에 없어요. 특히 곡물의 경우 ha당 생산량이 낮아 자급자족할 만큼의 농산물을 생산하는 데 한계가 있어요. 그래서 그동안 노르웨이는 농사에 불리한 자연환경을 극복하면서 필요한 먹거리를 생산하기 위해 목초지를 활용하여 가축을 사육하는 축산에 더 큰 비중을 둘 수밖에 없었어요. 전체 농가의 27%가 양과 염소를 방목하면서 가축을 사육하는 농가인데요. 젖소를 사육하는 농가의

가축은 유럽의 농촌풍경을 아름답게 가꾸는 또 다른 주인공이다. 목가적인 풍경을 연출하고 방목지에 생물다양성을 높이는 역할까지 한다.

비중이 그다음으로 전체 농가의 18%를 차지하고 있어요. 노르웨이 농업의 절반은 축산이 차지하는 셈이지요. 이들 농가들이 동서로 길게 뻗은 넓은 면적의 노르웨이 국토를 아름답게 관리하는 '국토의 정원사' 역할을 해왔어요.

오늘날 정원처럼 잘 가꾸어진 유럽의 농촌풍경은 결코 하루아침에 만들어진 것이 아니라고 자주 강조했는데요. 그동안 수차례 크고 작은 전쟁의 소용돌이 속에 농업기반이 수시로 파괴되고 피폐해졌거든요. 과거에는 일단 전쟁이 터지면 농업부문의 피해가 오늘날보다 훨씬 오래 지속되었어요. 무엇보다 파괴된 농업기반시설을 복구하는 데 전쟁 기간의 10배가 넘는 시일이 걸렸다고 하네요. 그리고 전쟁에 차출된 병사의 대부분이 농부였어요. 그래서 오늘날 깨끗하고 아름다운 유럽의 농촌풍경은 수많은 역경을 이겨낸 농부들의 땀과 노력으로 이뤄낸 성과이기에 더 놀라운 일이지요. 유럽 농부들은 식량을 생산하여 필요한 양식을 제공하는 생명창고지기 역할과 함께 국토를 아름답게 가꾸는 부가적인 역할까지 해왔어요. 유럽의 여러 나라에서 납세자인 소비자는 농부의 역할 중에서 국토를 아름답게 가꾸는 '국토의 정원사' 역할을 높게 평가한다네요. 그래서 직불금 예산으로 농부에게 다양한 보조금을 지급하는 것에 별다른 이의를 제기하지 않고 동의한다네요. 최근에 우리나라 농업전문가를 중심으로 농부의 역할을 '농업환경자원관리자'로 확장하여 소개하는 사례가 늘어나고 있지요. 그렇지만 필자는 그동안 농촌을 정원처럼 깨끗하고 아름답게 가꾸어 온 '국토의 정원사' 역할을 가장 강조하고 싶네요.

6.2. 농지보전(미래세대에게 가장 중요한 농업자산)

요안나 씨! 농부가 농사를 짓는 데 가장 중요한 자산이 뭘까요? 너무 쉬운 질문인가요? 요즘은 땅이 없어도 식물공장에서 채소를 생산하는 시대지만 그래도 농부에게 가장 중요한 자산은 누가 뭐라고 해도 농지가 답이지요. 유럽 대부분의 나라는 국토면적의 절반을 농지로 사용할 수 있어요. 그래서 특히 중부와 서부 유럽국가의 농촌지역은 언제 어디를 가더라도 넓은 들판에는 곡식과 채소가 자라고 목초지와 울창한 숲에는 한가롭게 풀을 뜯는 가축을 볼 수 있는데요. 어쩌면 세계에서 가장 축복받은 지역이지요. 요안나 씨도 유럽에서 지내면서 농촌지역을 지날 때마다 광활한 농경지를 보면서 어떤 때는 배가 아픈 경우가 있었다고 했는데요. '사촌이 논을 사면 배가 아프다'라는 속담이 그냥 나오지는 않았겠죠. 농부는 땅이 없으면 농사를 지을 수 없으니까요.

그런데 우리나라는 농지를 제대로 보전하지 못하는 것 같아 안타깝네요. 지난 50년 동안 줄어든 농지면적 통계를 보면 실감이 나거든요. 1975년에 우리나라 전체 경지면적이 224만 ha에 달했으나 그 이후 매년 평균 1% 내외 비율로 줄어들었어요. 1990년 210만 ha, 2000년 190만 ha, 2010년

172만 ha, 2020년에는 156만 ha로 매년 감소한 것을 알 수 있어요. 특히 논의 면적은 1975년 130만 ha에서 2020년에는 83만 ha로 줄어들어 지난 50년간 약 40%가 감소했어요. 논은 5천 년이 넘는 우리나라 역사에서 주식(主食)인 쌀을 생산하는 데 없어서는 안 되는 가장 중요한 농업자산 역할을 해왔어요. 전 세계 모든 나라가 우량농지를 확보하고 보전하기 위해 최우선 정책을 펼치는데 우리나라는 짧은 50년 동안 가장 중요한 농업자산인 논의 면적이 40% 줄어들게 만든 나라가 되었어요. 앞으로 미래세대의 안정된 먹거리 공급은 물론이고 굳건한 식량안보 차원에서 정말 안타까운 일인데요.

그래서 지금부터 유럽연합 회원국에서 실천해온 지킬박사 농업 두 번째 사례로 **농지보전정책**을 소개할게요. 그동안 유럽연합의 모든 회원국이 농경지를 엄격하게 보전하는 정책을 추진해 왔어요. 회원국 중에서 독일이 가장 엄격한 기준을 정해 농지전용을 철저하게 관리하고 있는데요. 독일 연방정부는 농지를 다른 용도로 전환할 수 있는 최고 한도를 1일 30ha 이내로 정해두고 농지를 엄격하게 보전하고 있어요.

독일은 국토의 서쪽과 북쪽 및 북동쪽은 넓은 평야지대로 구성되어 경지면적이 넓은 반면에 스위스와 오스트리아 국경과 가까운 남부지역과 중동부 지역은 표고가 높은 산악지형으로 목초지가 발달되어 있어요. 중부지역은 구릉지와 평야지대가 혼재되어 있어요. 그래도 작물을 심고 가축을 사육할 수 있는 농경지로 활용가능한 경지면적이 상당히 넓은 편이에요. 전형적인 남고북저형 모습의 국토인데 독일의 전체 국토면적의 절반을 농경지로 이용할 수 있을 정도로 경지면적이 넓어요.

그동안 독일 연방정부가 우량농지를 보전하기 위해 얼마나 노력했는지 통계수치를 보면서 설명할게요. 2000년 17백만 ha에 달했던 경지면적은 그 이후 10년간 약 24만 ha가 감소했어요. 다른 용도로 전용된 경지면적이 연간 24,000ha로 오늘날 시행 중인 연방정부 의지목표(일일 최대 전용면적 30ha)와 비교하면 초과한 수치로 해석할 수 있어요. 그렇지만 10년 동안 전체 경지면적에서 전용된 면적의 비율을 보면 약 1.4%에 불과할 정도로 우량농지를 잘 보전해왔어요.

앞에서 잠시 설명했듯이 독일은 농경지를 작물을 재배하는 경작지와 가축을 사육하는 목초지로 구분하여 이용해왔어요. 그동안 전체 경지면적(UAA: Utilised Agricultural Area 기준)에서 작물 경작지(arable land)가 70.9%, 축산용 목초지(permanent grassland and meadow)가 27.9%를 차지했어요. 그런데 독일 정부가 우량농지를 보전하는 정책을 강화하면서 2000~2010년 기간에 경작지는 오히려 10만 ha가 늘어났어요. 이는 그동안 독일이 식량안보의 중요성을 늘 강조하면서 국민의 기본 먹거리인 주곡의 자급률을 100% 이상 유지하기 위해 노력한 정책과 밀접한 연관이 있다고 생각돼요. 2010년 곡물 경작지는 전체 농경지의 39.5%인 약 660만 ha로 가장 넓은 면적을 차지했어요. 실제로 2016~2018년 3년간 주요 농산물 평균자급률을 보면 주곡인 곡물은 109%, 돼지고기 119%, 치즈 122%, 신선 유제품 118%, 감자 149% 등 높은 수준을 달성했어요. 반면에 축산용 목초지 면적은 전체 경지면적의 28%에 달하는 440만 ha를 차지했는데 2000년 대비 목초지(meadow)는 41만 ha 줄어들고, 방목지(rough grazing area)는 53,000ha 증가했어요.

최근에는 독일에서도 농경지를 다른 용도로 전용하는 면적이 매년 증가하여 골머리를 앓고 있어요. 특히 인구 밀접지역에서는 주거를 위한 택지개발과 도로 확장을 위한 토지 수요가 매년 증가하고 공장부지와 상업용 시설을 위한 토지 수요가 급증하기 때문인데요. 비농업부문에서 농지 수요가 증가함에 따라 최근 독일의 농지 가격이 2009년 대비 2배 이상 올랐다고 하네요. 지역별로 차이가 많은데 바이에른, 작센주에서는 2.5배가 올랐어요. 그동안 독일은 연방정부 차원에서 농지관리를 위해 많은 노력을 기울여 왔어요. 최근에는 연간 최대 전용 가능 면적을 하루 30ha 이내로 정하고 엄격히 관리하고 있다고 했는데요. 그런데도 불구하고 2014~2016년에는 비농업용 토지 수요가 급증하여 하루 평균 전용면적이 55ha로 증가하여 농지관리에 비상을 내린 적이 있었어요.

국토면적의 절반을 농경지로 이용가능할 정도로 경지면적이 넓은 독일에서도 우량농지 보전을 위해 농지전용을 엄격히 통제하고 있음을 이해할 수 있어요. 연간 농지전용 최대 허용면적을 연방정부의 정책목표로 정해 관리하는 것을 보면 독일이 왜 농업부문에서도 선진국인시 알 수 있어요. 반면에 농경지로 이용가능한 면적이 국토면적의 20%에 불과한 우리나라가 그동안 우량농지 보전에 소홀한 점을 이제라도 깊이 반성해야 할 점이라고 생각해요. 그래서 미래세대를 위해서라도 우량농지 보진에 우리나라 농업정책의 우선순위를 두고 독일의 농지보전정책을 참고해야 한다고 주장해왔어요. 독일의 농지보전정책을 국내에 참고하기 위해서는 추가적인 조사와 연구가 반드시 필요하다고 생각돼요.

다음은 네덜란드 사례인데요. 한동안 간척사업으로 농경지와 국토면적을 크게 확장하여 세계를 놀라게 했던 네덜란드는 그동안 농지보전 노력에도

독일, 벨기에, 영국의 광활한 평야지대에 작물을 심고 가축을 길러 잘 가꾼 농촌풍경

불구하고 매년 전용되는 면적이 증가하고 있어요. 이는 인구 증가에 따른 주택건설과 새로운 산업단지 조성에 넓은 땅이 필요했기 때문이에요.

월드뱅크 통계자료에 의하면 1971년 네덜란드의 경지면적은 전체 국토면적의 63%에 달할 정도로 높았지만, 1980년대 이후로 매년 감소하여 2016년에는 53% 수준으로 떨어졌어요. 10년 사이에 농경지가 10%나 감소했다는 뜻인네요. 특히 2000~2010년 10년간 농경지가 15만 5천 ha나 감소했어요. 이 때문에 네덜란드 전체 경지면적은 190만 ha를 기록하여 국토년석의 설반 이하로 떨어졌어요. 10년 동안 잠식된 농경지 비율이 7.7%로 EU 회원국 중에서 아주 높은 감소율을 기록했어요.

네덜란드 농지의 98%는 경작지와 축산용 목초지로 구성되어 있는데, 이 기간 동안 경작지는 약간 늘었지만 목초지는 985천 ha에서 813천 ha로 크게(172천 ha) 감소했어요. 경지 이용률을 품목별로 구분할 경우 곡물과 사료 곡물 생산면적은 각각 18.8%, 27.6% 증가한 반면에 감자 재배면적은 12% 줄었어요. 2008년 EU의 직불제 개혁을 위한 새로운 공동농업정책 시행으로 휴경지 면적이 19,200ha 감소했어요. 이는 CAP 개혁 이전 네덜란드의 의무적인 휴경면적과 비교하면 72.5%나 큰 폭으로 줄어든 면적이에요. 10년간 네덜란느 농가 수 변화에서 특이섬을 발견할 수 있는데요. 농지를 소유하지 않고 공장형축산업(Industrial Livestock Farm)에 신규로 진출한 축산농가 수가 14.1% 증가한 사실이에요. 호당 경지면적이 50ha 이상인 농가는 전체 농가의 16%로 이들이 전체 농지의 절반을 소유하고 있어요. EU 회원국 중 네덜란드의 농가별 농지면적이 비교적 고르게 분배된 것으로 평가하고 있어요. 특이한 점은 농지를 전혀 소유하지 않은 농가 비중이 2%인데, 국토면적이 좁은 네덜란드에서 전체 농가의 3%는 경지면적 100ha를 초과하는 대농이라는 점이에요.

영국의 농지보전정책 사례는 5장에서 일부 소개했어요. 2010년 말 기준으로 국토면적 대비 농지면적 비율이 높은 국가는 1위가 아일랜드로 71%, 영국은 2위로 64%에 달했어요. 실제 농업에 이용되는 면적(UAA: Utilised Agricultural Area) 기준으로 발표된 자료인데 2000년 15,749천 ha에서 2010년에는 15,686천 ha로 63,250ha가 줄어들었어요. 영국에는 스코틀랜드 북부지역을 제외하면 산이 거의 없고 대부분 국토가 구릉지로 되어 있어 초지나 농경지로 활용할 수 있는 면적이 의외로 넓어요. 지난 20년간 도로, 주택, 공장 등을 건설하기 위해 줄어든 농경지의 전용 비율을 비교할 경우 영국은 EU 회원국 중에서 낮은 수준을 유지해왔어요. 특히 2000~2010년 기간에 다른 용도로 전용된 농경지는 63,250ha에 불과해요. 이는 전체 농경지에서 10년간 줄어든 비율이 불과 0.4%로 아주 낮다는 뜻이에요. 농지 보존을 위해 영국 정부, 환경단체와 농업관계자들이 얼마나 열심히 노력했는지 확실하게 보여주는 숫자이거든요.

프랑스 사례인데요. 5장에서 소개했듯이 프랑스는 유럽연합 회원국 중에 경지면적이 가장 넓은 나라예요. 2010년 경지면적은 프랑스 중부(Centre) 지역과 남서부(Midi-Pyrenees) 지역이 가장 넓었는데, 1위인 중부(Centre) 지역은 프랑스 전체 경지면적의 8.5%에 달하는 2.3백만 ha, 2위는 2.2백만 ha를 차지한 남서부(Midi-Pyrenees) 지역이었어요. 3위는 2백만 ha로 전체 면적의

7.8%를 차지한 프랑스 서부 루아르(Pays de la Loire) 지역이 차지했어요.

프랑스 또한 엄격한 경지보전정책으로 2000~2010년 전용된 경지면적은 전체 경지면적의 3.2%인 793천 ha에 불과했어요. 프랑스에서는 주로 곡창지대의 농경지를 엄격하게 보전해왔어요. 지역별 경지면적에서 1위를 차지한 중부(Centre) 지역은 프랑스 곡창지대로 2000~2010년 기간 경지면적이 2.3% 감소했어요. 반면에 농가호수는 24.1%나 줄어들어 호당 경지면적은 92.2ha로 크게 늘어났어요. 호당 경지면적이 넓은 지역은 내부분 프랑스 북부지역에 있어요. 1위인 일더 프랑스(Ile-de-France) 지역은 호당 경지면적이 113.1ha, 2위 피카르디(Picardie) 지역은 95.8ha를 기록했어요.

프랑스 전체 농가의 평균 경지면적은 농가 수가 26.2% 줄어든 반면에 농경지는 3.2% 감소에 그쳐 2000년 42ha에서 2010년 55ha로 31.1% 증가했어요. 그렇지만 대농과 소농의 경지 규모에 큰 차이가 있어요. 경지면적 100ha 이상 소유한 농가는 전체 농가의 18%에 불과하지만 이들이 전체 농경지의 59%를 차지하고 있어요. 반면에 전체 농가호수의 50%를 차지하는 23만 호 농가의 평균 경지면적은 30ha 이하로 이들이 차지하는 농성지는 전체 경지 넌석의 8%에 불과해요. 그래서 땅이 넓어 광활한 농경지를 볼 때마다 배가 아프고 부러움을 주는 프랑스에서는 경지면적이 50ha 미만인 농가는 소농에 속한다고 하네요. 그러면 프랑스 전체 농가의 63%가 소농인 셈인데요. 왜 이들이 수시로 트랙터를 몰고 길거리 시위를 주도하는지 이해가 안 되네요.

스페인과 이탈리아 사례를 같이 묶어 간략히 소개할게요. 두 나라는 유럽연합에서 과일과 채소의 생산량이 많은 나라인데요. 전체 농지면적에 비해 농가 수가 많아서 호당 평균 농지면적이 스페인은 20ha, 이탈리아는 10ha 내외로 작은 편이에요. 그렇지만 이 두 나라도 우량농지 보전을 위해 농지의 전용을 엄격히 관리해왔어요.

2010년 스페인의 전체 경지면적은 국토면적의 47%에 달하는 23.7백만 ha로 이는 2000년 26.1백만 ha에 비해 9.2%로 줄었어요. 2000~2010년간 스페인의 농지전용 비율이 유럽에서 아주 높은 것을 보여주는데요. 반면에 호당 평균 경지면적은 24ha로 유럽연합 회원국 중에서 낮은 편이에요. 스페인의 농가당 평균 경지면적이 다른 회원국보다 적게 증가한 이유는 농가호수가 23.1% 감소했지만 전용된 면적이 늘어났기 때문이라고 하네요. 스페인은 소농의 비중이 높은 나라인데요. 호당 평균 경지면적이 5ha 미만인 농가는 전체 농가의 절반이 넘는데, 이들이 경작하는 농경지는 전체의 5%에 불과해요. 반면에 전체 농가의 5%에 불과한 호당 평균 100ha 이상 농가들이 전체 농경지의 55%를 경작하고 있어요.

이탈리아가 우량농지를 보전하기 위해 노력한 내용은 통계자료를 보면 잘 알 수 있어요. 2010년 이탈리아의 전체 경지면적은 국토면적의 43%에 달하는 12.9백만 ha로 2000년 13백만 ha와 비슷한 수치인데요. 10년 동안 다른 용도로 전용된 면적이 약 1%에 불과하다는 의미로 해석할 수 있어요. 이는 2000~2010년 기간 이탈리아가 유럽연합 회원국 중에서 농지전용 면적 비율을 아주 낮게 잘 관리한 사실을 보여주고 있어요. 호당 평균 경지면적은 7.9ha로 2000년 5.5ha 대비 45.5%나 크게 늘어난 수치이지만 유럽연합 회원국 중에서도 호당 평균 경지면적이 가장 작은 편에 속해요. 이는 이탈리아 농업이 주로 소농을 중심으로 운영되기 때문인데요. 오늘날 EU에서 제3

위 경제대국으로 성장한 이탈리아의 농가호수가 여전히 167만 호에 달하는 점에서 잘 알 수 있어요. 호당 평균 경지면적이 10ha 이하인 이탈리아에서 2000~2010년 기간에 호당 경지면적 100ha 이상인 대농은 23%, 50~99ha 중대농은 22% 증가했어요. 반면에 20ha 미만 농가는 34.6.% 감소했어요. 이탈리아에서는 전통적으로 농지면적 2ha 미만의 영세 소농이 농지보전에 앞장서 왔는데요. 오늘날까지 이들이 전체 농가의 절반을 차지하고 있어요. 이탈리아에서 영세 소농이 많은 이유를 일부 전문가는 이탈리이기 1950년 시행한 농지개혁법[2] 때문이라고 하네요.[*]

요안나 씨! 유럽연합 대부분 회원국에서 인구 증기로 인한 주택건설이나 공장부지 조성에 필요한 비농업부문의 토지 수요가 해마다 증가하여 최근에 농지면적이 계속 줄어들고 있다고 설명했는데요. 이와는 반대로 우량농지를 잘 보전할 뿐만 아니라 경지면적을 오히려 늘리는 나라가 있는데요. 어느 나라일까요?

흥흥 이제는 요한 씨가 부동산 전문가로 인정하려고 하네요. 유럽 여러 나라의 광활한 농경지를 보고 가끔 배가 아팠던 때가 있다고 했는데요. 경지면적을 늘리는 나라가 있으면 아무래도 샘이 나서 배가 아픈 경우가 더 생기지 않을까요? 어느 나라인지 정답을 바로 알려주세요.

그럴게요. 가장 대표적인 나라가 덴마크와 핀란드라고 하네요. 이 두 나라

---

[*] 1950년 이탈리아에서 농지개혁법이 시행되었다. 그 이전까지 대부분의 농경지가 소수의 부유한 귀족들의 사유지로 관리되어왔다. 대다수의 농부는 임금노동자나 임차농으로 전락하여 자급자족하면서 먹고 살기에도 많은 어려움을 겪었다.

의 농업 관련 통계자료가 잘 설명하는데요. 먼저 덴마크 사례부터 설명할게요. 2010년 덴마크의 전체 경지면적은 국토면적의 61%에 달하는 265만 ha를 기록했는데요. 이는 2000년 264만 ha에 비해 약간 증가한 수치이거든요. EU 회원국 중에 2000~2010년 기간 동안 농경지가 증가한 나라는 몇 개국에 불과하다고 하는데요. 대부분의 나라에서 넓은 면적의 농경지가 다른 용도로 전용된 것과 큰 차이가 있어요.

물론 2004년 EU의 신규 회원국으로 가입한 발틱3국(에스토니아, 라트비아, 리투아니아)의 경우는 한동안 경지면적(UAA 기준)이 큰 폭으로 증가했어요. 여러 가지 이유가 있는데요. 첫째는 EU 회원국으로 가입하면서 가격경쟁력이 있는 품목의 생산량을 늘렸기 때문이에요. 그다음은 EU의 직불제 보조금 때문인데요. 공동농업정책(CAP)으로 지급하는 각종 보조금이 경지면적에 비례하여 지급되었기 때문이죠. 최근에는 발틱3국의 경지면적이 큰 폭으로 줄어들고 있어요. 에스토니아의 경우 한동안 늘렸던 경지면적을 이제는 숲이나 산림으로 되돌려주는 면적이 크게 늘었다고 하네요.

잠시 다른 내용을 살펴보았는데요. 다시 본론으로 돌아갈게요. 덴마크의 경우에는 경지면적이 비록 큰 폭으로 증가한 것은 아니지만 우량농지가 잘 보전되고 있는 점은 사실이거든요. 네덜란드가 간척사업으로 농지를 늘린 것처럼 덴마크는 한 때 황무지를 개척하여 농지를 넓힌 역사가 있는 나라이지요. 2010년 호당 평균 경지면적은 2000년 46ha에서 12.8% 증가한 63ha로 유럽연합 회원국 중에서 넓은 편에 속해요. 덴마크에서는 대농이 경작하는 농경지가 아주 넓어요. 호당 평균 경지면적 100ha 이상인 대농은 전체 농가의 19%인 8천 호에 불과하지만 이들이 전체 경지면적의 66%를 경작하기 때문이에요. 반면에 평균 경지면적이 20ha 미만인 소농이 전체 농가의 38%, 20~99ha 중대농이 전체 농가의 43%를 차지해요. 덴마크에서는 스페인과 이탈리아에서 대농에 속하는 20ha 미만 농가는 소농에 속해요. 대부분의 나라에서 우량농지를 잘 보전하는 국가의 농가는 대농보다 소농이 많다고 하네요. 덴마크에서는 전체 농가의 80%가 넘는 소농과 중대농이 경작하는 면적은 전체 농경지의 34%에 불과해요.

핀란드 경우에도 2010년 경지면적이 229만 ha에 달하여 2000년 222만 ha보다 10년 사이에 3.3%가 증가했어요. 몇 가지 이유가 있는데요. 재미난 이야기는 유기농 재배면적의 확대와 관련이 있다네요. 까다로운 유기농 인정조건을 갖추려면 기존의 농지에서 재배하는 것보다 새로운 농지에서 재배하는 것이 유리하기 때문에 경지면적을 늘리게 된 원인이라고 하네요. 2021년 기준으로 핀란드에서 유기농으로 농산물을 재배하는 농가 비중이 11.1%에 달하여 10년 전보다 6% 증가한 수치라고 하네요. 앞으로 기후조건을 잘 활용하면 유럽의 다른 나라보다 작물보호제인 농약을 적게 살포해도 농작물 재배가 가능한 핀란드에서 유기농이 더 증가할 것으로 전망해요. 그러면 경지면적이 지속적으로 증가할 것 같은데요.

유럽연합 회원국의 우량농지가 제대로 보전되는 또 다른 이유는 농지의 상속인데요. 광활한 농경지를 자녀에게 균등하게 상속하지 않거든요. 집안 대대로 1명의 자녀에게 상속하는 원칙을 준수하고 있어요. 우리나라는 공익형직불제가 시행되면서 농지의 파편화가 심화될 것을 우려했는데요. 실제로 우량농지를 여러 개로 나눠 농업경영체로 등록하는 '농지 쪼개기 사태'가 곳곳에서 일어나고 있다고 하네요. 결국에는 제도의 문제라고 생각되는데요. 우량농지를 제대로 보전하려면 꼼꼼한 제도가 필요해요.

유럽연합에서는 임차농이 많은 독일, 프랑스에서도 우량농지는 철저히 보전하거든요. 벨기에는 감자튀김용 감자는 무조건 크게 재배해야 하는데요. 그래서 벨기에 농부들이 프랑스 북부지역 광활한 농지를 임차하여 감자농사를 지어요. 물론 임차농에게 똑같은 우량농지 보전 의무가 주어지는데요. 무엇보다 유럽에서 오랫동안 우량농지 보전을 위해 실천해 온 삼포식 재배와 비슷한 순환경작 원칙을 준수해야 하고요. 이 밖에도 피복작물 재배, 비료와 농약 살포기준 준수 등 농지보전의무가 주어진다고 하네요.** 유럽의 여러 나라에서 미래세대에게 물려줄 우량농지를 제대로 보전하기 위해 시행하는 다양한 제도가 우리에게 시사하는 바가 크다고 하겠는데요.

** 건강한 토양을 보전하기 위한 전통적인 농지보전 방법으로 우선 순환경작이 있다. 이 외에 피복작물을 심는 방법, 토양을 갈지 않는 무경운(耕耘) 재배, 농약과 비료사용을 줄이는 방법이 있다. Arable land, or farm land, can be conserved through regenerative farming practices that preserve soil health. Some of the most important ways of doing this include rotating crops, using cover crops, reducing or eliminating tilling, and reducing chemical pesticide and fertilizer use.

6.3. 농업예산(농부에게 직접지불 예산 확대)

요안나 씨! 유럽의 농촌풍경을 정원처럼 아름답게 가꾸는 주인공이 누구라고 했나요? 국토의 정원사 역할을 하는 농부와 가축, 그리고 하나는 자연이라고 했는데요. 그런데 또 다른 주인공은 소개하지 않았거든요. 이유가 있거든요. 원래 스타는 어떤 무대에 등장하더라도 맨 뒤에 '짠~' 하면서 나타나야 멋있다고 하지요. 누구일까요?

글쎄요. 주인공이 3명인시 4명인지 헷갈리는데요. 더 많은 주인공이 등장하면 너 아름다운 농촌풍경이 연출되겠지요. 아무래도 이번 문제의 정답은 사람이 아닐 것 같아요. 독자들 숨 답답하게 만들지 말고 시원하게 정답을 공개하면 좋겠는데요.

그렇지요. 그래도 너무 쉽게 알려주면 재미가 없어서 뜸을 좀 들였네요. 맛있는 냄새가 나는 밥을 할 때에도 뜸을 들이거든요. 그러면 지금부터 유럽의 농촌풍경을 깨끗하고 아름다운 모습으로 연출하게 만든 또 하나의 주인공을 소개할게요. 사람이 아니라 돈이라고 하면 이해가 잘 안 되겠지만 사실이거든요. 유럽연합이 국토의 정원사에게 급여로 지급하는 각종 보조금이 주인공 못지않게 중요한 역할을 한 것은 분명해요.

그래서 지금부터 유럽연합 회원국에서 실천해 온 지킬박사 농업 세 번째 사례로 농업예산과 보조금 정책을 소개할게요. 앞에서 유럽연합이 출범하게 된 배경과 핵심 정책에 대해 간략하게 설명을 했는데요. 제2차 세계대전이 끝나자 유럽의 지도자들은 항구적인 평화를 위한 방안을 논의했어요. 먼저 전쟁물자를 만드는 데 반드시 필요한 철강과 석탄을 한 나라에서 독점할수 없게 공동관리를 시작했어요. 그다음으로 시급한 문제가 전쟁으로 파괴된 농업기반시설을 복구하여 부족한 식량문제를 해결하는 것이었어요. 그래시 공동농업정책이 유럽연합의 핵심 정책으로 등장하게 되었어요.

이 정책을 시행한 지 벌써 60년이 되었는데요. 지금도 유럽연합 전체 예산의 40%가 이 정책을 위해 집행되고 있어요. 1990년 중반까지는 50% 넘는 예산이 투입될 정도로 이 정책은 유럽연합의 각종 정책 중에 가장 중요한 위치를 차지했어요. 오늘날 유럽농업이 세계적인 경쟁력을 갖게 되고, 유럽의 농촌풍경이 정원처럼 아름답게 가꾸어진 이유가 이 공동농업정책(CAP) 덕분인데요.

물론 그동안 여러 번의 개혁과정을 거쳐야 했어요. 많은 예산을 투입하여주요 농산물의 가격을 지지해준 덕분에 품목별 생산량이 큰 폭으로 증가했거든요. 유럽연합에서 주요 농산물의 과잉생산으로 문제가 발생하자 결국에는 국제통상전쟁으로 확대되었지요. 2000년대 이후에는 예산 집행 방식을 획기적으로 개혁했어요. 국제통상 마찰을 줄이면서 안정된 농가소득을 보장하고, 소비자들에게 우수한 품질의 농산물을 안정적으로 공급하는 방향으로 정책을 전환했어요.

그래서 유럽에서 직불제가 등장하게 되었나요? 유럽 농업정책 이야기는 언제 들어도 재미가 있어요. 요한 씨! 나라에 돈이 많으면 유럽연합보다 보조금을 많이 지급하는 스위스나 노르웨이처럼 국토의 정원사에게 급여를 올려주면 안 되나요? 우리나라 농부에게 매년 지급되는 직불제 보조금이 유럽보다 훨씬 적다고 하던데요.

글쎄요. 직불제 보조금 총액을 보면 유럽이 훨씬 많아요. 스위스나 노르웨이는 보조금 예산 규모는 그렇게 크지 않지만 농부의 숫자가 아주 적어요. 그래서 농부 1인당 보조금이 다른 나라에 비해 많아요. 아무래도 나라에 예산이 넉넉하면 국토의 정원사에게 급여를 많이 줄수록 좋겠지요.* 그런데요. 유럽연합이나 스위스, 노르웨이에서는 보조금을 절대로 그냥 주는 법이 없다고 하네요. 우리나라에서는 아직까지 보조금을 '눈먼 돈'으로 인식하는 농부들이 많다고 하는데요. 최근에는 우리나라도 공익형 직불제를 도입하면서 유럽연합에서 시행하는 **상호준수의무**와 비슷한 아주 까다로운 내용이 포함된 **'농가의 의무사항'**을 법으로 정했다고 하네요. 앞으로 보조금에 대한 농부들의 인식이 크게 바뀔 것 같은데요. 그리고 의무사항을 제대로 지키지 않으면 유럽연합처럼 지급하는 보조금에서 일부를 삭감하고 준다고 하네요.

요한 씨! 질문이 있는데요. 직불금 총액이 많은 유럽연합에서 농부에게 국토의 정원사 급여를 매년 얼마를 지급하나요? 농부의 입장에서는 많이 받을

---

* 필자는 그동안 국토의 정원사 역할을 하는 농부에게 더 많은 농업보조금을 지급할 수 있다고 주장해왔다. 국회에서 충분한 예산을 반영하고 정부 의지만 있으면 WTO 규정이 문제가 아니라 얼마든지 지급할 수 있다고 강조했다. 졸저 『농업가치를 아십니까』(글나무, 2018, pp.147-148)에 일부 내용을 소개했다.

수록 기분이 좋겠는데요. 공동농업정책 예산을 많이 편성해서 많이 줄 수 있을 것 같은데요.

  그러면 좋겠지만 현실적으로 쉽지 않아 보이네요. 최근에 유럽연합의 환경단체를 중심으로 공동농업정책에 대한 개혁을 요구하는 목소리가 높아지고 있거든요. 이들은 기후변화에 능동적으로 대응하고 한정된 유럽연합 예산의 집행 효율성을 높이기 위해서라도 농업예산을 감축해야 한다고 주장해요. 유럽연합이 농가당 직불금을 많이 주는 것으로 알고 있지만 실제로 ha당 지급 금액은 우리나라보다 훨씬 적어요. 이는 평균 경지면적이 우리나라와 10배 이상 차이가 나기 때문인데요. 농가당 평균 수령액으로 비교하면 유럽연합과 우리나라가 비슷한 수준으로 그렇게 많지 않아요. 소농의 경우 직불금을 받을 때 '농가의 의무사항' 예외 적용을 받을 때가 있는데 유럽연합에서 소농의 경지면적을 회원국마다 다르게 적용하고 있어요. EU 정책당국에서는 소농을 10ha 이하로 보지만 실제로 EU 농가의 2/3를 차지하는 700만 호는 5ha 미만으로 진짜 소농이에요.[3]

  EU의 농정예산 중 직불금 예산 비중은 2015년 기준으로 71.4%를 차지하는데요. 연간 약 409억 유로(약 50조 원)를 직불금으로 농가에게 지급하고 있어요. 공동농업예산 계획에 따라 2014~2020년 총 2,651억 유로(7년간 약 326조 원으로 연간 약 47조 원)를 직불금으로 지급해요. 농가당 직불금 수혜액은 편차가 많으나 평균 5,821유로(약 714만 원)를 받고 있어요. 생각보다 많지 않은 금액을 받아요. 농가소득에서 직불금이 차지하는 비중은 나라마다 편차가

심하지만 유럽 전체 평균이 10.2%로 드러났어요(2013년 기준).[**]

　요한 씨! 영국이 유럽연합에서 탈퇴하면서 공동농업정책 예산에 영향이 크다고 들었는데요. 그리고 WTO 출범으로 각종 농업보조금을 감축하기로 약속했는데도 미국을 비롯한 여러 나라에서 자국의 농민보호를 위해 농업 보조금을 더 많이 주고 있다고 들었거든요. 실제로 유럽연합에서는 농업보조금을 얼마나 줄였는지 궁금한데요.

　그렇지요. 먼저 영국이 유럽연합을 탈퇴하면서 발생한 공동농업정책 예산의 변동부터 설명할게요. 브렉시트로 유럽연합이 혼란스러운 때에 코로나19 바이러스까지 발생하여 전 세계적인 경제위기로 번졌어요. 그래서 유럽연합에서도 예산의 조정이 불가피했어요. 그동안 유럽연합은 CAP 예산을 7년 단위로 편성하여 운영해왔는데요. 브렉시트와 경제위기로 인해 당초 편성된 2021-2027 CAP 예산을 '위기에 대응하여 더 적은 예산으로 더 많은 과제 해결'이라는 목표로 일부 조정을 했어요.

　EU 전체 예산을 400억 유로 줄인 1조 743억 유로(2018년 불변가격 기준)로 조정하면서 위기 극복 예산을 7,500억 유로로 편성했고요.[4] 2021-2027 CAP 예산은 3,439.5억 유로로 조정했어요. 이전(2014-2020) 예산보다 390억 유로 감소했지만 그동안 영국으로 환급된 예산을 감안하면 전체로는 비슷한 규모라고 하네요. 직불제 예산은 전체 예산의 75% 수준인 2,585억 9,400만 유로, 지역농촌개발 예산은 778억 5,000만 유로인데, 복구 예산에 편성된 75억

[**] EU 회원국의 농가소득에서 직불금이 차지하는 비중은 호당 평균 경지면적, 재배하는 품목별로 10%에서 70%로 차이가 많다. 덴마크는 가장 높은 70%, 스웨덴과 아일랜드는 50%이며, 프랑스와 독일의 경우에도 40%로 높은 편이다.

유로가 2차 기둥(Second pillar) 예산에 추가될 수 있다고 하네요. CAP 예산의 40%를 기후변화 대응 및 환경 관련 예산으로 우선적으로 편성해야 하는 지침에 따라 당초 2023까지 추진할 예정이던 CAP 개혁안의 일부 내용을 수정했어요.

요안나 씨! 1995년 1월부터 국제무역기구(WTO)가 출범하면서 회원국은 농업보조금을 감축하기로 약속했는데요. 유럽연합과 우리나라는 당초 제출한 이행계획서대로 보조금을 감축하려고 노력했어요. 일본을 비롯한 일부 나라에서는 이행계획서에 따라 충실히 감축했는데 미국을 비롯한 여러 나라에서 자국의 농민보호를 위해 농업보조금을 더 많이 주고 있거든요. 앞에서 잠깐 언급했듯이 국회에서 농업예산을 더 많이 반영하고 정부가 집행의지가 있으면 국토의 정원사에게 직불금을 더 줄 수 있어요.

유럽은 국제협상에서 약속한 대로 감축대상 보조금은 줄였지만 허용보조금은 대폭 늘렸어요. 미국은 WTO에 제출한 이행계획서와 상관없이 감축대상 보조금은 말할 것도 없고 허용보조금을 대폭 늘렸어요.*** 그래서 최근에는 많은 나라에서 WTO 체제를 신뢰하지 않거든요. 유럽연합은 코로나19로 인한 경제위기와 러시아가 우크라이나를 침략하면서 시작된 전쟁을 핑계로 공동농업정책 개혁안을 조정하여 직불금 예산을 더 늘렸거든요. 왜 우리나라는 미국이나 유럽과 달리 지나치게 WTO 규정을 강조할까요?

*** 이 장 마지막 부분에 KIEP가 발표한 중장기통상전략연구19-1에서 WTO 출범이후 주요국의 농업보조금 내용을 발췌하여 정리했다. 비교 연도를 달리하여 국가별 통계자료를 인용하고 분석했는데 다양한 해석이 가능하도록 한 점이 아쉬웠다.

글쎄요. 국제통상 분야로 확대되면 일반인들은 이해하기 어렵거든요. 그쪽은 전문가들이 풀어나갈 영역이라 납세자인 소비자는 호주머니에서 세금이 덜 나가는 주제에 관심이 더 많아요. 미국이나 중국이 보조금을 많이 줬기 때문에 우리나라가 싼 가격으로 농산물을 수입할 수 있었던 것 같은데요. 소비자들은 자기 호주머니에서 돈이 적게 나가면 국산이나 수입산이나 구분하지 않거든요.

2022년 초에 러시아가 우크라이나를 침략하면서 발발한 전쟁으로 한때 곡물가격이 폭등한 것처럼 유사한 형태의 국제적인 분쟁이 발생할까 걱정되는데요. 세계평화가 지속되어 교역이 원활해지면 싼 가격으로 외국산 농산물을 수입해올 수 있으면 굳이 싫은 내색을 하지 않을 것 같아요. 유럽연합은 국토의 정원사에게 안정된 농가소득을 보장하고 소비자에게 안전한 농산물을 안정적으로 공급하기 위해 직불금을 비롯한 보조금을 늘리고 있는데요. 우리도 유럽의 사례를 참고하여 비슷한 정책을 추진하면 농가에게 도움이 될 뿐만 아니라 소비자에게도 이익을 줄 것으로 생각돼요.

그렇지요. 아쉽게도 우리나라는 허용보조금의 60%를 정부 일반서비스 비용으로 집행해요. 농가에게 직접지불로 지급되는 보조금은 30~40%로 낮은 반면에 유럽이나 미국은 허용보조금의 75%~80%를 직접지불금으로 지급하거든요. 앞으로 WTO 규정 핑계보다 허용보조금을 늘리고 농가에게 직접지불을 강화하는 유럽과 미국의 사례를 활용하면 좋겠어요.

WTO 출범 이후 주요국의 농업보조금 [5]

국별	농업보조금 총액			허용보조금		비고
	2016~2020	1995	연평균	2015~2017	비율	
한국 (조원)	7.654	6.368	0.80%	7.364	90%	2020[6]
EU (억유로)	757	906	-0.90%	617	81%	2016
스위스 (억fr)	50.4	70	-1.70%	26.9	53%	2018
노르웨이 (억kr)	248.6	210	0.80%	87	35%	2018
미국 (억불)	1,355	609	5.80%	1,195	88%	2016
중국 (조위안)	1.507	0.212	38%	1.313	87%	2016
인도 (억불)	604.7	84	30%	314.4	52%	2017

* 중국은 WTO 가입 이후(2000년), 한국의 허용보조금 비율(2015년) 기준

[한국]

• 전체 농업보조금은 1995~2020(25년간) 연평균 0.8% 증가
- 1995년 6조 3,683억 원에서 2020년 7조 6,536억 원으로 증가
• 허용보조가 전체 보조금 90% 차지. 정부 일반서비스(인프라 구축, 병해충 방제) 60%, 생산자 직불금 30~40%, 국내 식량원조로 1% 지출
• 감축대상 보조는 1995년 2조 3,781억 원에서 2015년 8,300억 원으로 연평균 5.1% 감소. AMS 지속적으로 감소, 쌀 정책과 밀접한 최소허용보조(DM)는 2,800억 원에서 7,890억 원으로 증가하여 전체 감축대상보조의 94%를 차지
• 허용보조에서 직불금 보조금을 EU 수준으로 높이고 미국처럼 국내 식량 원조 비중 확대 필요

[EU]

- 전체 농업보조금은 1995-2016(21년간) 연평균 0.9% 감소
- 1995년 906억 유로에서 2016년 757억 유로로 감소
- 허용보조(617억 유로)가 전체 보조금의 81%를 차지
- 지난 20년 동안 허용보조가 농업보조의 핵심으로 부상
- 1995년 188억 유로에서 2016년 617억 유로로 연평균 5.8% 증가
- 감축대상 보조 중 AMS는 69억 유로(49%), 블루박스 46억 4,120만 유로(33%), 최소허용보조(DM) 24억 7,230만 유로(17.5%)를 차지
- 감축대상보조는 같은 기간 719억 유로에서 141억 유로로 연평균 7.5% 감소. AMS는 1995년 502억 유로에서 2016년 69억 유로로 연평균 9% 감소. 블루박스도 208억 유로에서 46억 유로로 연평균 6.9% 감소
- 최소허용 보조는 1995년 8억 2,540만 유로에서 2016년 24억 7,230만 유로로 연평균 5.4% 증가

[미국]

- 전체 농업보조금 지급 총액은 지난 20년간 연평균 5.8% 증가
- 1995년 609억 달러에서 2016년 1,355억 달러 증가
- 허용보조는 1995년 460억 달러에서 2016년 1,195억 달러로 연평균 7.6% 증가. 감축대상 보조도 149억 달러에서 160억 달러로 연평균 0.4% 증가
- 허용보조금과 감축대상 보조금 모두 증가
- 감축대상 보조 AMS는 연평균 2.3% 감소하였으나, 최소허용 보조(DM)는 16억 달러에서 122억 달러로 연평균 10% 증가
- 허용보조 중심전환하여 국내 식량원조 비중이 가장 높음
- 저소득과 빈곤층 식품지원 및 학교급식 프로그램 허용보조에서 큰 비중 차지
- 최소허용 보조 증가는 정책당국이 '상한선을 유지하면 감축의무 없다'고 인식
- DM을 효과적으로 활용. 품목 특정 DM 비중과 품목 불특정 DM 동시에 증가

[중국]

- WTO 규정에 상관없이 전체 농업보조금 지급 급증
- 2000년 2,121억 위안에서 2016년 1조 5,070억 위안으로 연평균 38% 증가
- 허용보조 뿐만 아니라 감축대상 보조도 가장 빠른 속도로 증가
- 개도국 농업 보호 명분으로 최소허용보조 기준 초과 감축보조 지급
- 경제 성장에 따라 2016년부터 블루박스를 신규로 도입하여 보조금 운용
- 허용보조 비중 87%로 미국 및 EU와 허용보조 구성 비율은 비슷한 수준
- 품목 불특정 DM 중심으로 최소허용 보조를 운영하여 개도국 개발보조가 없음

[인도]

- 중국과 비슷하게 전체 농업보조금 지급 급증
- 1995년 84억 달러에서 2017년 604.7억 달러로 연평균 약 30% 증가
- 경제 성장에 따라 허용보조뿐만 아니라 감축대상 보조 증가
- 개발국 개발보조 비중이 급격히 증가
- 감축대상 보조이나 1995년 2.5억 달러에서 2017년 225.7억 달러로 매년 큰 폭으로 증가
- 허용보조 지속적으로 증가하여 전체 농업보조 절반 이상 차지
- 허용보조로 식량안보 목적의 공공비축이 전체 과반 이상 차지
- 생산자 직접지불은 투자지원 중심 운영으로 생산중립적 직불 없음

6.4. 후계인력 육성(자녀 승계로 자연스럽게 육성)

요안나 씨! 우리나라 인구의 대부분이 수도권에서 살고 있다고 하는데요. 도시에는 젊은 사람이 많지만 농촌지역에는 젊은 사람들은 떠나고 주로 나이 드신 분들만 살고 있는데요. 요즘 농촌지역에는 65세 이상 인구가 절반을 넘는 곳이 많다고 하네요. 이런 추세로 간다면 얼마 후에는 '소를 누가 키울지' 걱정이 태산이거든요. 우리나라보다 상황이 나은 유럽에서도 비슷한 걱정을 하고 있어요. 유럽 여러 나라 농촌을 둘러보면 트랙터를 운전하거나 가축을 돌보는 젊은 영농후계자를 자주 볼 수 있는데도 불구하고요. 그러면 이 시점에서 질문 하나 할게요. 우리나라와 유럽에서 농사를 짓는 농부 중에 40세 미만의 비중이 얼마나 될까요?

참 어려운 질문을 던지는데요. 통계라면 몸서리치는 줄 알면서 이상한 질문을 꼭 하거든요. 왜 40세 미만 농부의 비중을 물어보는지는 이해가 되는데요. 나라마다 영농후계자 기준을 40세 이하로 정하는 것 같은데요. 아마 양쪽 모두 10% 내외라는 정도는 추측할 수 있어요. 그래도 통계로는 유럽이 더 많을 것 같은데요. 유럽에서는 젊은 농부들을 쉽게 볼 수 있지만 우리나라에서는 찾아보기 어렵거든요.

딩동댕~~~ 아주 정확한 답변을 했는데요. 일단 박수부터 치고요. 2020년 기준으로 우리나라 농업경영주의 나이별 비중을 보면 40세 미만이 7.2%, 65세 이상이 73.3%인데요. 2000년 23.8%를 차지했던 40세 미만 농업경영주 숫자는 그 이후로 매년 큰 폭으로 줄었어요. 2000년까지 50% 수준이던 65세 이상 농업경영주 비중이 이제는 70%를 넘었어요. 유럽은 어떨까요? 40세 미만이 11.5%, 65세 이상이 34%를 차지하고 있어요.[*] 65세 이상이 우리나라와 차이가 많은 데는 여러 가지 이유가 있어요. 무엇보다 사회안전망의 차이를 들 수 있는데요. 유럽에서는 65세가 되면 국민연금을 받게 되어 농부들도 은퇴를 하거든요.

그래서 지금부터 유럽연합 회원국에서 실천해온 지킬박사 농업 네 번째 사례로 후계인력 육성 정책을 소개할게요.[7] 앞에서 유럽연합의 핵심 농업정책을 몇 가지 소개했는데요. 연령별 농업경영주 통계에서 살펴본 것처럼 유럽연합에서도 영농후계 인력 확보에 비상이 걸렸어요. 그래서 지금까지 다양한 지원과 당근책을 제시해왔는데요. 유럽연합의 지원정책 덕분인지 최근에는 부모님의 농장을 이어받거나 직접 창업농으로 농업에 뛰어드는 청년이 늘고 있다네요.

우선 유럽연합에서 그동안 영농후계자(young farmers) 육성을 위해 추진해온 정책을 간략히 소개할게요. 지원 정책은 크게 취업과 창업에 필요한 자금

---

[*] 독일은 유럽의 다른 나라에 비해 젊은 농부 비중이 높다. 2016년말 기준으로 35세 미만 농장주의 비율은 7.4%로 유럽연합 평균 5.1%보다 높게 나타났다. 반면에 65세 이상 고령 농장주의 비율은 8.2%로 2010년 5.3% 보다 약간 증가하여 고령화의 경향을 보였으나 32.8%인 유럽연합 평균보다는 매우 낮았다. 농촌경제연구원, 《세계농업》, 2020 3월호(독일 농업의 현황과 정책)

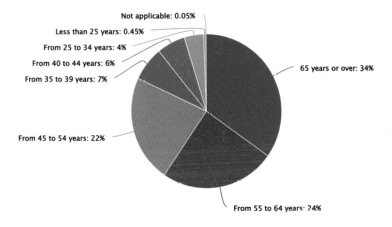

〈2016년 EU-28국의 농장주 연령별 분포 : EU 집행위 자료〉

Age classes of farm managers, EU-28, 2016

Source: Eurostat (online data code: ef_m_farmang)

Not applicable: 0.05%
Less than 25 years: 0.45%
From 25 to 34 years: 4%
From 40 to 44 years: 6%
From 35 to 39 years: 7%
From 45 to 54 years: 22%
65 years or over: 34%
From 55 to 64 years: 24%

지원, 추가 직불금으로 농가소득 보전, 영농기술교육 및 훈련 등 세 가지로 나눌 수 있는데요. 이러한 정책을 바탕으로 최근 급격하게 고령화가 진행되는 유럽의 농촌에 활력을 불어넣고, 미래 유럽농업의 경쟁력을 강화하여 유럽 소비자에게 지속적으로 안전한 농산물을 안정적으로 공급하기 위함이라고 하네요.

농가소득 지원정책으로 먼저 공동농업정책으로 지급하는 직불금에서 **영농후계자직불금**(YFP)을 추가로 지급하는 것인데요. 회원국으로 배정하는 전체 직불금의 2%는 의무적으로 영농후계자직불금으로 집행해야 하고요. 90ha 이하 농경지를 경작하는 영농후계자에게 직불금을 우선적으로 배정하고, 소득보전 직불금을 산정할 때에도 유리한 방식을 적용한다네요. 소득

지원 정책은 5년간 지속되며 회원국 연방정부나 지방정부가 예비비로 추가로 소득지원금을 지급할 때에 우선적으로 받을 수 있다고 하네요. 소득기반이 약할 때 더 많은 지원금을 받을 수 있게 회원국이 자체로 지원하는 정책까지 세밀하게 챙기는 것을 알 수 있어요. 유럽연합에서는 영농후계자가 하루라도 빨리 영농에 정착할 수 있게 얼마나 다양한 정책으로 지원하는지 잘 보여주네요.[8]

둘째로 **지역개발기금**(rural development funds)으로 지원하는 다양한 정책을 소개할게요. 공동농업정책(CAP) 두 번째 축인 농촌개발프로그램을 통해 대출, 기여금 또는 사업지원 방식으로 영농후계자를 지원하는데요. 우리나라가 영농후계자에게 저금리 정책대출을 해주듯이 유럽연합에서도 농협을 비롯한 지역은행과 리스회사를 통해 필요한 자금을 지원해요. 대출 자금은 유럽농촌개발기금(European agricultural fund for rural development (EAFRD)) 예산에서 매년 10억 유로를 지원하는데요. 전체 대출금의 10%는 41세 미만(under 41) 영농후계자에게 유리한 대출조건(competitive financing terms: 금리, 상환기간 등)으로 지원하고 있어요.[9]

셋째로 유럽의회, 농업담당집행위원회를 비롯한 각종 농업 관련 단체의 지원을 들 수 있어요. 코로나19로 초래된 세계적인 경제위기를 극복하기 위해 유럽연합의 주요 의사결정 조직이 적극 협력했는데요. 이러한 노력에 유럽의회에서도 앞장서 공동농업정책 개혁안 일부 내용을 수정하여 영농후계자 지원을 강화하는 입법안을 통과시켰다고 하네요. 유럽연합 농업담당집행위의 정책파트너로 유럽영농후계자협회(CEJA)가 활동하고 있는데요. EU의 주요 정책결정기구에서 차세대 농부에게 유리한 정책을 입안하도록 유럽농민단체협의회(COPA)와 공동으로 대응하고 있어요.

요안나 씨! 영농후계자가 농촌에 제대로 정착하려면 유럽처럼 다양한 지원정책이 반드시 필요할 것 같아요. 앞에서 농사를 지으려면 가장 중요한 자산이 농지라고 했는데요. 실제로 우리나라와 유럽연합의 영농후계자가 농촌에 정착하는데 가장 큰 애로사항이 농지를 구입하거나 임차하기 힘들다는 점이라고 하네요. 유럽연합에서 그동안 우량농지를 보전하기 위해 많은 노력을 해왔어요. 유럽의 넓은 농경지가 잘 관리되고 있는 것은 여러 가지 이유가 있는데요. 그중에 영농후계자와 관련하여 중요한 사실이 숨어 있어요. 이번 질문은 우량농지 보전과 영농후계자와 관련된 비밀스러운 내용인데요. 뭘까요?

또 어려운 질문이네요. 유럽에서 영농후계자가 되는 가장 빠른 방법이 뭔지 찾으면 정답을 알 수 있겠는데요. 농사를 지으려면 땅은 반드시 필요하거든요. 유럽에서도 농지가격이 만만치 않다고 들었어요. 우량농지 보전과 밀접한 관련이 있다면 농지상속과 관련되겠는데요.

응응 우문현답(愚問賢答)인데요. 농지보전 항목에서 잠깐 언급했는데요. 산이 국토면적의 대부분을 차지하고 있어서 농경지가 좁은 우리나라에서 우량농지를 보전하기 어려운 이유 중 하나가 농지상속과 관련이 있는데요. 먹거리를 생산하는 데 가장 중요한 농업자산인 농지를 가문이나 개인 소유 자산으로 인식하게 되면 제대로 보전할 수 없거든요. 어쩌면 최근 한반도에서 전쟁이 일어나지 않고 오랫동안 평화 시대를 지내면서 미래세대를 위한 중요한 안보자산에 대한 공동체의 인식이 퇴색했기 때문이지요. 유럽연합의 농지보전정책이 그래서 늘 부러운데요. 다른 한편으로 우리나라 농지보전

상황을 생각하면 두려운 마음이 들어요.

　최근 농지상속은 여러 나라에서 논란거리로 자주 등장하는데요. 가장 큰 이유가 세금인데요. 그래서 우량농지 보전과 농지상속세는 밀접한 연관이 있어요. 그동안 선진국을 중심으로 농지상속으로 인한 문제를 해결하기 위해 다양한 노력을 해왔어요. 이제는 관련 법을 잘 정비하여 우량농지를 제대로 보전하면서 영농후계자 문제까지 해결할 수 있게 되었어요. 문제가 발생하지 않도록 오랜 토론을 거쳐 제대로 된 제도를 만들어 해결하는 방식이 늘 부러운데요. 문제는 예외조항이 많은 우리나라에서 자주 발생하고 있어요. 최근 유럽연합 여러 나라에서 농지상속과 관련된 문제는 거의 일어나지 않는지 인터넷에도 자료를 찾을 수 없거든요.

　요한 씨! 유럽에서는 농지상속 관련 문제를 해결하고, 우량농지 보전을 위해 제도를 어떻게 시행하고 있나요? 그동안 우리나라는 자녀 수대로 나눠 상속해온 것으로 알고 있는데요. 유럽에서는 자녀 수가 많아도 한 명에게 모든 농지를 물려준다고 했어요. 좀 더 자세한 설명이 필요한데요.

　요안나 씨가 궁금한 점이 많네요. 자녀가 농장을 물려받아 일정 기간 농사를 지어야 농지에 대한 상속세가 감면되는데요. 질문 내용에 추가해서 상속세 감면 내용까지 소개할게요. 먼저 부모가 나이가 들어 국민연금을 받을 연령이 되면 농사일을 그만두고 자연스럽게 농지와 주택을 자녀에게 상속하게 되는데요. 이때 아들이나 딸 구분하지 않고 평소에 농업부문에 관심이 많은 자녀에게 물려준다고 하네요. 우리가 자주 찾아가는 벨기에 농장에서는 아들에게 물려준 것이 아니라 딸에게 상속을 했거든요. 딸이 농장을 물려받는 사례는 벨기에보다 프랑스나 영국에서 더 많다고 하네요.

둘째로 상속세 감면 혜택을 받으려면 어떻게 해야 하는지 설명할게요. 나라마다 조금 차이가 나지만 농지를 물려받는 자녀는 우선 유럽 여러 나라가 정하는 **농부자격증**을 갖춰야 해요. 유럽에서는 '아무나 농부가 될 수 없다'는 이야기는 자주 들어 알고 있을 텐데요. 농사를 물려받는 자녀에게도 마찬가지로 적용이 된다고 하네요. 그래서 농업계 학교나 농업교육 전문기관에서 일정 기간 교육을 받아야 해요. 교육만 받아서는 안 된다고 하네요. 실제로 농사일에 종사해야 하거든요. **확실한 농사꾼**(active farmers)이 돼야 하는데요.[**] 일주일에 최소 20시간 농사일을 해야 확실한 농사꾼으로 인정을 받는다고 하네요. 하나 더 있어요. 나라마다 차이가 있지만 나이 제한을 하는데요. 우리나라에서 이렇게 하면 논란이 많겠지만 유럽에서는 기준이 정해져 있어요. 아무나 농부가 될 수 없을 뿐만 아니라 확실한 농부가 되려면 일반 근로지의 주당 근무시간보나 덜하지만 20시간 이상 농사일을 해야 인정을 받으니까 유럽에서 농지에 대한 상속세를 면제받는 것도 쉬운 일은 아니네요.

[**] 2018년 CAP 계획안에 농사를 주업으로 하는 농부를 대상으로 직불금을 확대하기 위해 '진짜 농부(genuine farmers)' 개념을 도입하려고 시도했다. 대농과 농기업에게 대부분의 직불금이 지급되는 문제를 해결하기 위한 방안으로 논의되었다.

진짜 소는 누가 키우나… 농어촌인구 5년 새 28만 명 감소 (매일경제: 2021.04.27.)

50년간 농가인구 85% 감소… 고령인구 47% (파이낸셜뉴스: 2020.11.17.)

[파이낸셜뉴스]

지난 50년간 한국 사회가 빠르게 산업화를 이뤄내면서 우리 농가 인구 역시 85% 가까이 감소한 것으로 집계됐다. 농업에 종사하는 인구의 연령대가 점차 고령화되면서 65세 이상 고령인구 비율이 크게 상승했다. 농가소득이 연평균 11% 가량 증가한 것으로 조사됐지만 정작 농업소득 비중은 25%에도 미치지 못했다. 경지면적도 지난 45년간 29.4% 감소했다.

통계청이 17일 발표한 '통계로 본 농업의 구조 변화'에 따르면 지난해 농가인구는 224만 5000명으로 1970년 1442만 2000명보다 84.4% 감소했다. 젊은이들이 농촌을 떠나면서 지난해 농가의 65세 이상 고령인구 비율은 46.6%를 기록했다. 지난 1970년에는 4.9%에 불과했다. 50년 동안 41.7% 상승한 것이다.

유소년인구 100명당 고령인구를 의미하는 농가 노령화지수도 1970년 11.4명에서 지난해 1073.3명으로 급증했다. 연령별로 보면 농가인구는 지난 50년간 15~19세(-15.9%), 30대(-15.6%), 20대(-12.2%), 40대(-9.8%)에서 감소했지만, 70대 이상(29.9%)와 60대(19.5%)에선 크게 늘었다.

젊은이들이 도시로 떠나면서 농가 수도 급감했다. 1970년 248만 300가구에서 지난해 100만 7000가구로 50년 동안 59.4% 감소했다. 지속되는 농가 노령화 추세로 독거노인 혹은 노인 부부로 구성된 1인 가구와 2인 가구가 각각 3.0%, 2.8% 증가한 반면 3인 가구(-1.0%), 4인 가구(-2.9%), 5인 가구(-7.2%)는 모두 줄었다.

6.5. 동물 복지(가축이 행복한 사육환경)

요안나 씨! 나라마다 다르지만 그 나라 사람이 가장 많이 먹는 음식을 주식(主食)이라고 하는데요. 우리 나라 국민 1인당 연간 소비량 통계를 보면 가장 많이 소비하는 농산물이 뭘까요?

이번에는 너무 쉬운 문제라 답을 할 필요가 없을 것 같은데요. 쌀이 분명하지만 아무래도 질문에 다른 의도가 숨어 있어요. 최근 1인당 연간 쌀 소비량이 50년 전과 비교하면 절반 이하로 줄었다고 언론에서도 자주 보도를 하는데요. 반면에 돼지고기와 쇠고기 소비량은 10배 증가했다고 하네요. 쌀 소비량은 크게 줄었는데 육류 소비량은 엄청 늘어났어요. 제 기억에도 1980년대 초반까지 쇠고기나 돼지고기는 명절에 겨우 맛볼 수 있었는데 지금은 매주 먹을 수 있거든요. 그리고 요즘 젊은 세대는 쌀로 지은 밥보다 고기를 더 좋아해요. 이런 추세가 지속되면 쌀 소비량은 해가 갈수록 더 줄어들 것 같은데요.

요한 씨! 그나저나 쇠고기, 돼지고기, 닭고기 등 육류 소비량은 매년 늘어나는데 앞으로도 지금처럼 먹고 싶을 때는 언제든지 사 먹을 수 있을까요? 2022년 세계인구가 80억 명을 돌파했다고 했는데요. 소득수준이 높아지면

육류 소비량이 덩달아 증가한다고 했거든요. 그런데 사람이 곡물을 바로 먹을 때보다 가축을 길러 고기를 먹으면 곡물 소비량이 더 많아지게 된다고 했어요. 탄수화물을 먹을 때보다 단백질을 섭취하려면 곡물 소비량이 적게는 4배에서 많게는 10배 더 늘어난다고 했어요.

그래서 오래전부터 전문가들은 가축을 사육해야만 얻을 수 있는 육류 단백질을 대체할 새로운 먹거리를 생산하기 위해 다양한 방안을 연구하고 있는데요. 요즘은 식물성단백질로 만든 **대체육(?)***은 물론이고 조직배양으로 만든 **배양육**까지 쉽게 찾을 수 있는데요.[10] 문제는 이 방법으로 생산된 단백질이 기존의 고기로 섭취하는 단백질과 차이가 많거든요. 뿐만 아니라 새로운 형태의 단백질을 생산하는데 들어가는 원가 또한 그렇게 싸지 않아요. 가장 좋은 방안은 결국 사람들이 고기를 적게 먹는 것인데요. 그런데 이 또한 반대로 진행되고 있어요. 소득수준이 높아지면 가축을 사육하여 얻을 수 있는 고기 단백질을 선호하는 사람이 더 늘어나거든요.

그렇다면 앞으로 인구가 늘어나고 소득수준이 높아질수록 전 세계에서 사육해야 할 가축 수가 늘어나겠네요. 그런데 가축 수를 무한정 늘릴 수 없을 것 같은데요. 소나 양의 마릿수를 늘리려면 더 넓은 방목지가 필요하고요. 돼지는 사료만 있으면 더 많이 사육할 수 있겠지만 사료용 곡물을 더 많이 생산해야 하거든요. 그리고 냄새 덜 나는 축사를 어디에 지어야 하나요? 최근 여러 나라에서 **공장식 축산**으로 인한 가축분뇨 냄새로 민원이 많다고 들

---

* 한우 자조금관리위원회는 식물성 단백질로 만들어진 대체육은 동물성 단백질 성분의 육류와 맛, 식감이 비슷하지만 영양성분은 달라 육류를 대체할 수 없다며 '육'이란 표현을 빼고 '대체식품'이라고 불러야 한다고 주장했다.

었어요. 이 때문에 각국 정부가 논란이 되고 있는 돼지, 닭 등 가축의 공장식 사육방식에 대한 규제를 강화한다고 하네요. 그러면 축산농가 입장에서는 가축을 사육하는 비용이 증가하니까 불만이 많겠지요. 얼마 전 네덜란드와 폴란드에서 돼지를 사육하는 축산농가들이 정부의 사육규제 강화법안에 반대하며 시위하는 장면을 본 적이 있어요.

앞에서 잠시 소개했듯이 대표적인 하이드 농업 사례로 축산이 자주 등장하는데요. 유럽인들의 주식(主食)은 빵과 고기라고 하죠. 유럽에서 가축은 국토의 정원사로 등장하는 주인공 일부이고요. 유럽에서는 하이드 축산을 지킬박사 축산으로 유영하는 사례가 많아요. 그래서 지금부터 유럽의 대표적인 지킬박사 축산을 소개하려고 해요.

요안나 씨! 동물복지(animal welfare)라는 용어를 자주 들었을 텐데요. 요즘 우리나라에서도 자주 등장하는 용어인데요. 이 용어를 소개하는 사람마다 다르게 해석을 하거든요. 긍정적인 의미로 해석하는 사람들보다 부정적으로 소개하는 사람들이 의외로 많아요. 왜 그럴까요?

글쎄요. 유럽에서 동물복지라는 용어가 일반 소비자에게 널리 알려지게 된 때가 2000년대 초반이라고 생각되는데요. 물론 이 용어가 언제부터 나왔는지는 잘 모르겠지만요. 요한 씨가 이 용어를 소개하면서 엄청 화를 낸 것으로 기억하는데요. 아프리카 대륙의 많은 사람들이 하루 1달러 이하로 먹고사는데 유럽연합에서는 동물복지를 위해 농부에게 많은 보조금을 주고 있다고 열을 내더군요. 많은 나라에서 사람복지도 제대로 안 되는데 동물복지는 뭔 소리인지 하면서 부정적으로 해석하던데요.

흐흐 그런 때가 있었네요. 그리고 보면 2000년 초에 이 용어를 처음 접했을 때 유럽연합 농업관계자와 심하게 다투면서 토론한 적이 있어요. 요안나 씨가 기억할 정도라면 아마 그 당시에 동물복지라는 용어를 잘 이해하지 못했던 것 같네요. 그런데 얼마 지나지 않아 이 단어가 지닌 의미를 달리 해석하게 되었어요. 2000년 초에 유럽에서 발생한 구제역으로 영국을 비롯한 많은 나라에서 엄청난 숫자의 가축을 생매장했는데요. 그 당시 유럽연합에서 앞으로 동물복지 기준을 더 강화하겠다고 발표하여 내용이 뭔지 자세히 공부할 기회가 되었어요.[11] 자세한 내용은 잠시 후에 설명하고요. 최근 우리나라에서 동물복지법까지 제정하면서 일반인의 관심이 높은데도 부정적인 해석이 많은 이유부터 살펴볼게요.

우리나라에서 동물복지와 관련하여 논란이 많은데요. 이는 동물보호법에 동물복지 죽산농장을 인증하는 내용이 추가되면서 비판의 목소리가 더 높아졌다고 생각되어요. 심지어 일부 사람들은 우리나라의 동물복지제도는 동물을 위한 복지가 아니라 고기를 먹는 사람들의 죄책감을 덜어주는 인증제도일 뿐이라고 비판하거든요. 공감되는 부분이 있지만 해석의 차이가 많은 것은 사실이에요.

동물복지 용어를 다르게 해석하면 동물복지 농장에서 사육한 죽산물을 구매하는 이유가 윤리성 때문이라고 주장하거든요. 그런데 동물복지 죽산농장에서 사육된 돼지가 공장식 축사보다 스트레스를 덜 받고 사육되는 점은 인정해야 하는데요. 국내의 동물보호법과 시행령에 명시된 가축사육과 관련된 동물복지 사항은 유럽연합 동물복지 지침에서 정한 내용과 비슷한데요. 어쩌면 좋은 목적으로 선진제도를 도입하여 시행하고 있지만 동물복지라는

제도는 사육여건이 전혀 다른 현실을 고려하지 않고 국내에 적용하여 논란
이 되는데요. 무엇보다 정부가 기준을 정해 시행하는 인증제도의 모순점으
로 인해 발생하는 문제점이 많을 것 같네요. 일부 비판가들은 국내에서 시행
하는 동물복지는 가축의 '삶'에 해당하는 개념이 아니라 '사육·운송·도축'
에 해당하는 개념이라고 주장해요.[**] 이는 시행령에 명시된 내용대로 해석하
여 발생힐 수 있는 문세점은 분명해요.[12]

　유럽연합의 지침에는 이보다 더 세밀한 기준이 포함되어 있어요. 그래서
유럽연합의 동물복지 개념을 제대로 해석하게 만든 주요 내용을 자세히 소
개할게요. 먼저 기르는 가축에게 쾌적한 사육환경을 제공해야 한다는 것이
유럽식 동물복지의 출발점인데요. 그래야 가축이 스트레스를 덜 받게 되겠
지요. 두 번째는 그런 환경에서, 어쩌면 사람보다 더 행복한 환경에서 자란
가축을 심지어 도축할 때에도 불필요한 고통을 최소화하여 잡아야 하는데
요. 결국 유럽식 동물복지의 핵심은 '사육단계에서 도축단계까지 스트레스
를 적게 받을 수 있는 환경에서 살다가 도축된 가축의 고기를 먹어야 유럽
소비자들도 행복감을 느끼게 된다는 점'이라고 침을 튀기면서 설명하는 친
구들이 많았거든요.

　요안나 씨! 동물복지와 관련된 논란이 왜 생기는지 이해가 되는가요? 무엇
보다 우리나라와 유럽의 축산환경이 다른 점을 인정해야 하는데요. 빵과 고

[**] 동물복지축산농장 인증은 산란계(2012년), 양돈(2013년), 육계(2014), 젖소, 한육우, 염소
(2015), 오리(2016) 농장에 시행하고 있다. 사육 단계에서 동물복지축산농장 인증제를 실시
하여 동물복지축산농장에서 사육되고 운송, 도축을 거쳐 생산된 축산물에 '동물복지 축산물'
표시를 하는 등 사육, 운송, 도축 전 과정을 체계적으로 관리하여 종합적인 농장동물 복지체
계를 마련해 나가고 있다.

기를 매일 먹는 유럽과 쌀을 주식으로 소비하는 우리나라의 농업여건이 완전히 다르듯이 아무리 좋은 제도라도 각 나라의 여건이나 실태에 맞게 시행되어야 하겠죠.

그렇지요. 동물복지라는 용어를 처음 들었을 때 이해가 잘 안되었는데 추가로 설명해주니까 좀 알 것 같아요. 처음에는 사람복지가 잘 된 유럽이라 동물복지까지 신경을 쓰는구나 생각했거든요. 그런데 동물복지는 결국 육류를 매일 먹어야 하는 유럽 소비자들이 행복한 마음으로 고기를 먹기 위해서 **연출한 용어**라는 생각이 드는데요. 요한 씨가 깨끗하고 아름다운 농촌을 가꾸는 농부의 이름을 **국토의 정원사**로 바꾼 것처럼 동물복지라는 용어를 좀 더 이해하기 쉽게 바꾸면 어떨까요?

좋은 생각이네요. 그동안 농업용어 중에 수수료를 가창비나 같이비, 농약을 작물보호제, 농업인을 농부로 쉽게 이해할 수 있게 새로운 용어를 사용할 것을 주장해왔는데요. 이번 기회에 동물복지 용어를 바꾸고 기회가 되면 작명소를 하나 열어도 되겠는데요. 동물복지라는 용어가 등장하게 된 계기부터 살펴볼까요? 1960년대 공장식 축산의 문제점을 제기한 책이 한 권 나왔는데요.[13] 그 당시 먹거리와 관련된 사안이라 여론의 관심이 높았어요. 그동안 매년 큰 폭으로 증가하는 육류 소비량을 감당하기 위해 대부분의 나라에서 가축을 공장식으로 사육하고 있는데요. 유럽이나 미국, 호주처럼 초지에 가축을 방목하면서 사육하는 방식은 10%에 불과하다고 하네요. 한편으로 보면 동물복지는 더 많은 고기를 생산하기 위해 인간이 창조한 공장식 사육방식에 대한 반성과 자기변명으로 탄생한 용어인데요. 유럽연합에서 사용하는 동물복지는 유럽인들의 먹거리가 되기 전까지 가축의 입장에서 스

완전히 다른 가축 사육 방식: 유럽의 방목형 밀 농장과 공상식 돼지 농장

트레스 덜 받고 행복히게 살아야 한다는 의미라 다르다고 생각해요. 그래서 이 용어는 두 가지로 나눠 사용할 것을 주장해요. 공장식 사육방식이 불가피한 나라에서는 동물복시라는 용어 대신에 가축을 위한 축산의 ESG 의미로 '윤리축산(LESG)'으로 바꿔 사용하면 좋겠어요. 농장을 홍보할 때에도 그동안 논란이 된 인증제도를 보완하여 (축종명) 윤리축산 실천목장으로 하면 소비자들이 쉽게 접근할 수 있겠지요. 유럽식 동물복지는 '가축이 행복한 사육환경(HE4L)'으로 단어가 좀 길어도 앞으로는 가행사(Happy Environment for Livestocks)라는 신조어로 바꾸어 소개하면 좋겠어요.

유럽연합 그린딜 논의와 가행사(HE4L)

요안나 씨! 2019년 11월 유럽연합은 2050년까지 기후중립 대륙(climate-neutral bloc)을 실천하기 위한 새로운 전략을 발표했는데요. 농업부문이 빠지지 않았어요. 그래서 간략하게 소개하려고 해요. 이 전략은 청정에너지, 농업, 생물다양성 등 총 7가지 정책 영역에서 추진되는데요. 한때 우리나라에서는 탈원전정책을 홍보하기 위해 이 전략을 인용했어요. 미래세대를 위한 기후변화 대응전략이 핵심인데 마치 유럽 그린딜이 환경친화적인 경기부양책인 양 아전인수식으로 해석하여 논란이 많았어요.

유럽 그린딜 전략이 농업부문에 미치게 될 영향과 그동안 논의된 핵심 쟁점사항을 중심으로 소개하려고 해요. 그동안 유럽의 농부들이 '국토의 정원사' 역할을 해온 점에 대해 새로운 평가를 기대하며 우선 환경단체와 소비자의 목소리가 무엇인지 소개할게요. 유럽 그린딜 정책이 발표되자 환경단체를 중심으로 **공동농업정책**을 획기적으로 개혁해야 한다고 목소리를 높였거든요. 가장 큰 이유 중 하나는 그동안 논란이 되었던 CAP 예산으로 지급된 보조금 때문인데요. 그 많은 보조금이 본래 목적대로 성과를 냈는지 의문을 제기했어요. 특히 환경단체들은 면적 기준으로 보조금이 지급된 점에 대해 집중적으로 문제를 세기했어요. 최근 20~30년간 주로 소농 중심으로 구조조정이 진행된 것은 국토의 정원사 역할을 해온 그들에게 보조금을 제대로 지급하지 않았기 때문이라고 주장했어요. 반면, 기후변화에 더 많은 영향을 끼치는 대농 위주로 보조금이 지급된 점을 문제로 지적했어요. 환경단체는 농사를 전혀 짓지 않는 영국 왕실과 모나코 왕실에도 엄청난 금액의 농업보조금이 매년 지급되는 현실을 성명서를 통해 자주 신랄하게 비난했어요.

환경단체는 심지어 그동안 유럽연합의 농업단체를 대표하여 EU 농정 파트너로 참여해온 유럽농민단체협의회와 농협협의회(COPA-COGECA)에 대한 비판의 강도를 높이고 있어요. 유럽연합 전체 예산의 40%를 차지하는 공동농업정책 예산이 유럽 농부의 대다수를 차지하는 가족농을 위해 집행되지 않고 오히려 대농 중심으로 지급되고 있거든요. 그래서 환경단체들은 농민단체협의회(COPA)가 대농과 농기업의 이익을 대변하는데 앞장서 왔다고 공격했어요. 농가당 보조금 상한액을 연간 10만 유로 이하로 설정하는 의제에 대해서도 그동안 각국의 상황에 맞게 지급돼야 한다고 주장해 온 COPA의 입지 또한 대농의 이익을 대변한다면서 비판하고 있어요. 반세 COPA는 오랜 관행을 존중하고, 회원국별로 농업여건이 다른 점을 감안하여 보조금 상한액을 똑같은 기준을 적용하여 결정하는 것을 반대하거든요. EU 농업담당 집행위와 오랜 농정파트너로 역할해온 COPA는 회원국별로 차이를 인정하는 '자율결정'이 중요하다고 주장하고 있어요

유럽 그린딜 전략에서 농업부문의 과제는 크게 5가지로 나눌 수 있어요. 농장에서 식탁까지 더 건강하고 지속가능한 농산물 생산과 식품공급 시스템을 구축하는 것이 핵심 목표인데요. 이를 위해 2030년까지 추진할 내용은 아래 박스에서 소개할게요.

첫째 2030년까지 잔류농약으로 인한 공기, 토양, 물의 오염을 방지하고, 생물다양성을 확보하고 기후변화를 방지하기 위해 농약의 사용을 50% 감축한다.

둘째는 토양의 양분 손실을 50% 줄이고 비옥도를 유지하기 위해 2030년까지

비료 사용량을 20% 감축한다.

셋째는 가축에게 투입하는 항생제의 내성으로 인해 매년 발생하는 33,000명의 사망자를 줄이기 위해 2030년까지 가축과 양식장에 투입하는 항생제 사용량을 50% 감축한다.

넷째는 친환경농산물 생산을 장려하기 위해 유기농산물 재배면적을 현재 5% 수준에서 2030년까지 25%로 늘린다.

다섯째는 생물다양성 전략에 포함될 사항인데 지금까지 논의된 내용에는 2030년까지 다양한 경관 특성을 지닌 농경지 면적을 최소 10% 회복, 30억 그루 나무 심기, 강 25,000㎞ 복원, 숲 가꾸기, 유기농산물 확대 등이 포함되어 있다.

그런데 환경단체는 농업부문의 유럽 그린딜 전략이 미흡하다며 더 강화할 것을 요구하고 있어요. 반면에 유럽농민단체협의회는 2030년까지 실천할 수 있는 현실적인 전략이 더 중요하다는 입장인데요. 회장단에서 여러 번 성명서를 발표했어요. 농장에서 식탁까지 그린딜 전략은 현실을 무시한 아주 이상적인(ideal) 전략이라고 비판하면서 과학적인 근거를 바탕으로 단계적으로 추진할 것을 요구했어요.

주

1 독일은 기초직불금은 기본지불제(Basic Payment Scheme)를 적용해 지급단가를 산정한다. 2014년부터는 상대적으로 지급단가가 낮은 신규 회원국과 단위면적당 지급액 균등화를 위해 지급단가를 소폭 낮추었다. 독일 내 농업경영체 간 지급액 균등화를 위해 2015년부터 지역별 균일단가를 적용했는데 2019년부터는 국가 전체에 균일단가를 적용하여 ha당 175.95 유로를 기초직불금으로 지급했다. 2018년 직불금 신청자의 91.7%인 약 28만 명이 기초직불

금을 신청하여 수령했다. 총직불금의 60.6%가 기초직불금으로 지급되었다. 친환경적인 영농활동 의무를 준수하는 농업경영체에는 ha당 약 85유로의 환경보전 직불금이 추가로 지급된다. 환경보전 직불금은 기후 및 환경보호에 도움을 주는 영농활동을 장려하기 위한 제도로 전체 직불금의 약 30%가 배정된다. 친환경 의무에는 작물 다양화, 영구초지 유지 및 관리, 농지의 5%를 생태관리 집중구역(ecological focus area)으로 휴경하거나 보전하는 등의 조치가 포함된다. 이를 준수하지 않으면 해당 직불금이 지급되지 않는 등 제재가 따른다. 2018년 기초직불금을 신청한 28만여 농업경영체 중 300여 곳을 제외한 거의 모든 곳에 전체 지급액의 29.5%인 약 14억 1,000만 유로(한화 약 1조 8,100억 원)가 환경보전 직불금으로 지급되었다. 농촌경제연구원,《세계농업》, 2020. 3월호에 실린 내용을 정리했다.

2 이탈리아의 농업은 다른 경제부문과 마찬가지로 불평등한 역사 발전 과정을 겪었다. 1950년 농지개혁법이 시행되기 전까지 대부분의 이탈리아 농경지는 소수의 부유한 귀족들의 사유지로 관리되어 대다수의 농부는 임금노동자나 임차농으로 전락하여 자급자족하면서 먹고살기에도 많은 어려움을 겪었다. 특히 토지개혁의 시발점이었던 갈라브리아에서 실업률이 더 높았을 정도로 농업부문 종사자들은 목소리를 낼 수 없었다. 농지개혁은 농업노동력을 흡수하고 농지를 효율적으로 이용하기 위해 추진했지만 규모가 큰 토지를 땅이 없는 농부에게 재분배하게 되어 소농이 큰 폭으로 증가하였다. 따라서 농지개혁은 일부 성공한 측면보다 농지의 파편화로 이용효율성 증대라는 당초 목적과 반대로 진행되었다. 농지개혁의 또 나는 부정적인 측면은 농촌공동체 사회구조를 손상시킨 점이다. 『농부의 새로운 이름, 국토의 정원사』에 소개한 내용을 재인용했다.

3 소농직불제는 소규모 농가를 위한 간소화된 직불금 제도로 독일을 포함한 15개 회원국에서 시행 중인 선택 제도이다. 독일의 경우 기초직불금(Basic Payment)을 토대로 하는 모든 직불금을 대체하는 제도로 기초직불금을 받더라도 상호준수의무 및 환경보전의무에서 면제된다. 뿐만 아니라 환경보전 직불금, 청년농부 직불금, 재분배 직불금 대상에서 제외된다. 지급액의 산정기준은 국가별로 상이한데, 독일은 소농 직불금 신청 면적에 상당하는 기초직불금과 환경보전 직불금, 재분배 직불금, 청년농부 직불금(해당하는 경우)을 합산해 책정한다. 단, 1년에 최대 1,250유로의 상한액이 적용되기 때문에 5ha 이하의 소규모 농장주에게 주로 지급한다. 2018년 전체 직불금 수령 농업경영체의 8.3%인 2만 6천 농업경영체에 총 1,913만 유로(한화 약 246억 8천만 원)가 소농직불제를 통해 지급되었다. 농촌경제연구원,《세계농업》, 2020. 3월호에 실린 내용을 정리했다.

4 EU의 2021-2027 전체 예산은 위기 극복 예산을 추가로 편성하면서 약간 변동이 있었다. EU 집행부가 요청한 금액과 의회에서 확정한 금액에 차이가 있는데 의회에서 발표한 자료를 참고했다(https://www.consilium.europa.eu/en/policies/the-eu-budget/long-term-eu-budget-2021-2027/)

5 주요국의 농업보조금 관련 자료는 KIEP중장기통상전략연구19-1에서 발췌하여 정리했다. 그동안 우리나라 농산물시장 개방을 위해 수출국의 전도사 역할을 해온 대표적인 기관이 KIEP인데 이 보고서에도 미국과 중국이 자국 농부 보호를 위해 WTO 규정을 무시하고 농업보조금을 더 많이 지급하는 내용은 소극적으로 다루고 있어서 안타깝다.

6 KIEP 보고서는 국가별 비교 연도를 달리하여 다양한 해석이 가능하게 했다. 우리나라는 농업보조금이 가장 많았던 2015년을 기준으로 분석하여 20년(1995~2015) 연평균 1.3% 증가한 것으로 소개했다. 최근 통계자료(2020년) 기준으로 하면 이 수치는 0.8%로 줄어든다.

7 EU의 영농후계자 육성 지원정책은 아래 인터넷 사이트 자료를 참고하여 정리했다. https://agriculture.ec.europa.eu/common-agricultural-policy/income-support/young-farmers_en https://www.young-farmers.eu/project.php?lang=EN https://euyoungfarmers.eu/ https://www.ceja.eu/home

8 40세 이하의 농부는 청년농부 직불제를 통해 기초직불금의 25%에 해당하는 ha당 44유로를 추가로 받을 수 있는데 경지면적 90ha 미만 농가에게 최장 5년까지 지급한다. 청년농부 직불제 대상 농업경영체 비중은 2016년 약 8%에서 2018년 13.2%로 늘어나 3만 7천여 농업경영체가 혜택을 받았다. 독일에서 청년농부 직불금을 수령하는 농업경영체의 평균 농지규모는 60ha 수준이다. 현재 논란이 많은 직불금 상한액 때문에 농업경영체당 직불금 총액이 15만 유로를 초과하는 경우 초과분에 대해 지급단가를 할인해야 한다. 회원국 전체 직불금 예산의 5% 이상을 재분배 직불금으로 지급하는 경우 이러한 할인 의무에서 면제될 수 있다. 현재 독일과 프랑스를 포함한 6개국이 이러한 방식을 취하고 있다. 재분배 직불금은 소규모 및 중규모의 농업경영체를 지원하기 위한 국가별 선택 제도로 지급 대상 농업경영체의 농지 중 일정 면적 이하의 농지에 대해 직불금을 추가 지급한다. 농촌경제연구원, 《세계농업》, 2020. 3월호에 실린 내용을 정리했다.

9 유럽연합의 영농후계자 기준 연령이 만 40세이기 때문에 우대 금리를 비롯한 유리한 조건으로 대출받을 수 있는 나이를 41세 미만으로 제한하는 것으로 이해된다.

10 식물 등으로 만든 '대체육'에서 '고기'라는 말을 빼라는 명칭 논란은 아래 자료를 참고했다. https://pcgeeks.tistory.com/19837. 축산업계 "대체육은 고기 아니라니까…" https://www.hankyung.com/economy/article/2022030831011

11 그동안 유럽연합의 동물복지 개념을 '가축이 행복한 사육환경'으로 이해하게 될 때까지 많은 자료를 참고했다. 아래는 자주 활용했던 인터넷 주소이다. What Is Animal Welfare and Why Is It Important?
https://www.sciencedirect.com/topics/agricultural-and-biological-sciences/animal-welfare / https://www.worldanimalprotection.us/blog/what-is-animal-welfare

12 국내에서 시행 중인 농장동물 복지제도 자료는 농림축산검역본부에서 소개하는 아래 자료를 참고했다. 동물보호관리시스템 농장동물 복지개요 (animal.go.kr) / https://www.animal.go.kr/front/community/show.do;jsessionid=a6ZH04DwkC77vuiWxfViKLaaZU94OuRt5Wuj1Wr1UtmL4ngdbYovhA0IWn7Cqrks.aniwas2_servlet_front? boardId=contents&seq=144&menuNo=3000000017

13 공장식 축산은 20세기 중반 영국, 미국 등 서구에서 시작되었다. 영국의 동물 운동가였던 루스 해리슨(Ruth Harisson)은 1964년 집필한 《동물 기계(Animal Machines)》를 통해 공장식 축산의 폐해를 처음으로 집중 고발해 언론과 대중의 주목을 받았다. 이 책에서 루스 해리슨은 제2차 세계대전에 따른 배급제가 실시되는 동안 가축의 수가 제한되었으나, 배급제가 끝나면서 산란계와 육계 산업을 비롯한 축산업이 급격히 성장했다는 주장을 폈다. 전쟁이 끝나고 축산물 수요가 급증하자 이를 감당하기 위해 기계화, 고밀도 사육, 비용 절감 등을 중심으로 하는 공장식 축산이 발전한 것이다. 20세기 후반에 접어들어 세계화된 공장식 축산은 점점 더 많은 국가에서 전통적인 방식의 유기축산을 대체하고 있다. 미국의 연구 집단인 지각력 협회(Sentience Institute)가 2019년 발표한 바에 따르면, 육지 동물과 양식 어류를 포함해 전 세계 농장동물의 90% 이상 공장식 축산으로 사육되고 있다.

7장

지킬박사도 지킬 사회적 농업

7.1. 농업부문의 ESG 사회적 농업

요안나 씨! 앞에서 농업과 농촌의 다원적 기능에 대해 살펴보았는데요. 그동안 유럽에서는 지역 주민의 건강 증진은 물론이고 지역사회와의 통합과 연대를 강화하기 위해 일상생활에서 농업과 농촌이 지닌 공익적 기능을 활용한 사례가 많아요. 어린이와 학생들에게 농사를 체험할 수 있는 교육과정을 운영하는 것이 가장 대표적인 사례인데요.

치매나 정신질환이 있는 노인이 작물을 키우고 가축을 돌보면서 건강을 회복하는 데 도움을 주는 프로그램도 있어요. 이 외에도 유럽에서는 문제 학생을 비롯한 취약 청소년, 재소자나 중독자, 장기 실업자 등을 대상으로 영농활동을 통해 정상적인 노동과 인간관계를 형성하는 데 도움을 주는 다양한 프로그램을 운영하고 있어요.

그런데 유럽에서는 농업을 통한 다양한 방식의 지역사회 연대활동을 꽤 오래전부터 시작했어요. 중세 시대에는 주로 수도원을 중심으로 운영했다고 하는데요. 오늘날에는 농업의 다원적 기능을 활용한 사회연대와 통합을 촉진하는 다양한 프로그램을 많은 나라에서 운영하고 있어요. 그래서 이번 질문은 이러한 형태의 농업활동을 묶어서 설명하는 용어인데요. 뭘까요?

글쎄요. 전문적인 용어가 분명한데요. 요한 씨가 추가로 설명해주면 독자들이 쉽게 이해할 수 있겠지요. 지난번 방문했던 벨기에 농장에서 외톨이로 지내면서 사회적응을 못 하는 청년 1명을 꽤 오랫동안 고용하고 있다고 들었는데요. 벨기에 농장에서 하고 있는 **농업을 통한 사회연대** 프로그램이 최근 우리나라에서도 시행한다는 **치유농업**(care farming)과 비슷한 활동이 아닐까 생각되는데요.

그렇지요. 치유농업 또한 이번 질문의 답변에 포함되는 활동인데요. 치유농업은 별도 항목에서 좀 더 자세히 소개할게요. 정답은 **사회적 농업**(social farming)이라고 하는데요. 유럽에서 농업을 활용한 다양한 사회적 연대활동은 오랜 역사를 가지고 있다고 했는데요. 오늘날 유럽 여러 나라에서 운영하고 있는 사례를 하나씩 소개할게요.

먼저 아직까지 공식적인 정의가 명확하지 않은 사회적 농업의 의미부터 살펴볼까요? 사회적 농업은 농촌이나 준농촌지역에서 동물과 식물 등 모든 농업 자원을 활용하여 사회적 서비스(social services)를 창출하기 위한 다양한 활동의 집합체(cluster of activites)라고 정의하고 있어요.[*] 대표적인 사회적 서비스는 재활, 치료, 특별한 일자리(sheltered job), 평생 학습, 그리고 사회 통합에 기여하는 기타 활동(other activities contributing to social integration)을 들 수 있어요. 국내에서는 사회적 농업은 ① 건강, ② 교육과 훈련, ③ 사회통합과 포용, ④ 지역개발 등의 이익을 창출할 목적으로 주로 취약계층을 서비스 대상

---

[*] 2012년 유럽경제사회위원(European Economic and Social Committee)에서 잠정 정의한 사회적 농업의 내용을 요약한 것이다.

으로 농사체험이나 기타 농업활동과 연계하여 제공하는 다양한 사회적 연대활동이나 서비스로 규정하고 있어요.

결국 사회적 농업은 그동안 유럽연합에서 강조해온 농업의 다원적 기능에 포함되는 농업의 사회적 역할, 즉 사회적 연대활동을 강조하기 위한 용어라고 해석할 수 있어요. 앞으로 농업부문의 중요한 ESG로 홍보할 수 있을 것 같아요. 그동안 농업의 다원적 기능은 영농활동을 통해 부가적으로 창출되는 기능이 본질이라고 자주 강조했는데요. 사회적 농업으로 제공하는 사회적 서비스는 농장에서 영농활동에 직접 참여하고 가공 등 농업활동을 통해 창출되기 때문에 더 큰 의미가 있어요.

유럽에는 나라별로 다양한 방식의 사회적 농업 사례가 있어요. 그러면 먼저 사회통합과 포용을 실천한 사회적 농업 사례를 소개할게요. 오늘날 많은 나라에서 오랜 역사를 가진 유럽의 사례를 바탕으로 사회통합을 위한 목적으로 사회적 농업을 활용하는데요. 자주 방문하는 벨기에 농장의 사례인데요. 사회생활에 적응하지 못하는 외톨이 청년을 10년 동안 고용하는 농장이 있거든요. 이 청년은 농장에서 제공하는 프로그램에 참여하면서 서서히 외톨이 생활에서 벗어나고 자립심이 길러졌다고 하는데요. 결국 이 농장이 사회연대를 촉진시켜 외톨이 청년에게 정상직인 노동의 중요성을 알게 히고 인간관계를 형성하는데 기여한 셈이지요. 그런데 농장주와 대화를 하면서 느낀 점이 많았어요. 이 청년은 농장에서 하루 3시간 지내게 되는데요. 정상적인 일 처리가 서툴기 때문에 힘든 농장 일은 맡길 수 없고 아주 단순한 작업을 하면서 보조자 역할을 하는데요. 그래서 주로 하는 일은 유채씨를 가공하여 유채유나 타타르를 만들 때 병에 집어넣는 작업을 해요. 처음에는 그

작업을 할 때에도 병 속으로 제대로 넣지 못하고 흘리는 경우가 많았다고 하네요. 지금은 비록 작업 속도는 느리지만 병 속에 채워야 할 양을 정확하게 맞추는 등 아주 꼼꼼하게 일 처리를 한다네요. 농장주는 하루 3시간 이 청년을 돌봐야 하는데요. 벨기에 정부에서 하루에 20유로(약 28,000원)를 농가에게 지원금으로 준다고 하네요. 그런데 농장주의 반응은 의외였어요. 특히 안주인은 3시간 동안 청년을 돌봐야 하기 때문에 스트레스를 많이 받는다고 해요. 청년이 농장에 머무는 동안에는 본인이 농장 일을 제대로 할 수 없어서 그날 마무리해야 할 작업이 늦어지는 경우가 자주 생긴다고 했어요. 그런데 농장주 남편과 대화를 하면서 느낀 점은 달랐어요. 벨기에는 중세 때부터 수도원과 농장에서 사회적 통합과 연대를 실천한 사례가 많았다고 하면서 본인의 농장이 그런 좋은 활동에 참여하는 것을 자랑스럽게 생각한다고 했거든요.** 결국 이 농장은 사회적 농업 활동에 참여하면서 농업부문의 ESG를 실천하는 좋은 사례로 기억하게 되었어요.

우리나라에서도 사회적 통합과 연대를 위한 사회적 농업을 실천하는 사례가 많다고 하는데요. 이주민, 탈북민, 장애자, 취약 청소년이나 조기 은퇴자 등을 대상으로 사회적 농업 활동을 통해 다양한 일자리를 제공했는데요. 이들은 사회적 농업이 제공하는 일자리를 통해 노동의 가치를 이해하게 되고,

---

** 중세 시대 벨기에 농촌지역에 치료마을이 조성되어 정신병자나 순례자를 돌본 기록이 많이 남아있다. 그 대표적인 사례가 벨기에 북서쪽 안트워프에서 가까운 길(Geel) 지역의 사회적 농업 사례이다. 700년이 지난 지금까지도 그 명맥을 잇고 있는 이 농촌마을은 심지어 아일랜드에서 찾아온 정신병자를 가족처럼 돌본 기록이 남아 있다. 제2차 세계 대전 당시에는 침략자들과 끝까지 항쟁한 역사까지 기록에 남긴 지역이다. 그동안 유럽에서 간직한 지역사회 통합과 연대의식을 잘 보여주는 사례이다. 지역사회의 포용과 공동체 치유방식을 오늘날까지 지켜오고 있다.

벨기에 사회적 농업 사진

(위) 필자와 20년 넘게 인연을 맺어 온 벨기에 농장을 소개하는 사진이다. 피터와 앤은 사회생활에 적응하지 못하는 외톨이 청년을 10년이나 고용하면서 지역사회 통합에 앞장서는 사회적 농업을 실천하고 있다.

(아래) 중세 시대부터 사회적 농업을 실천해 온 벨기에 북서쪽에 위치한 길(Geel)

다양한 프로그램에 참가하면서 원만한 인간관계를 형성하여 정상적인 사회생활로 복귀하는 데 도움을 받았다고 하네요.

벨기에는 사회통합과 포용을 위한 사회적 농업 활동 이외에 치유농업 부문에 많은 농가들이 참여하고 있어요. 벨기에 농협(Boerenbond)이 농장과 서비스 사용자들을 연계시켜 치유농업 서비스를 활성화하는 일을 시작했는데요. 치유농업 또는 '돌봄농업'으로 소개하는 사회적 농업 사례는 나라별로 자세히 소개할게요.

독일에서는 좀 독특한 사회통합과 센터는 위인 사회적 농업 사례가 있어요. 제2차 세계대전의 후유증을 지역사회에서 삼내하기 위해 생겨난 사회적 농업의 사례인데 국내에 여러 번 소개되었다고 하네요. 그동안 인류가 경험한 수많은 전쟁 중에 가장 많은 사상자가 발생한 전쟁에서 독일은 결국 패했는데요. 전쟁이 끝나자 부상당한 상이군인이 독일 곳곳에서 외상후 스트레스장애(PTSD)로 어려움을 겪고 있었어요. 지역 유지들이 앞장서 상이군인들이 농사지을 땅을 제공하고 사육할 가축을 마련하면서 시작되었다고 하는데요. 결국 이들이 농사를 지으면서 외상후 스트레스장애를 치유하고 스스로 자립하게 만든 독일의 독특한 사회적 농업 사례인데요. 그동안 유럽의 많은 나라에서 사회적 농업을 운영하고 있는데 독일은 더 다양한 프로그램을 운영해온 국가예요. 원예치료요법, 교육농장에서 가축과 동물을 이용한 학습, 보호작업장(sheltered workshop)에서 농업활동, 종교단체를 비롯한 공동체에서 운영하는 농장 등 아주 독특하고 다양한 사례가 있어요.

세 번째 사례는 사회적 협동조합이 발달한 이탈리아 사례인데요. 그동안 우리나라에 사회적 협동조합의 모범적인 사례로 자주 소개되었어요. 아마 분열과 갈등의 역사를 겪으면서 경험한 아픈 경험을 치유하기 위해 그동안 사회통합과 연대를 강조한 이탈리아의 사례를 자주 인용했다고 생각되고요. 특히 이탈리아가 2015년 8월 세계 최초로 사회적 농업을 법(National Law on Social Farming No. 141/2015)으로 제정했기 때문인데요. 물론 사회적 농업을 실천하는 농가로 인정받기 위해서는 법에서 정한 까다로운 요건을 충족해야 해요. 먼저 농가의 연간 매출액에서 농산물이 차지하는 비중이 30% 이상이어야 하고요. 그리고 사회적 농장과 농업협동조합이 추구해야 할 목표를 아주 세밀하게 규정하고 있어요. 유럽연합에서는 농업정책의 핵심 사항은 공동농업정책으로 추진하지만 회원국의 농촌개발 및 사회정책은 회원국의 지방정부에 의해 수행되고 있어요. 이 때문에 지방정부와 의회가 결정하는 사회적 농업에 대한 조례는 아주 중요한 역할을 해요. 이탈리아에서는 2016년 현재 20개 주 가운데 12개 주가 사회적 농업에 관한 조례를 가지고 있어요.

이탈리아에서 사회적 농업이란 용어가 2000년 초반부터 널리 사용하기 시작했으나 오래전부터 농업단체나 농가에서 다양한 형태의 사회적 서비스를 직접 제공해왔는데요. 이탈리아에서는 사회적 협동조합(social cooperatives)이 사회적 농업을 이끄는 데 핵심적인 역할을 해왔어요. 오늘날 2,000개 이상의 농장이 사회적 농업에 참여하고 있어요. 운영 주체는 학교, 병원이 운영하는 공공부문, 농가들이 직접 운영하는 민간부문, 그리고 제3부문으로 크게 세 가지로 구분해요. 운영 주체의 숫자는 사회적 협동조합이 속하는 제3섹타가 가장 많아요. 이탈리아의 사회적 농업은 농업, 건강 및 복지 등 모든

부문에서 이익을 창출하는 전략으로 운영되고 있어요. 이는 건강 및 복지부문에 경제적인 이익을 주는 서비스를 농업의 다원적 기능을 활용하여 제공했기 때문이지요. 앞으로 우리나라에서도 사회적 서비스를 이용하는 사람들에게 농업과 자연에 기반을 둔 다양한 서비스를 제공할 것으로 생각해요. 그러면 사회적 농업이 기존의 건강 및 복지기관에서 제공하던 서비스를 일부 대체할 수 있을 것 같아요.

이 밖에 유럽에서 사회적 농업이 활발한 국가로 핀란드, 아일랜드, 체코, 네덜란드, 슬로베니아, 영국이 있는데요. 운영하는 형태는 비슷하기 때문에 다른 나라의 사례는 생략하고, 사회적 농업 관련 비즈니스 모델에 관심있고 현장을 둘러본 영국의 사례를 소개할게요. 영국의 사회적 농업은 아주 다양한 단체와 개별 농장이 운영하고 있는데요. 운영방식이 기발하고 독특한 사례가 많아 소개하려고 해요.

먼저 사회적 농업에 참여하는 농장과 단체를 연결하는 '사회적 농업과 정원'(Social Farms & Gardens)이 주관한 인터넷 토론회(webinar)에 참석한 소감부터 설명할게요. 영국의 사회적 농업에 참여하는 농장주의 입장을 조사하던 중 우연한 기회에 참석하게 되었어요. 그동안 진행된 대부분 정책 관련 토론회와 마찬가지로 토론 참가자는 정책을 담당하는 정부 측 대표 1명, 사회단체 대표 1명, 협회 관계자 1명, 농가 대표 1명으로 구성되었어요. 가장 먼저 입장했는데요. 사회자가 어떻게 토론회에 합류하게 되었는지 물었어요. 그래서 솔직하게 이야기를 했어요. 영국에서 운영하고 있는 다양한 형태의 사회적 농업을 연구하고 공부하는 사람이라고 소개를 했어요. 궁금한 점이 몇 가지 있어서 참가 신청을 했다고 밝혔지요. 특히 영국의 사회적 농업에 참여하는 농장주의 입장에서 이런 활동이 실질적으로 어떤 도움을 주는지, 어려운 점은 무엇인지, 단체나 정부 측에 요구하는 사항이 무엇인지 궁금하다고 했어요.

주로 듣기만 했는데 끝날 시간이 다 되어 5분 정도 시간을 주길래 궁금했던 부분을 다시 한번 설명을 했어요. 토론회 중에 농가 대표로 참석한 분의 이야기를 들어보니 그동안 궁금했던 내용을 대부분 이해할 수 있게 되어 고맙다는 이야기를 했어요. 이 활동에 참가하는 단체들은 사회적 농업을 통한 지역사회 통합과 연대에 더 큰 비중을 두고 있었어요. 정부 측 대표는 어느 나라 토론회와 비슷한 답변을 했어요. "그동안 이 활동에 참여하는 단체와 농장에게 지원하는 정책이 충분하지 못한 점을 잘 알고 있는데, 앞으로 더 지원할 수 있는 방안과 대책을 마련하는 데 최선을 다하겠다"는 변명으로 대부분의 시간을 보냈어요. 정부 관계자가 참여하는 토론회에서 자주 들을 수 있는 정부 측의 립서비스 답변이라는 생각이 들었어요. 토론회를 주관한 협회의 관계자는 "앞으로 회원과 소통할 기회를 더 자주 만들겠다. 회원들의 애로사항을 취합하여 정부와 의회를 상대로 다양한 지원 방안을 입법화하기 위해 노력하겠다"는 취지로 설명을 하더군요. 농장주의 애로사항은 벨기에 농장주의 현실과 비슷했는데요. 정부나 지방자치 단체가 주는 지원금은 솔직히 농장주 입장에서 거의 도움이 되지 않는다고 했어요. 오히려 농장 일을 하는 데에도 시간이 모자라는데 사회적 농업 프로그램에 참여하는 사람들을 돌보느라 너무 많은 시간을 뺏기는데 실제로 도움이 되는 현실적인 지원이 필요하다고 하더군요. 최근 사회적 농업에 참여하는 농가를 위해 정부가 지원하는 예산이 줄어들고 있고 나라마다 차이가 많아 논란이 되고 있어요. 앞으로 각국의 사회적 농업이 농업부문의 ESG 역할까지 담당해야 하겠지만 그래도 농장을 운영하는 농부에게 실질적으로 도움이 될 수 있게 정책적인 지원은 반드시 필요하다고 생각해요.

토론회에 참석한 이후 현장을 몇 곳 둘러보았는데요. 다양한 방식으로 사회적 농업을 운영하는 단체와 농장이 런던 외곽에 상당히 많았어요. 종교단체가 운영하는 일부 현장은 일반인의 방문을 통제하더군요. 그래서 잉글랜드 남부지역의 현장 몇 곳을 예약하지 않고 무작정 둘러보았는데요. 한 곳에서 아주 독특한 사례를 보았어요. 이전에 양병이 큰 규모로 사면선 농장을 호텔로 개조하여 운영하면서 사회적 농업 활동에 참여하는 사례인데요. 지방의 대농이 거주했던 저택을 영국식 농가 민박 호텔로 개조하여 운영했는데요. 농장에는 영국 농촌에서 거의 볼 수 없는 동물과 가축 10여 종을 사육하고 있었어요. 호텔에서 숙박하는 고객이나 방문객이 농장 주변을 산책하면서 쉽게 접근할 수 있게 만들었더군요. 아이들은 평소 영국에서 보기 힘든 낯선 가축에게 먹이를 주면서 사진을 찍니군요. 울타리마다 가축의 사진과 함께 가축의 이름, 원산지는 어디인지, 오늘날 주로 어디에서 사육하고 있는지 등 자세한 정보가 인쇄된 안내판이 걸려 있고요.

농장을 개조하여 만든 그 호텔이 사회적 농업에 참여하는 내용을 숙박객에게 자연스럽게 홍보를 했어요. 1층 식당 벽에 걸린 액자에 자세한 내용이 적혀 있더군요. 그래서 호텔 지배인 스튜워드 씨를 만났어요. 5장 영국 사례에서 잠깐 소개한 내용인데요. 지역사회에서 일자리를 구하기 어려운 취약계층 3명을 고용하면서 이 운동에 참여한다고 했어요. 1명은 식당에서 주문

Llama

The Llama (Lama glama) is a domesticated South American camelid, widely used as a meat and pack animal by Andean cultures since pre-Hispanic times. The height of a full-grown, full-size llama is 1.7 to 1.8 m (5.6 to 5.9 ft) tall at the top of the head, and can weigh between 130 and 200 kg (290 and 440 lb). At birth, a baby llama (called a cria) can weigh between 9 and 14 kg (20 and 31 lb). Llamas typically live for 15–25 years, with some individuals surviving 30 years or more. They are very social animals and live with other llamas as a herd.

영국에 다양한 형태의 사회적 농업이 많은 이유른 알 것 같다. 오래뒤 농상을 후텔로 개조하여 사회적 농업 활동에 적극 참여하는 독특한 사례를 만날 수 있었다. 덩달아 희귀한 가축까지 볼 수 있었다.

을 받거나 음식을 서빙하는 일을 하는데, 그 직원의 발음이 약간 어눌하고

일 처리도 서툴었지만 그래도 아주 친절하고 열성적으로 일을 하더군요. 다

른 한 명은 주방에서 보조원 역할을 한다네요. 나머지 한 명은 또 다른 일자리를 호텔에서 제공해요. 침실을 청소하고 침대 시트를 갈아주는 역할이라고 하는데요. 농가를 개조한 호텔에서 취약계층에게 일자리를 제공하며 사회통합과 포용을 실천하는 영국의 사례는 지역사회에서 다양한 방식으로 사회적 농업이 가능하다는 점을 보여주었어요. 아주 다양한 방식으로 사회적 농업을 운영하고 있는데, 영국의 치유농업 사례는 다음번에 발간할 책에서 자세히 소개할게요.

유럽에서 사회적 농업에 대한 인식이 확산되고 빠르게 재성할 수 있었던 것은 사회적 서비스의 공급과 수요 측면에서 많은 변화가 있었기 때문에 가능했다고 하는데요. 사회적 농업의 공급자라고 할 수 있는 농가 중에 농업의 다원적 기능을 활용하여 다양한 사회적 서비스를 제공할 수 있는 혁신적인 농부가 많아졌거든요. 수요 측면에서는 농업과 농촌이 지닌 공익적 기능, 즉 아름답고 깨끗한 농촌풍경이 새로운 가치와 수요를 창출했기 때문이라고 하네요. 최근 우리나라에서도 사회적 농업에 대한 관심이 높아지고 있는데요. 앞으로 영농이나 다양한 농업활동을 연계한 사회적 서비스를 제공하는 농장이나 단체가 늘어날 전망이에요. 유럽에서 운영하는 다양한 사례들이 앞으로 국내의 사회적 농업이 확산하는데 참고가 되길 기대해요.

7.2. 지킬박사도 지킬 치유농업

요안나 씨! 최근 우리나라에서 치유농업이라는 말이 유행인데요. 앞에서 살펴본 사회적 농업의 대표적인 사례가 치유농업이라고 할 수 있어요. 농업의 다원적 기능을 활용한 새로운 사회적 서비스로 해석할 수 있는데 그동안 농업의 본래 역할을 위해 설립된 정부기관의 전문가들이 앞장서 홍보하고 있어요. 그만큼 농업의 역할과 기능이 다양해진 때문이겠지만 한편으로 생각하면 앞뒤가 바뀐 느낌이 들어요. 유럽에서는 전통적으로 사회적 농업의 범주에 치유농업을 포함시켰는데요. 최근 유럽에서 새로운 용어로 등장한 **녹색치유**(green care)에 치유농업이 함께 소개되는 경우가 많아요. 우리나라에서는 이 녹색치유를 6개 영역으로 확장하고 치유농업을 포함시켰어요.* 농업의 역할과 기능이 다양해시면 농부의 이름이 더 늘어날 것 같은데요. 잎으로 **국토의 정원사**를 넘어 다른 이름이 뭐가 될까요?

---

* 치유(힐링)농업과 일반 농사와 차이점은 치유농업은 농사 자체가 목적이 아니라 '건강의 회복을 위한 수단'으로 농업을 활용한다는 것이다. 치유농업은 사회 치료적 원예, 동물매개 개입, 녹색 운동, 생태 치료, 야생치료 등과 함께 '녹색치유(Green care)'에 포함된다. https://agro.seoul.go.kr/archives/33081(서울시농업기술센터)

글쎄요. 농업과 농촌의 다원적 기능이 확대될수록 농부의 이름은 더 많아지겠네요. 우리나라에 치유농업이 확산되면서 **치유농업사 자격증** 시험을 친다고 들었는데요. 앞으로 치유농장을 운영하려면 농부들이 이 자격증을 취득해야 하나요? 그러면 농부의 이름에 치유농업사가 추가될 수 있겠는데요.

그렇네요. 앞으로 다양한 이름이 많이 나올 수 있겠는데요. 유럽의 다양한 사회적 농업 사례를 소개할 때 치유농업은 별도로 구분하여 소개하겠다고 한 이유가 있어요. 농업이 지닌 다원적 기능과 역할에 대한 논의가 확대되면서 농업을 활용하여 제공할 수 있는 서비스가 크게 늘어났거든요. 그런데 치유농업과 관련해서 논란이 많았어요. 사례에서는 사례별로 출산 사례가 많이 소개되었지만 나라별 농업여건에 따라 특화된 치유농업 분야가 따로 있어요. 우리나라에서 논의가 한창일 때는 의료계에서 반발이 심했다고 들었어요. 일단 '치유'라는 용어에 반감이 높았어요. 의사들이 해야 할 분야를 침해하는 것으로 오해했거든요.

무엇보다 치유농업을 사회통합과 연대를 위한 목적으로 운영할 경우에는 농장을 경영하는 농부의 입장에서도 달갑지 않은 부분이 많거두요. 실제로 유럽 여러 나라에서 농부들의 반응을 조사해보니 반응이 달랐거든요. 교육농장이나 체험농장, 치매노인을 위한 치유농장을 운영하는 농장주의 반응은 좋은 편이지만 사회통합과 포용을 위한 취약계층의 일자리를 제공하기 위한 치유농업은 선호도가 떨어졌어요. 앞으로 **농업부문의 ESG 개념**으로 접근하지 않으면 이러한 목적으로 치유농업을 운영할 경우 농장주의 동의를 이끌어내기 어려울 것 같은데요.

또 하나는 공공기관이 입법을 통해 치유농업을 육성하겠다는 논리가 얼마나 설득력 있게 현장에 파급될지 의문인데요. 보건복지와 연결하여 의료비 절감을 통한 사회비용을 줄이기 위한 노력은 반드시 필요하다고 보는데요. 그동안 이탈리아와 네덜란드의 성공적인 치유농업 운영사례에서 보듯이 운영 주체의 역할이 중요하거든요. 무엇보다 사회적 협동조합이나 비영리단체가 운영 주체로 참여하여 투명하게 운영될 수 있게 시스템을 제대로 구축한 덕분이죠. 그렇지만 농업여건이 유럽과 너무 다른 우리나라에서 이탈리아나 네덜란드식 치유농업을 모델로 하기에는 무리가 많다고 느껴지는데요. 그렇다고 새로운 치유농업센터를 계속 만들어 운영하게 되면 누구를 위한 제도인지 의아하게 생각할 사람이 늘어나겠지요. 아니면 농업의 다원적 기능과 역할로 인해 출발한 치유농업을 완전히 다른 개념으로 해석해야 될 것 같아요. 치유농업은 건강을 목적으로 운영하는 사회적 농업인데요. 서비스 이용자가 다양한 방식의 영농활동으로 자연스럽게 자연과 교감하면서 치유와 건강 회복을 꾀하거나 질병이나 질병의 원인을 예방하기 위한 목적으로 운영하고 있어요. 치유농업에 참여하는 서비스 이용자는 마치 작물이나 가축이 성장하는 것처럼 함께 성장을 경험하는 효과를 보기 때문이에요. 물론 네덜란드 사례처럼 치유농장에 전문가를 고용하여 서비스 이용자에게 건강이나 치료 목적에 부합하는 실질적인 의료서비스를 제공할 수 있어야 하고요. 그리고 치유농장을 운영하는 농장주에게 어떤 혜택이 돌아가야 하는지 사회적인 합의가 필요하다고 보거든요.

서비스 이용자는 물론이고 참여하는 농가에 실질적인 도움이 되는 한국형 치유농업의 모델이 제대로 정착하기 위해서는 앞으로 더 많은 논의와 연구가 필요하다고 보는데요. 무엇보다 운영 주체로 다양한 기관이 참여하고 있

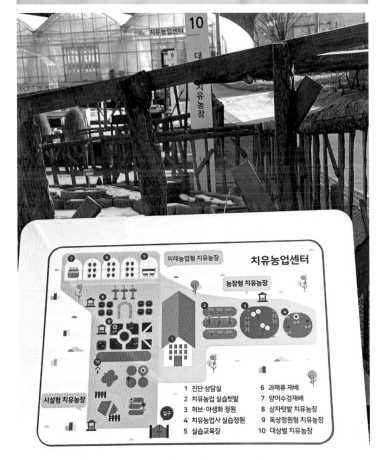

국내 치유농업센터 행사 관련 사진인데, 앞으로 우리나라에서 치유농업이 예술로 피어날 정도로 다양한 역할이 기대된다.

는데, 치유농업센터 역할을 어디서 담당해야 서비스 이용자는 물론이고 참여하는 농가에 도움을 줄 수 있을지 논의가 필요해요. 유럽의 사례에서 살펴본 것처럼 치유농업을 통해 농가에게 실질적인 혜택을 주는 일이 쉬운 것이 아니기 때문이죠. 오히려 기존에 성과를 거둔 농촌체험마을이나 교육농장을 중심으로 치유농업 영역까지 확대하면 정착하기 쉬울 수 있어요.

고령화로 인해 지역농협 조합원의 절반 이상이 65세가 넘는 현실에서 앞으로 농촌지역의 지역농협은 조합원의 복지를 위한 치유농업센터의 역할이 불가피할 전망인데요. 지역의 수많은 요양병원에서 하는 역할보다 더 나은 서비스를 제공할 수 있는 네덜란드나 이탈리아와 비슷한 방식의 치유농장을 운영하는 방안을 준비해야 하는데요. '지역사회 공헌'이라는 협동조합의 운영원칙에도 부합하기 때문에 시역농협에서 치유농장을 운영하면 대부분이 조합원인 서비스 이용자에게 실질적인 도움을 줄 수 있을 것으로 전망돼요. 앞으로 지역농협을 중심으로 운영해야 할 한국형 치유농업센터 운영 우수 사례와 유럽의 성공 사례를 묶어 별도 책으로 소개하려고 해요.

국내에 치유농업법이 본격적으로 시행되면서 수도권 지역농협에서 전국 최초로 치유농업센터를 개장했어요. 그동안 도시농업을 확산하는데 앞장서 온 서울 강동지역에 위치한 도시농협에서 치유농업을 시작했어요. 앞으로 우리나라에서 운영하는 치유농업센터의 성공적인 모델로 정착하여 전국적으로 확산하는 계기가 되기를 기대해요.

이번에 지역농협에서 운영하는 치유농업센터를 농업기반이 열악한 대도시에서 개장한 것은 나름대로 의미가 있다고 생각해요. 아무래도 치유농업센터는 수익사업 모델로 운영하는데 한계가 있기 때문인데요. 유럽에서 운영하는 치유농업 사례를 보더라도 농촌형보다 준도시형 농장에서 제공하는 치유농업 서비스가 이용하는 사람은 물론이고 농장주에게 유리하거든요. 특히 치유농업센터를 사회통합과 포용을 실천하고 다양한 사회적 농업 형태의 교육농장으로 운영하기에는 농촌형 지역농협보다 도시형 지역농협이 나을 것으로 생각해요. 앞으로 성공적인 모델로 정착할 때까지 정부와 지방자치단체의 재정적인 지원은 물론이고 농업기술센터와 긴밀한 업무 협력이 반드시 필요한데요. 그래도 경영기반이 튼실한 지역농협에서 운영하면 다른 사업과 연계할 수 있어서 빨리 정착할 수 있을 것으로 판단하거든요.

대도시에서 넓은 면적에 새로운 치유농장을 조성하기 위해서는 많은 비용이 불가피한데요. 다행히 이번에 조성하는 치유농업센터는 지역농협과 지방자치단체, 그리고 치유농업 관련 행정기관 등 3자 협력사업으로 추진하여 대도시형 치유농장의 성공사례로 소기에 정착할 것으로 믿어요. 강동농협은 치유농업센터 부지를 무상으로 제공하고, 농촌진흥청은 예산과 치유농업 관련 연구를 지원한다네요. 서울시에서도 시설 운영은 물론이고 치유농업센터의 운영을 전담할 전문인력을 지원하기 때문에 성공모델로 정착하여 전국으로 확산하는 계기가 되면 좋겠어요.

치유농업센터에는 농장형, 시설형, 미래농업형 치유농장이 조성되는데요. 야외공간에 조성되는 농장형 치유농장에서는 서비스 이용자들이 채소나 과수를 비롯해 허브, 꽃 등을 기르고 수확하면서 마음의 안정을 얻고 더불어 몸도 움직이면서 건강을 찾을 수 있게 운영할 계획이라고 하네요. 시설형 치유농장은 사회복지시설이나 병원 등 도심지 건물 옥상과 자투리 공간을 활용하여 운영한다고 하네요. 상자텃밭, 옥상정원 형태로 조성되는 치유농장에서 어르신, 장애인, 신체적으로나 정신적으로 발달장애가 있는 어린이들이 각종 식물을 키우면서 심신의 안정과 치유 효과를 얻을 수 있다고 하네요. 그리고 미래형 치유농장은 비닐하우스나 유리온실에 소규모 스마트팜(지능형 농장)을 설치하여 디지털 농업을 적용한 수경재배 등으로 사계절 연중 치유농업 체험이 가능하도록 운영할 계획인데요.

앞으로 치유농업센터에서는 도시환경에 적용 가능한 치유농장 모델을 공유하고, 서비스이용자 맞춤형 치유농업 프로그램도 운영할 계획이라고 하네요. 그리고 치유농업 관련 일자리 창출에도 기여할 것으로 전망해요. 땅값이 비싼 서울에서 지역농협 1호 치유농업센터가 등장하게 된 것은 강동농협이 10년 전부터 어린이 농업체험장과 도시농업 활성화를 위해 운영한 친환경 농업센터 부지에 조성했기 때문인데요. 그동안 강동농협이 친환경농업센터를 운영한 경험을 바탕으로 새롭게 출발하는 치유농업센터가 빠른 시일내에 정착할 것으로 믿어요. 더불어 농업의 새로운 가치를 지역 주민에게 널리 알리고, 치유농업 서비스를 이용하는 모든 사람에게 도움을 주는 센터로 발전하기를 기대해요.

주

1 사회적 농업은 무엇인가? 유럽경제사회위원회가 2012년 잠정적으로 발표한 내용을 요
   약했다. What Is Social Farming? Definition by the European Economic and Social
   Committee. Social farming could thus be provisionally defined as a cluster of activities
   that use agricultural resources - both animal and plant - to generate social services in
   rural or semi-rural areas, such as rehabilitation, therapy, sheltered jobs, lifelong learning
   and other activities contributing to social integration. In this sense, it is about - among
   other things - making farms places where people with particular needs can take part
   in daily farming routines as a way of furthering their development, making progress and
   improving their well-being.

2 농경연,《세계농업》, 제195호, 유럽이 사회적 농업 개관과 이탈리아 사례에서 인용했다.

3 농경연,《세계농업》, 제197호, 독일의 사회적 농업에 자세하게 소개되어 있다.

4 사회적 농장과 농업협동조합이 추구해야 할 목표는 크게 4가지로 구분할 수 있다. 먼저 취약
   계층 사람들의 노동 통합을 위한 서비스 제공이다. 둘째는 사회통합을 촉진하기 위해 유무형
   농업자원을 사용하여 지역사회에 필요한 서비스 제공이다. 셋째는 전통적 의료치료를 지원
   하기 위한 치유 및 건강 서비스 제공이다. 넷째는 사회적 농장 또는 교육 목적의 농장에 의한
   환경 및 식품교육과 관련된 프로젝트의 시행 등이다.
   사회적 농업에 대한 지원은 첫째로 공공식당에 농산물의 판매를 지원하는 것이다. 둘째로
   공공장소에 농산물의 판매처를 설치하는 것이다. 셋째는 국영 농지에 대한 우선 사용권 부
   여하는 것이다. 넷째 EU 공동농업정책(CAP)의 농촌개발프로그램 (Regional Development
   Program: 2014-2020)을 통한 지원이다. 다섯째 지역과 민간단체를 대표하는 20명 회원으
   로 구성된 국립 관측소(National Observatory)의 노입 능이다. 농경연,《세계농업》, 제195호,
   유럽의 사회적 농업 개관과 이탈리아 사례에서 인용했다.

에필로그

하이드로 변신을 이겨내고

우여곡절이 많았다. 중간에 포기하고 싶은 마음이 몇 번이나 생겼다. 순조롭게 진행되던 글쓰기 작업은 한순간 방심으로 노트북이 망가지면서 위기를 맞았다. 저장장치가 완전히 망가져 작업한 자료를 복구할 수 없다고 했다. 이번에도 가장 큰 손실은 몇 년 동안 찍은 사진 자료였다. 다행히 이번 작업은 단락마다 자료를 인쇄하여 교정을 보면서 진행한 덕분에 마지막 자료를 제외하고 인쇄한 내용을 다시 컴퓨터에 입력하여 복구할 수 있었다. 그래서 글쓰기 작업기간이 좀 더 길어졌다. 제목을 잘못 뽑아서 이런 일이 자꾸 생길까? 하필이면 오래된 이상한 용어가 갑자기 왜 떠올랐는지 의아했다. 책 제목을 '하이드가 샘내는 지킬박사 농업'이라고 확정하기 전까지 언제나 변신한 모습으로 나타나는 하이드는 대뇌의 중심부에서 멀리 떨어져 있었다. 그런데 지구촌 한쪽에서 전쟁이 터지자 세계 곡물시장이 요동쳤다. 먹거리와 직결되는 곡물가격이 폭등했다. 덩달아 빵값이 올랐다. 가축이 먹는 사룟값도 대폭 올랐다. 그렇게 하이드로 변신한 모습들이 연쇄반응을 보이며 몇 달 동안 지속됐다.

설상가상으로 유럽의 여름 농촌풍경은 전혀 새로운 모습으로 다가왔다. 도서관에 들러 오래전에 읽었던 책을 다시 찾았다. 하이드에게 어떤 역할을 줄 수 있을까 고민이 시작되었다. 그런데 어느 날 새벽 잠에서 깨어나면서 생각나는 내용을 노트에 적었다. 갑자기 하이드가 해야 할 역할이 생각났다. 언제까지 농업과 농촌이 지닌 다원적 기능에서 공익적 기능만 강조할 수 있을지 의문이 들었다. 어쩌면 하이드 농업을 줄이는 노력이 더 절실하다고 생각되었다. 일상생활에서 지킬박사가 하이드로 변신하는 모습은 언제, 어디서나 나타날 수 있다. 따라서 그동안 유럽연합에서 지켜온 지킬박사 농업 사례를 모아 정리했다. 그래서 농업과 농촌의 다원적 기능을 다시 공부했다. 하이드로 변신하는 농업이 아니라 앞으로 지켜야 할 유럽의 특별한 농업과 농업정책 사례를 직접 현장을 둘러보면서 수집하여 소개했다.

현장을 찾아가는 공부

그동안 인류의 생존에 가장 중요한 양식을 제공하기 위해 작물을 재배하고 가축을 길러온 농부의 중요한 역할과 농업과 농촌이 지닌 다원적인 기능에 대해 공부해왔다. 그래서 국토의 정원사 후속 작품으로 준비하던 책의 제목을 처음에는 '지킬박사와 생명창고'로 마음을 먹었다. 필요한 자료를 수집하기 위해 유럽 여러 나라의 농촌지역을 둘러보았다. 광활한 농경지에 재배된 농작물이 계절별로 연출하는 아름다운 농촌풍경을 사진기에 담았다. 봄에는 벨기에 중부지역 넓은 농경지에 심어진 노란색 유채꽃이 연출하는 아름다운 장관을 보고 정신없이 사진을 찍었다. 자전거를 타고 비포장 시골길을 다니면서 계절별로 다르게 연출하는 독특한 농촌풍경을 카메라에 담았다. 라인강변을 따라 산자락에 조성된 넓은 포도밭의 풍경은 계절별로 전혀 다른 색깔을 연출했다. 황금색 잎과 투명한 빛깔의 포도가 연출하는 수확기의 아름다운 풍경은 짙은 녹색으로 물들인 여름철 포도밭의 모습과 전혀 다르게 다가왔다. 국토의 정원사가 농작물을 재배하고 가축을 사육하면서 연출하는 농촌풍경이 왜 나라마다 다른 모습으로 보이는지 궁금했다. 2004년 같은 해에 유럽연합의 새로운 회원국으로 가입했는데 농촌풍경은 나라마다 다른 모습을 연출했다. 10년의 차이를 느꼈다고 소개를 했다. 아마 10년이라는 기간의 차이가 아니라 누구나 느낄 수 있을 정도로 차이가 난다는 점을 그렇게 표현했다.

유럽의 아름다운 농촌풍경을 둘러보면서 배가 아픈 경우가 많았다. 광활한 농경지를 보면서 느꼈던 '사촌이 땅을 사면 배가 아프다'와 다르게 부러웠기 때문이다. 그동안 농촌풍경을 아름답게 연출하는 대표적인 나라로 스위스와 노르웨이가 자주 등장했다. 이번에 산악지형이 많은 슬로베니아 농촌지역을 둘러보면서 스위스나 노르웨이의 농촌보다 더 잘 가꾸어진 모습을 볼 수 있었다. 그래서 산악지형이 많은 유럽 3개국의 아름다운 농촌풍경을 연출하는 주인공 1, 2, 3을 소개했다. 첫 번째 주인공은 국토의 정원사 역할을 맡은 농부인데, 주인공 역할뿐만 아니라 연출자이기도 하고 총감독 역할까지 한다고 했다. 두 번째는 주인공 역할과 조연을 같이하는 가축, 그리고 세 번째는 아름다운 자연환경 그 자체라고 소개했다. 그리고 1번 주인공이 제대로 역할을 할 수 있게 도와주는 조연배우 역할의 중요성까지 소개했다.

그리고 미래세대에게 가장 중요한 농업자산인 우량농지를 보전하면서 오늘날 많은 나라에서 중요한 과제로 떠오른 영농후계자 확보를 동시에 해결하는 정책은 오랜 인연을 맺어온 농장의 사례를 통해 소개할 수 있었다. 그동안 WTO 기준에 맞춰 보조금을 감축하면서 농부에게 실익이 되는 방향으로 허용보조금을 지급한 유럽연합의 사례를 소개하면서 허용보조금의 60%를 행정서비스 비용으로 지급하는 우리나라의 보조금 지급방식을 개선하는 데 참고할 방안을 제시했다.

농업부문의 ESG 사회적 농업 연구

유럽의 지킬박사 농업 사례를 수집하기 위해 유럽 여러 나라 농촌지역을 둘러보았다. 어떤 때는 1주일에 4,500㎞를 강행군하면서 필요한 자료를 수집했다. 최근에 농업의 다원적 기능과 역할이 새롭게 조명을 받으면서 사회적 농업으로 실천하는 사례가 늘어났다. 그래서 사회적 농업 중에 관심이 높은 치유농업 사례를 수집하여 정리하려고 한다. 우리나라는 고령화로 인해 지역농협 조합원의 절반 이상이 65세가 넘는다. 앞으로 농촌형 지역농협은 조합원의 복지는 물론이고 지역사회와 연대를 위한 치유농업센터 역할이 불가피할 전망이다. 네덜란드나 이탈리아의 사회적 협동조합이나 단체가 운영하는 치유농장은 요양병원에서 하는 역할보다 더 나은 서비스를 제공하여 좋은 평가를 받고 있다. 이런 치유농장을 지역농협이 운영하면 '지역사회 공헌'이라는 협동조합의 운영원칙에도 부합하고 서비스 이용자에게 실질적인 도움을 줄 수 있다. 농업부문의 ESG 경영에 앞장서는 지역농협이 운영하는 한국형 치유농업센터 사례와 유럽의 치유농장 운영 우수사례를 더 연구하여 소개하려고 한다.